AF869251
Sorti d… …tions
[redacted]

VINGT ANS APRÈS :
RIO ET L'AVANT-GOÛT DE L'AVENIR

SUE

VINGT ANS APRÈS : RIO ET L'AVANT-GOÛT DE L'AVENIR

Sous la direction de
PHILIPPE LE PRESTRE

PUL
Presses de l'Université Laval

Les Presses de l'Université Laval reçoivent chaque année du Conseil des Arts du Canada et de la Société de développement des entreprises culturelles du Québec une aide financière pour l'ensemble de leur programme de publication.

Nous reconnaissons l'aide financière du gouvernement du Canada par l'entremise du Fonds du livre du Canada pour nos activités d'édition.

Mise en pages : In Situ inc.
Maquette de couverture : Mariette Montambault

© Les Presses de l'Université Laval 2011
Tous droits réservés. Imprimé au Canada
Dépôt légal 2e trimestre 2011
ISBN 978-2-7637-9458-7
PDF 9782763794594

Les Presses de l'Université Laval

www.pulaval.com

Toute reproduction ou diffusion en tout ou en partie de ce livre par quelque moyen que ce soit est interdite sans l'autorisation écrite des Presses de l'Université Laval.

TABLE DES MATIÈRES

Section III
LA CONVENTION SUR LES CHANGEMENTS CLIMATIQUES

Section IV
LA CONVENTION SUR LA LUTTE CONTRE LA DÉSERTIFICATION

Section V
GESTION INTERNATIONALESDES FORÊTS

Section VI
GESTION INTERNATIONALE DE L'EAU

LISTE DES TABLEAUX ET FIGURES

LISTE DES AUTEURS

Ali Agoumi, Professeur à l'école Hassania des travaux publics. Casablanca, Maroc. Représentant d'EcoSecurities au Maghreb.

John W. Ashe, Ministre responsable du Développement durable et de l'OMC, ambassadeur et représentant permanent d'Antigua-et-Barbuda aux Nations unies.

Ana Flávia Barros-Platiau, Professeur, Chercheur au CNPq et CAPES. Institut des Relations Internationales, Université de Brasilia.

Marie-Hélène Bérard, Ph.D. en Droit, Université Laval.

Laurence Boisson de Chazournes, Professeur à la Faculté de droit de l'université de Genève, directrice du Département de droit international public et organisation internationale et professeur invité à l'Institut universitaire des hautes études internationales.

Emma Broughton, M.S. Relations internationales, London School of Economics and Political Science ; Assistante de recherche pour le programme Santé et Environnement de l'Institut français de relations internationales.

Hama Arba Diallo, Président du Global Water Partnership pour l'Afrique de l'Ouest et député à l'Assemblée nationale du Burkina Faso ; secrétaire exécutif de la Convention des Nations Unies sur la lutte contre la désertification (CLD) de 1996 à 2007.

Liliana Diaz, Ph.D. en développement international, IUED, Genève ; chargée de projets à l'Institut EDS, Université Laval.

Felix Dodds, Directeur général, *Stakeholder Forum for a Sustainable Future.*

Ariane Gagnon-Légaré, M.A. science politique, Université Laval.

Jérôme Gandin, candidat au doctorat en sciences géographiques, Université Laval.

Bo Kjellén, Négociateur en chef des délégations suédoises au processus de Rio et aux négociations sur le climat (1990-2001) ; ancien président du Conseil suédois de la recherche sur l'environnement, les sciences agricoles et la planification spatiale et chargé de recherche au centre Tyndall de recherche sur les changements climatiques.

Philippe Le Prestre, Professeur, département de science politique, Université Laval ; directeur de l'Institut Hydro-Québec en environnement, développement et société (Institut EDS).

Urs Luterbacher, Professeur de sciences politiques, Institut de Hautes Etudes Internationales et du Développement (Genève).

Sandrine Maljean-Dubois, Directeur de recherche au CNRS (CERIC-UMR 6201, CNRS Université Paul-Cézanne, Aix-Marseille III).

Clémence Mallatrait, candidate au doctorat en Science politique, Université jean Moulin, Lyon.

Clark A. Miller, Professeur, département de science politique, Arizona State University ; directeur associé du *Center for Nanotechnology in Society* et du *Consortium for Science, Policy & Outcomes.*

Luzma Fabiola Nava Jimenez, candidate au doctorat en Études internationales, Université Laval.

Anaïz Parfait, candidate à la maîtrise en Études internationales, Université Laval.

Carl Patenaude-Levasseur, candidat à la maîtrise en sciences forestières, Université Laval.

Cécile Pilarsky, candidate à la maîtrise en Études internationales, Université Laval.

Catherine Potvin, Professeur, département de biologie, McGill University.

Youba Sokona, Secrétaire exécutif de l'Observatoire du Sahara et du Sahel (OSS) ; ancien Avant coordonnateur du programme d'énergie et secrétaire exécutif pour les relations internationales de Enda-TM.

Achim Steiner, Directeur exécutif du Programme des Nations unies pour l'environnement (PNUE) ; ancien Directeur général de l'Union internationale pour la conservation de la nature (UICN).

Mara Tignino, Maître assistante pour la Plateforme du droit international de l'eau douce soutenue par le Fonds National Suisse de la Recherche Scientifique (FNS).

Yan Turgeon, Rédacteur en chef d'*Objectif Terre*, le bulletin de liaison du développement durable de l'espace francophone.

Lucie Verreault, M.A., Études internationales, Université Laval.

LISTE DES ACRONYMES ET DES SIGLES

AGNU	Assemblée générale des Nations unies
AIBT	Accord international sur les bois tropicaux
AIDE	Association internationale des distributions d'eau
AIE	Association internationale de l'eau
AIRE	Association internationale des ressources en eau
AME	Accords multilatéraux sur l'environnement
APA	Accès aux ressources génétiques et partage juste et équitable des avantages découlant de l'exploitation des ressources génétiques
BCH	Centre d'échange sur la biosécurité (*Biosafety Clearing-House*)
CAL	Communautés autochtones et locales
CCNUCC	Convention-cadre des Nations unies sur les changements climatiques
CDB	Convention sur la diversité biologique
CDD	Commission du développement durable
CESAP	Commission économique et sociale des Nations unies pour l'Asie et le Pacifique
CHM	Mécanisme de centre d'échange sur la biosécurité (*Clearing-House Mechanism*)
CIBT	Conseil International des bois tropicaux
CIID	Commission internationale sur l'irrigation et le drainage
CITES	Convention sur le commerce international des espèces de faune et de flore sauvage menacées d'extinction
CIUS	Conseil international des unions scientifiques
CMB	Commission mondiale des barrages
CME	Conseil mondial de l'eau
CMS	Convention sur les espèces migratoires
CNUED	Conférence des Nations Unies sur l'environnement et le développement

CNULD	Convention des Nations unies sur la lutte contre la désertification dans les pays gravement touchés par la sécheresse et/ou la désertification, en particulier en Afrique
COFO	Comité des forêts de la FAO
CP	Conférence des parties
CP/RP	Conférence des Parties siégeant en tant que Réunion des Parties au Protocole
CRIC	Comité chargé de l'examen de la mise en œuvre de la Convention
CST	Comité de la science et de la technologie
DCE	Directive cadre européenne sur l'eau
EDE	Échange des droits d'émission
EIE	Étude d'impact environnemental
FAO	Organisation des Nations unies pour l'alimentation et l'agriculture
FEM	Fonds pour l'environnement mondial
FIAB	Forum international autochtone sur la biodiversité
FIF	Forum intergouvernemental sur les forêts
FMME	Forum ministériel mondial sur l'environnement
FNUF	Forum des Nations Unies sur les forêts
GCENA	Groupe consultatif d'experts pour les pays de l'Annexe 1
GIE	Gouvernance internationale de l'environnement
GEPMA	Groupe d'experts pour les pays les moins avancés (CCNUCC)
GETT	Groupe d'experts sur les transferts de technologie (CCNUCC)
GES	Gaz à effet de serre
GGE	Groupe de gestion de l'environnement
GIEC	Groupe d'experts intergouvernemental sur l'évolution du climat
GIM	Groupe intergouvernemental de ministres ou de leurs représentants
GLC	Groupe de liaison conjoint (CCNUCC)
GLM	Groupe de liaison mixte
GT8j	Groupe de travail sur l'article 8j
GTACLT	Groupe de travail sur l'action concertée à long terme (CCNUCC)
GTAP	Groupe de travail sur les aires protégées
GTAPA	Groupe de travail sur l'accès et le partage des avantages
GTC	Groupe de travail conjoint
GTPK	Groupe de travail spécial sur les nouveaux engagements des parties visées à l'annexe 1 au titre du protocole de Kyoto

GTMO	Groupe de travail sur l'examen de la mise en œuvre
GTRR	Groupe de travail sur la responsabilité et la réparation
GWA	Alliance Genre et Eau (Gender and Water Alliance)
ICCM	Conférence internationale sur la gestion des produits chimiques
IPEC	Groupe intergouvernemental sur l'évaluation des changements de l'environnement à l'échelle mondiale (Intergovernmental panel on environmental change)
ITTF	Équipe de travail interorganisations sur les forêts (Interagency Task force on Forest)
IWQA	Association internationale de la qualité de l'eau (International Water Quality Association)
MDP	Mécanisme de développement propre (CCNUCC)
MCO	Mécanisme de mise en œuvre conjointe (CCNUCC)
MM	Mécanisme mondial
MOC	Mémorandum de coopération (Memorandum of Cooperation)
MoU	Mémorandum d'accord (Memorandum of Understanding)
ODM	Objectifs du millénaire
OIBT	Organisation internationale des bois tropicaux
OIG	Organisation internationale gouvernementale
OMM	Organisation météorologique mondiale
OMPI	Organisation mondiale de la propriété intellectuelle
OMS	Organisation mondiale de la santé
OMVS	Organisation pour la mise en valeur du fleuve Sénégal
ONG	Organisation non gouvernementale
ONU	Organisation des Nations unies
ONUE	Organisation des Nations unies pour l'environnement
OSAST	Organe subsidiaire de conseil scientifique et technique
OSASTT	Organe subsidiaire chargé de fournir des avis scientifiques, techniques et technologiques
OSMO	Organe subsidiaire de mise en œuvre
OVM	Organisme vivant modifié
PCB	Polychlorobiphényles
PCF	Partenariat de collaboration sur les forêts
PED	Pays en développement
PHI	Programme hydrologique international

PIF	Panel intergouvernemental sur les forêts
PK	Protocole de Kyoto
PNUD	Programme des Nations unies pour le développement
PNUE	Programme des Nations unies pour l'environnement
PNUEH	Programme des Nations unies pour les établissements humains
SAICM	Stratégie internationale sur la gestion des substances chimiques
SADC	Communauté de développement de l'Afrique australe (Southern African Development Community)
SIWI	Institut international de Stockholm sur l'eau (Stockholm International Water Institute)
SMDD	Sommet mondial pour le développement durable
TRURG	Techniques de restriction de l'utilisation des ressources génétiques
UE	Union européenne
UICN	Union internationale pour la conservation de la nature
UNESCO	Organisation des Nations-Unies pour l'éducation, la science et la culture
UNICEF	Fonds des Nations-Unies pour l'enfance
WWAP	Programme mondial pour l'évaluation des ressources en eau (World Water Assessment Programme)

REMERCIEMENTS

Cet ouvrage a bénéficié du soutien financier du ministère des Relations internationales du Québec et de l'Institut de l'énergie et de l'environnement de la Francophonie. L'Observatoire de l'écopolitique internationale est heureux de l'occasion qui lui est ainsi donnée de leur exprimer toute sa reconnaissance pour le soutien actif qu'ils lui accordent. Mes remerciements les plus vifs vont à Jocelyne Néron, dont l'Observatoire et l'Institut EDS profitent chaque jour du sens de l'initiative, à Liliana Diaz pour son aide à l'édition de ce volume et la coordination administrative du projet, et à Julie Hagan pour l'attention qu'elle a apportée à la mise en forme du manuscrit. Une version antérieure de plusieurs textes a déjà paru dans une publication interne de l'Institut EDS.

INTRODUCTION

UN AVANT-GOÛT DE L'AVENIR

Philippe Le Prestre

OBJET DE L'OUVRAGE

En 2012, l'ONU célébrera les 20 ans du Sommet de Rio et tentera d'insuffler un nouveau dynamisme à la coopération internationale dans le domaine de l'environnement. Comme pour le Sommet de Johannesburg de 2002, on voudra faire un bilan du chemin parcouru et comme pour Johannesburg, cet exercice sera forcément limité. 2012 n'aura pas la même ampleur que Rio qui, après tout, définissait l'ordre du jour d'un siècle (Agenda 21).

Les sommets constituent autant d'« instantanés » de ce que la communauté internationale estime politiquement acceptable, des souhaits de certains États et des aspirations d'une multitude d'acteurs. Ils permettent de faire le point sur le chemin parcouru et la diffusion de normes, de développer la cohérence entre les évolutions sectorielles (et de stimuler la diffusion de normes d'un secteur a l'autre) et d'identifier les grands thèmes possibles de l'agenda politique futur.

Depuis le Sommet de la Terre de 1992, et malgré la ratification des trois conventions de Rio par la plupart des pays, la route vers les objectifs adoptés par la communauté internationale, réaffirmés par le Sommet mondial sur le développement durable (SMDD) de Johannesburg en 2002, est semée d'embûches et de détours qui empêchent de voir le chemin parcouru.

Face à la multiplication des réunions internationales et à la dramatisation des résultats jugés désastreux de certaines d'entre elles, face à l'interdépendance croissante des enjeux d'environnement, de développement, de commerce, de sécurité et de politique étrangère et interne, face à l'accroissement du volume et de l'incertitude des connaissances, de nombreux pays et bien d'autres organisations et observateurs éprouvent des difficultés bien compréhensibles à comprendre l'utilité des discussions multilatérales et à apprécier les progrès réalisés en matière de coopération internationale pour la résolution des problèmes d'environnement. Dans la perspective de la tenue d'une nouvelle réunion « bilan » en 2012, vingt ans après Rio et cinquante ans après Stockholm, cet ouvrage vise en premier lieu à augmenter et à améliorer la perception de l'utilité de ces processus multilatéraux et de leur impact aussi bien au niveau local que national et international.

C'est dans ce contexte que l'Observatoire de l'écopolitique internationale (OEI) et l'Institut de l'Énergie et de l'Environnement de la Francophonie (IEPF) ont souhaité mettre à profit l'expérience et les connaissances accumulées au cours des douze premières années d'existence d'*Objectif Terre* sur le suivi des négociations internationales en environnement, afin d'offrir un ouvrage accessible à un large public sensible à l'importance d'adopter une perspective de développement durable pour tout projet de société.

OBJECTIF TERRE : GAZETTE DE LA COOPÉRATION INTERNATIONALE EN DÉVELOPPEMENT DURABLE

Objectif Terre (OT) a été fondé en 1998 à l'initiative de l'EPF et de l'OEI, afin de donner au monde francophone un moyen de suivre les négociations internationales clefs dans le domaine du développement durable, principalement à travers le suivi des conventions de Rio (climat, désertification, biodiversité) d'importance particulière pour ces pays. L'organisation pionnière en la matière a été l'Institut international du développement durable (IIDD), qui a initié le *Bulletin des négociations de la Terre* à Rio puis une publication plus synthétique, *Linkages*. Celle-ci changea rapidement de format, cependant, en raison de l'étendue des sujets couverts. OT s'en inspira au départ, en tentant de conserver un nombre étroit de sujets, tout en se gardant la capacité d'évoluer.

OT a pour principale mission d'améliorer le niveau et la qualité de l'information mise à la disposition des délégués et décideurs nationaux francophones engagés dans les négociations internationales sur l'environnement et le développement durable dans cinq principaux domaines : changements climatiques, biodiversité, désertification, eau, forêts et gouvernance. Outre le suivi de ces cinq secteurs, OT aspire à rendre compte de la dynamique de coopération dans le monde francophone, que ce soit à travers les actions de l'Organisation internationale de la Francophonie (OIF), la création de sites ressources, ou les publications gouvernementales ou non-gouvernementales. OT paraît quatre fois par an, ce qui n'en fait pas une source d'information immédiate ; en revanche, il aspire à être un organe de référence, dont les textes se basent autant que possible sur des documents officiels ou des sources crédibles, voire, sur une participation sur place. Outre ses numéros réguliers, des numéros thématiques ont été publiés lors de la 11e Conférence des Parties (CP) de Montréal sur le climat (CP–11, décembre 2005) et le processus de revue du Plan d'action des petits États insulaires en développement (la Stratégie de Maurice). Des publications connexes ont aussi vu le jour, telles que les guides de négociation, ce qui en fait la principale source d'information francophone sur ces questions, diffusée à plus de 2000 fonctionnaires, observateurs et analystes dans le monde.

Les organisations de la société civile, les organisations intergouvernementales, les centres de recherche et le milieu universitaire sont également les bénéficiaires de cette information. Il est, en effet, difficile pour quiconque s'intéresse à ces questions ou doit les suivre pour des raisons professionnelles, de suivre toutes les réunions pertinentes dont le nombre s'est accéléré depuis 1992. Il est encore plus difficile d'en faire sens, et un des défis d'OT est, tout en maintenant une stricte neutralité politique, de dégager une direction dans l'évolution de la coopération internationale en la matière.

Cet ouvrage, qui vise un public plus large, entend offrir une vue d'ensemble des avancées majeures accomplies depuis une douzaine d'années dans les six domaines clés que suit OT : les changements climatiques, la diversité biologique, la désertification, la gouvernance internationale de l'environnement et les enjeux liés à la gestion de l'eau et des forêts. Cette publication ne prétend pas à l'exhaustivité, et plusieurs aspects importants en sont absents, simplement parce qu'ils ne sont pas couverts par OT. Mentionnons, par exemple, les ressources marines, les déchets, l'énergie ou l'ozone, secteurs dans lesquelles les progrès ou les inerties ont pu être marqués.

L'idée de base est de répondre aux interrogations que se pose tout citoyen soucieux de l'avenir de la planète : « À quoi ces nombreuses réunions de négociations ont-elles servi ? Le paysage de la coopération internationale dans le domaine de l'environnement est-il sensiblement différent en 2010 qu'en 1998, et si oui en quoi ? En quoi la coopération internationale a-t-elle avancé depuis cette date ? Dans quelle mesure ces différences peuvent-elles être source d'optimisme ? Quels sont les défis restants et sommes-nous mieux préparés à les affronter ? »

En résumé cet ouvrage vise donc à :

1) dresser un bilan du chemin parcouru depuis la publication du premier numéro *d'Objectif Terre* en 1998 ;
2) présenter les progrès de la coopération internationale dans le domaine de l'environnement, mais aussi les obstacles qui restent à franchir pour une mise en œuvre complète des principaux accords multilatéraux en environnement ;
3) illustrer par des cas concrets l'efficacité et l'importance des Accords multilatéraux en environnements (AME) au plan national ;
4) offrir une mise en perspective à travers les points de vue d'experts et d'acteurs engagés dans les négociations et la mise en œuvre.

FAUT-IL DÉSESPÉRER DU POLITIQUE ?

Un verre aux trois-quarts vide ?

À la suite de l'« échec » de Copenhague, on ne pourrait qu'être pessimiste quant à la capacité de la communauté internationale de faire face à l'urgence des problèmes écologiques. Malgré les efforts diplomatiques déployés depuis quatre décennies, les problèmes de pollution et d'extinction demeurent, voire s'amplifient, tandis que d'autres surgissent. Une certaine « fatigue diplomatique » semble gagner certains acteurs clefs (tels que l'Union européenne) et le découragement de nombre de citoyens. On assiste ainsi à une réaction de frustration face aux espoirs engendrés par diverses « grandes messes » internationales (Rio, 1992 ; Johannesbourg, 2002 ; Copenhague, 2009), avec le risque d'une démobilisation marquée du public ou des élites.

Une attitude essentiellement pessimiste quant à la capacité de la communauté internationale de faire face aux défis de l'environnement soulignera la dégradation continue de la biodiversité (Butchart 2010), de la qualité des terres ou des conditions de vie des populations, l'absence d'accords ambitieux et contraignants, la faible mise en œuvre d'engagements déjà inadéquats, voire la remise en cause de certaines normes considérées comme acquises (ex. principe de précaution), l'absence de ressources financières suffisantes en provenance du Nord et la supposée indifférence des gouvernements du Sud à ces questions, l'intérêt qu'auraient certaines organisations à perpétuer cet état de fait, ou l'incapacité de la classe politique à prendre les décisions qui s'imposent en raison (choisissez ce qui vous plaît) (i) de la structure du système international –souveraineté, rivalités économiques et idéologiques-, (ii) de la puissance des intérêts économiques internes, (iii) de l'incapacité de faire triompher l'intérêt collectif à long terme sur l'intérêt individuel à court terme, etc. Tout cela constitue un ensemble d'idées reçues soit fausses, soit qu'il faudrait nuancer. Notre propos, dans cette introduction, n'est pas de nous y engager; je renverrais donc le lecteur à découvrir de tels éléments de nuance dans les textes qui suivent, et à une publication future sur ce sujet.

De plus, le progrès des connaissances, loin de simplifier les problèmes, en montre toute la complexité. On s'aperçoit qu'il n'y a jamais de solution miracle, mais un déplacement des problèmes. Les effets pervers abondent. Plus nos connaissances sur la dynamique du climat à long terme s'accroissent, plus le sujet devient complexe. On sait aussi que l'environnement est le lieu d'excellence de dynamiques systémiques dont l'une des caractéristiques est précisément la difficulté de prédire le comportement du système à partir de l'action des agents qui le composent. En d'autres termes, une meilleure connaissance des ressorts des politiques nationales d'environnement ne nous permet pas nécessairement de formuler des conclusions sur la nature de la coopération internationale en ce domaine.

Les progrès, si progrès il y a, semblent effectivement trop lents par rapport à « l'urgence d'agir », et le découragement apparaît logique lorsqu'on se souvient des propos du Premier Ministre suédois, Olof Palme, lors de l'ouverture de la Conférence de Stockholm, il y aura bientôt quarante ans: « Les gens ne se satisfont plus de simples déclarations. Ils veulent des décisions fermes, des résultats concrets. Ils s'attendent à ce que les nations du monde, ayant diagnostiqué un problème, aient la force d'agir[1]. »

Certains, face aux problèmes environnementaux qui s'accumulent ou aux échecs spectaculaires de la coopération internationale (voir Copenhague 2009), vont ainsi développer un cynisme potentiellement dangereux car il peut encourager l'inaction, l'abandon des efforts en cours ou occulter la réflexion sur de nouvelles pistes d'action. D'autres, tels que de nombreuses ONG ou certains experts scientifiques, vont souligner les problèmes qui demeurent ou s'aggravent afin de mobiliser un plus grand soutien à leurs actions ou à leurs projets. Les gouvernements, quant à eux, vont rejeter sur leurs adversaires la responsabilité de l'inaction ou se cacher derrière les ambivalences d'un public pour qui il apparaît que plus on s'occupe d'environnement, plus les problèmes d'environnement s'accumulent (ce qui est d'ailleurs logique) et auquel on présente la résolution de ces problèmes comme un coût d'opportunité. L'instrumentalisation politique des questions environnementales

---

1. UNEP (2005), GEO: Global Environmental Outlook, [en ligne], www.unep.org/Geo/geo3/french/043.htm, consulté le 6 novembre 2010.

ajoute au problème puisqu'il fait dépendre l'attention accordée aux problèmes (voire leur définition même) d'objectifs politiques externes.

On a vu un tel désenchantement se manifester lors des grandes réunions internationales, telles que celles de Johannesburg en 2002. Des engagements ambitieux sont négociés péniblement pour être ensuite, semble-t-il, largement ignorés. Si bien que de plus en plus de réunions sont consacrées à relancer l'effort international de mise en œuvre d'engagements précédents, plutôt que de renouveler la réflexion ou d'en assumer de nouveaux.

En opposition à cette attitude défaitiste, qui peut souvent être le fruit de calculs politiques, cet ouvrage est fondé sur la conviction que la coopération internationale en la matière est plus profonde qu'on ne le pense et même croissante. Le défi est bien sûr d'identifier en quel sens. De plus, cela ne veut pas dire que les progrès vont à un rythme adéquat ou qu'ils sont acquis.

Surmonter le désenchantement

Une prémisse optimiste est inhabituelle dans le discours public, dans les médias, ou chez les ONG. Un certain nombre d'éléments incitent pourtant à une vision plus nuancée de la situation.

En effet, les jugements d'échec trouvent d'abord racine dans les critères que l'on se donne. Par exemple, Amartya Sen, prix Nobel de science économique en 1998, a dénoncé les jugements négatifs de la conférence de Copenhague sur les changements climatiques en 2009, soutenant que la perception de l'échec provenait des attentes irréalistes des Européens, alors qu'on a assisté à une reconnaissance mondiale du problème et de la nécessité d'agir, et à un engagement financier notable en faveur de l'adaptation des pays les plus vulnérables.

Le Sommet de Johannesburg de 2002, lui aussi, fit l'objet de vives critiques, surtout de la part d'environnementalistes inquiets de la prééminence accordée aux Objectifs du Millénaire. Mais il eut aussi pour effet de stimuler la réflexion et l'action en faveur du développement durable et la visibilité des questions qui y sont attachées, telles que le financement de la lutte contre la désertification ou l'avènement de la problématique de l'eau. Johannesburg, à travers les discussions ministérielles sur la gouvernance internationale de l'environnement, a initié une réflexion en profondeur sur l'architecture institutionnelle onusienne relative à la protection de l'environnement et à la promotion du développement durable. Relevons également la question de la relation entre droits humains d'une part et environnement, santé ou pratiques religieuses d'autre part, la responsabilité des entreprises, la transparence des décisions, ou la notion de biens publics mondiaux.

On pourrait aussi reprendre les arguments habituellement avancés depuis la réunion de Stockholm en 1972 sur les effets indirects de ces réunions planétaires. Souvent difficiles à percevoir et à évaluer, ils varient fortement d'un pays ou d'une organisation à l'autre et dépendent souvent de l'engagement de chaque État. La tenue d'un tel sommet, en effet, peut stimuler les conditions internes nécessaires à la réalisation du développement durable ou à l'adoption et à l'atteinte des objectifs de protection de l'environnement (coordination entre administrations, renforcement des ministères concernés, transparence et participation, éducation publique, stimulation de la recherche, mobilisation et structuration des ONG, accroissement de l'aide extérieure, etc.).

Une vision plus optimiste pourrait faire appel à un certain nombre d'arguments. En premier lieu, si de nouveaux problèmes, notamment ceux à l'échelle mondiale, sont apparus, des avancées significatives ont été faites sur d'autres, autant au niveau international (protection de la couche d'ozone, alliances transnationales) que national (pollutions, protection du consommateur).

Il est vrai que la communauté internationale a commencé par le plus facile. Les premières réductions de pollutions sont les plus économiques. Créer des parcs nationaux là où personne ne vit ou là où n'existent pas de ressources importantes à exploiter est plus aisé que de déplacer des populations, d'exclure des industries ou élaborer et faire respecter des règles d'accès. Dans beaucoup de cas (climat, biodiversité), les questions épineuses soulevées lors des négociations ont été remises à plus tard lors de la signature de l'accord. Il n'est donc pas étonnant que l'on ait l'impression que les discussions s'enlisent.

Les efforts de coopération s'engagent ainsi de plus en plus soit sur des terrains délaissés initialement car trop complexes, soit dans des domaines où l'incertitude scientifique est grande alors que les coûts de toute action de restauration sont considérables ; ou bien encore la coopération fait appel à des normes et à des solutions susceptibles d'affecter directement la distribution du pouvoir ou des bénéfices et des coûts de protection, ce qui exacerbe les considérations d'équité et les rivalités politiques. Les relations entre commerce et environnement sont maintenant au cœur de l'écopolitique internationale contemporaine. La gestion de la relation entre différentes normes, obligations et institutions qui structurent ces différents régimes présente un défi particulièrement aigu aux négociateurs contemporains. Par conséquent, si la coopération internationale est plus difficile, c'est aussi que les problèmes sont plus complexes et les interdépendances plus étroites.

Paradoxalement, les difficultés rencontrées aujourd'hui peuvent aussi être le fruit non d'une absence de coopération mais d'une plus grande coopération. Prenons l'exemple de l'intention de remplacer le moratoire existant sur les prises de cétacés par un système de quotas, qui fut rejetée par la Conférence des Parties de la CITES en 2010. Selon *The Economist,* si le Japon s'est opposé à la CITES et aux tentatives d'inclure le thon rouge dans l'appendice 2 qui en limiterait les prises et la commercialisation, c'est l'absence de souplesse des instruments, et, plus précisément la difficulté, dans le cas des éléphants, de réduire ou de retirer la protection de la CITES lorsque les populations de pays du cône sud de l'Afrique s'accrurent ; ce qui ne permet pas de récompenser les États qui gèrent bien leur ressource[2]. Si l'adoption du Principe de responsabilité commune mais différenciée a été et demeure un fondement de la coopération entre le Nord et les Suds sur ces questions, il a aussi créé des catégories de pays soumis à des obligations différentes et qui n'ont aucun intérêt à changer de catégorie. En figeant les inégalités de responsabilité, il a permis un accord minimal sur des directions à prendre, au prix d'une absence de souplesse (comme on le voit dans le cas des changements climatiques).

On pourrait aussi tout simplement remettre en question les critères utilisés pour juger du degré de progrès. L'exemple classique est celui des régimes. Poser la question, « les accords internationaux sont-ils efficaces ? », peut renvoyer à différentes notions : ont-ils été mis en œuvre ? Ont-ils résolu le problème d'environnement initial ? Ont-ils mené à l'atteinte des objectifs initiaux de l'accord ? Ont-ils été respectés ? Ont-ils changé les comportements des acteurs concernés ? Ont-ils servi à diffuser certaines normes, telles que la justice environnementale ?

UNE SPIRALE DE COOPÉRATION ASCENDANTE

Que retenir des efforts internationaux en matière d'environnement depuis la fin des années 1990 ? Nous ne passerons pas en revue les progrès que l'on peut observer sur le terrain. Si de nombreuses évaluations scientifiques (dont le nombre, la portée et la rigueur sont elles-mêmes le signe d'un progrès certain (v. infra) ont montré l'impact négatif croissant des activités humaines sur les écosystèmes, ceci ne doit pas nous faire oublier les progrès ponctuels et significatifs observés depuis plusieurs décennies, mais qui demeurent trop

2. The Economist, 27 mars 2010, p. 90.

souvent géographiquement limités, que ce soit l'étendue des aires protégées, la lutte contre la réduction de la pollution atmosphérique et hydrique, l'encadrement et la réduction des polluants organiques persistants, l'accroissement de la surface forestière (au Nord), le rétablissement de certaines espèces menacées ou la qualité de la vie dans de nombreuses villes. Nous nous pencherons plutôt sur le cadre général de l'action publique et privée que la coopération internationale dans le domaine de l'environnement tente d'instaurer. En général, cette période a vu un essor marqué des opinions publiques (dont l'influence exacte demeure à cerner mais ne peut être que ponctuelle, limitée à certains domaines et éphémère) et une prise de conscience accrue des dangers liés aux changements de l'environnement, ainsi que l'établissement de liens plus explicites entre environnement, économie et société (que reflète la notion de biens et services écosystémiques), voire l'adoption d'un discours uniquement économique (v. l'entrevue d'Achim Steiner). Les paragraphes suivants évoqueront rapidement quelques points qui ressortent des diverses contributions à cet ouvrage, concernant, notamment, les progrès institutionnels, le développement de normes, la place de la science et le rôle d'une multiplicité d'acteurs.

Progrès institutionnels

S'il ne suffit pas de créer de nouvelles institutions pour régler un problème, l'absence d'institutions rendra leur résolution plus difficile. Les institutions encadrent et permettent les changements de comportement requis des acteurs dont les activités ont un impact sur la qualité de l'environnement et l'atteinte des objectifs du développement durable. Le champ de l'environnement a connu une institutionnalisation rapide depuis la fin des années soixante (Meyer et al. 1997). Même si le rythme de création de nouvelles institutions s'est quelque peu ralenti depuis la fin du siècle, le souci d'accroître la prévisibilité des comportements des acteurs et de rassembler les ressources pour un effort collectif de mise en œuvre du bien commun demeure. Les progrès sont survenus à deux niveaux : national et international.

Au niveau des États – La mise en œuvre des accords internationaux mène, par définition, à la création de nouveaux instruments législatifs et politiques qui traduisent les ententes internationales dans le droit et les politiques publiques nationaux. Dans le cas des changements climatiques, par exemple, les États ont créé de nouvelles structures chargées de suivre cette question et les actions en matière de carbone (les Autorités Nationales Désignées). Le protocole de Kyoto, à travers ses mécanismes de souplesse, a mené à la création d'embryons de marché du carbone (v. le texte d'Ali Agoumi).

En outre, le droit à un environnement sain, l'incorporation de normes, telles que le principe de précaution, dans les constitutions nationales, ou l'obligation de repenser les décisions à la lumière du développement durable se retrouvent de plus en plus dans les instruments législatifs nationaux.

Au niveau international – Au sein du système des Nations unies comme à l'extérieur, le nombre d'institutions dont les préoccupations touchent à la protection de l'environnement au niveau international a connu un développement exponentiel : les accords multilatéraux sur l'environnement sont désormais légion ; la Commission du développement durable (CDD) s'ajoute, en 1992, au dispositif institutionnel déjà en place ; la majorité des agences spécialisées de l'ONU sont actives dans le domaine et ont créé des unités dédiées à l'environnement. De nouveaux types d'acteurs se sont multipliés, tels que les secrétariats de conventions. Enfin, hors ONU, certains forums ou organisations ont mis la protection de l'environnement à leur ordre du jour, comme en témoignent la mise en place du Comité du commerce et de l'environnement de l'OMC ou les discussions menées dans le cadre du G8 et du G20.

Si la période faste de l'évolution du droit international de l'environnement se situe plutôt entre 1975 et 1995, le droit international de l'environnement, comme le montre le chapitre de Sandrine Maljean-Dubois, a continué de se renforcer depuis la fin du siècle. Ceci s'est moins traduit par la conclusion d'accords novateurs que par des progrès dans l'architecture juridique, notamment les systèmes de conformité (protocole de Kyoto) et le suivi de la mise en œuvre (biodiversité). Selon elle, la procédure de non-respect du protocole de Kyoto se présente comme la plus élaborée et innovante de ces procédures, tandis que le Comité de contrôle du respect des dispositions est le plus puissant et indépendant des comités de ce type, renforçant ainsi les avancées du droit international de l'environnement qu'avait amorcé le protocole de Montréal sur l'appauvrissement de la couche d'ozone.

Mais cette période a surtout vu le renforcement des tendances exprimées lors du Sommet de Rio, que ce soit sur le plan des objectifs (contenus dans la Déclaration du Millénaire, le protocole de Cartagena, la Déclaration de Doha de l'OMC ou le Consensus de Monterrey), des principes déjà affirmés dans la Déclaration de Rio (principe de responsabilité commune mais différenciée promu par les PED, principe de précaution), des approches (approche écosystémique de la CDB), du processus de prise de décision (transparence, « bonne » gouvernance, participation) ou des impacts de la mondialisation et de la libéralisation des échanges.

On constate, enfin, que la majorité des ces ententes ont eu pour effet de tirer vers le haut les politiques régionales et nationales et jouent maintenant un rôle moteur de l'action collective à l'échelle internationale. Dans le domaine de l'eau, par exemple, les travaux de la Commission du droit international et la Convention de 1997 sur le droit relatif aux utilisations des cours d'eau internationaux à des fins autres que la navigation ont exercé une influence sur l'adoption d'autres instruments, aussi bien à l'échelon régional qu'à l'échelon de bassin (Boisson de Chazournes et Mara Tignino, ce volume).

Financement

Les ministères et agences de protection de l'environnement, on le sait, ont toujours été les parents pauvres des budgets nationaux et internationaux. Les ressources du Programme des Nations unies, par exemple, sont bien inférieures à celles dont disposent plusieurs grandes ONG. Outre leur faiblesse, le manque de prévisibilité de ces mêmes ressources a considérablement entravé l'action des organisations internationales, ce que n'a pas aidé la prolifération de fonds volontaires dont les coffres demeurent largement vides. En conséquence, et face à l'essoufflement de l'aide internationale, les années qui ont précédé la conférence de Rio avaient déjà vu l'émergence d'instruments de financement novateurs, tels que les échanges dette-nature.

Les années suivant la conférence de Rio ont vu l'affirmation d'un nouvel acteur, le FEM, dont la création précède Rio, et qui dispose de ressources substantielles[3]. Comme le rappelle Emma Broughton, le FEM a connu une importante période d'expansion, qui s'est exprimée par un élargissement de ses partenaires au-delà du PNUD et du PNUE et de ses domaines d'intervention à la dégradation des sols et aux polluants organiques persistants, qui se sont ajoutés aux changements climatiques, à la biodiversité et aux eaux internationales. Le FEM est aujourd'hui le plus gros bailleur de projets pour la protection de l'environnement mondial dans les pays en voie de développement et, de ce fait, est appelé à jouer un rôle important de coordination dans la mise en œuvre des conventions de Rio.

Au-delà de l'aide officielle au développement, les acteurs de l'environnement et du développement durable, principalement les États, les organisations intergouvernementales, les entreprises et les organisations non gouvernementales, ont tenté

3. Lors de la cinquième reconstitution des ressources de la Caisse du Fonds pour l'Environnement Mondial (FEM), en mai 2010, une trentaine de pays donateurs se sont engagés à lui octroyer 4,25 milliards de dollars pour la période 2011-2013.

d'imaginer de nouveaux partenariats et modes de financement pour l'environnement. Le Sommet de Johannesburg, par exemple, a lancé une grande initiative visant à promouvoir les partenariats tripartites (Etat-ONG-Privé) dont le développement et l'impact semblent toutefois rester limités. Le protocole de Kyoto, quant à lui, a donné naissance au mécanisme de développement propre et à l'initiative REDD+ pour la conservation des forêts, les crédits générés par une convention (la CCNUCC et son Protocole) servant ainsi les objectifs d'une autre convention (la CDB). L'appréhension croissante des problèmes de biodiversité à travers le prisme des biens et services écosystémiques permet aussi d'imaginer des mécanismes innovants de conservation, tels que les paiements pour les services rendus par les écosystèmes, les mécanismes de compensation, les réformes fiscales ou les marchés pour les produits écologiques. Un exemple d'approche plus générale est l'Initiative du Mécanisme de développement vert 2010[4], qui vise à examiner les modalités de la création d'un mécanisme mondial ayant pour but d'encourager et d'augmenter les investissements du secteur privé dans le domaine de la conservation et l'utilisation durable de la diversité biologique.

Ces mêmes questions de financement menacent de faire achopper le processus de coopération internationale. Malgré les efforts de la CLD et ceux des gouvernements-parties de se doter d'outils de planification adéquats, par exemple, les maigres ressources vouées à la lutte contre la désertification demeurent une source de frustration. Les plans d'action nationaux ne suscitent que très peu d'intérêt auprès des investisseurs qui leur reprochent, notamment, un manque de vision à long terme et l'absence de mécanismes permettant de tirer profit des expériences passées. Cette frustration déborde le cadre d'une seule convention. À la CP-10 de la CDB, les PED ont explicitement liés l'adoption d'un nouveau Plan stratégique de la convention à la conclusion positive des négociations sur un Protocole APA et à la mobilisation de nouvelles sources de financement[5].

Développement des normes

Etroitement liés au précédent, puisque les normes sous-tendent et aident à constituer les institutions, le droit international a vu proliférer de nouveaux instru-

---

4. V. http://gdm.earthmind.net. Pour des informations sur les actions en cours dans le cadre de cette initiative, voir les documents UNEP/CBD/WGRI/3/8 et UNEP/CBD/WGRI/3/INF/5.

5. On peut aussi s'interroger sur le bien-fondé de créer un système par lequel le financement de la biodiversité et d'autres domaines est *de facto* à la remorque de celui de la CC-NUCC, comme lorsqu'on tente de voir dans REDD+ la principale source du financement futur de la biodiversité.

ments normatifs, tels que des lignes directrices[6]. Mais c'est surtout le développement de normes privées qui retient l'attention. Un des développements les plus remarquables depuis Rio, en effet, a été l'émergence ou l'affirmation d'une gouvernance internationale privée de l'environnement qui s'exprime soit par l'adoption par l'industrie de nouvelles formes d'autoréglementation (certification environnementale – ISO 14000 et ISO 21000, produits de la forêt – v. pp 193 et suivantes –, codes de conduite de l'industrie chimique, étiquetage volontaire, accords volontaires négociés (Gibson 1999 ; Garcia-Johnson 2000 ; Smouts 2001), soit par des accords entre celles-ci et des ONG afin de définir, mettre en œuvre et faire respecter de nouvelles normes régissant la conduite des firmes (Bendell 2000), tels que la norme FSC pour les produits ligneux. Cette gouvernance s'inscrit dans un mouvement général où le secteur privé devance l'État, s'y substitue (avec son accord), complète son action ou l'induit à redéfinir les bases de l'intérêt national[7]. Cette évolution des modes de gouvernance sur deux plans distincts, public ou privé, réglementée (codifiée) ou spontanée, représente un défi. Les normes privées peuvent être très influentes dans les marchés intégrés verticalement et peuvent créer des précédents difficiles à modifier par la suite (Gupta 2005).

Si les conventions, telles que les conventions de Rio ou la convention d'Aarhus sur l'accès à l'information, la participation du public au processus décisionnel et l'accès à la justice en matière d'environnement, sont de grandes productrices de normes, les discussions plus décentralisées dans le domaine de l'eau ou de la forêt ont aussi progressivement légitimé des normes d'exploitation qui pourront sous-tendre de futurs instruments juridiques ou renforcent les normes qui demeurent chancelantes, telles que le principe de précaution. La contribution de Laurence Boisson de Chazournes et Mara Tignino en fournit plusieurs exemples. C'est ainsi que la Convention des Nations unies de 1997 facilite l'harmonisation des pratiques en matière de gestion des cours d'eau internationaux et que, d'autres instruments favorisent la participation du public dans la gestion des ressources en eau ou demandent la réalisation d'études d'impact. Les organes d'inspection des banques de développement, qui ont émergé depuis Rio, sont eux-mêmes sources d'harmonisation et de

---

6. La Convention sur la diversité biologique, par exemple, s'est dotée d'outils pour guider les pays face aux questions de conservation et d'utilisation de la biodiversité : lignes directrices Akwé : Kon pour la conduite des évaluations d'impacts culturels, sociaux et sur l'environnement de projets menaçant des sites sacrés ou des territoires autochtones, Principes d'Addis Abeba sur l'utilisation durable de la biodiversité, Stratégie globale de la conservation des végétaux, mise en œuvre de l'approche écosystémique, sept programmes de travail.

7. Pour une vue d'ensemble dans le domaine essentiellement économique, voir Cutler, Haufler et Porter (1999).

diffusion des normes : la pratique récente du Panel d'Inspection de la Banque Mondiale, du Mécanisme indépendant d'enquête de la Banque interaméricaine de développement et du Mécanisme indépendant de la Banque africaine de développement appréhende l'eau dans une perspective intégrée, incluant les dimensions sociales, environnementales et économiques.

L'émergence de la reconnaissance d'un droit à l'eau ne relève pas exclusivement des instruments des droits humains. Des conventions relatives au droit des cours d'eau internationaux, tels le Protocole sur l'eau et la santé de 1999 à la Convention d'Helsinki de 1992 et la Charte des eaux du fleuve Sénégal de 2002, énoncent la réalisation de ce droit en tant qu'objectif de gestion des cours d'eau en question. Enfin, le 28 juillet 2010, l'Assemblée générale de l'ONU a reconnu l'existence d'un « droit à une eau potable, salubre et propre comme un droit fondamental, essentiel au plein exercice du droit à la vie et de tous les droits de l'homme »[8]. Cependant, l'impossibilité d'adopter cette résolution par consensus indique combien l'existence même d'un tel droit demeure controversée.

En ce qui concerne les forêts, une gouvernance des forêts à l'échelle mondiale existe bel et bien selon Lucie Verreault, et a considérablement progressé depuis le début des années 1990. Les pays s'entendent sur un principe directeur, la gouvernance forestière durable (GFD), qui rassemble les principaux concepts avancés et réitérés dans les différents outils de gouvernance adoptés au cours des quinze dernières années. Sans être un concept univoque, la GFD fait néanmoins référence à un ensemble de normes ultérieurement adoptées par la communauté internationale et liées au développement durable.

Cependant, l'investissement d'un champ, tel que l'eau ou les forêts, à partir de perspectives différentes, pose la question des rapports entre normes, en dépit des efforts des mécanismes de financement internationaux (banques de développement, comité d'aide au développement de l'OCDE, FEM). Les instruments relatifs à la protection de l'environnement, aux droits de l'homme, ou au droit du commerce international et des investissements contribuent tous à la gestion des eaux. Si, comme le rappellent Laurence Boisson de Chazournes et Mara Tignino, les interactions nécessaires entre corps de normes soulignent la relation vitale entre eau, environnement et êtres humains, leur réconciliation représente un défi que l'on retrouve dans de nombreux autres domaines d'action de l'environnement.

8. A/64/L.63/Rev.1. Résolution adopté par 122 voix pour et 41 absentions. www.un.org/News/fr-press/docs/2010/AG10967.doc.htm

Le rôle de la science

La science sur les changements globaux a connu un essor remarquable. Par exemple, le groupe intergouvernemental ad hoc sur l'observation de la Terre (GEO), un partenariat, créé en 2003, compte plus de 70 pays et 50 organisations membres. Son objectif est d'améliorer la coordination des données existantes et de promouvoir de nouvelles observations de la terre. Dans ce but, GEO supervise le mécanisme Global Earth Observation System of Systems (GEOSS), dont fait notamment partie le réseau d'observation de la biodiversité (GEO-BON), un partenariat international dédié spécifiquement à l'observation et à l'interprétation de l'évolution des données sur la biodiversité dans le temps[9]. Les informations recueillies par GEO-BON serviront de base pour les évaluations futures de la plateforme internationale sur la biodiversité et les services écosystémiques (IPBES) dont l'assemblée générale a approuvé la création en décembre 2010.

Comme le souligne Clark Miller, le développement des connaissances a entraîné l'émergence de nouveaux instruments de gouvernance – processus, traités, lois et organismes – qui régissent l'environnement planétaire.

Même si les progrès de la connaissance ne facilitent pas nécessairement la coopération internationale, des lacunes dans les connaissances peuvent la bloquer. Les discussions internationales dans le domaine ont induit un essor considérable des efforts visant à synthétiser les connaissances, évaluer les impacts des nouvelles technologies et rapprocher la science de la décision. Comme le montrent les cas de la couche d'ozone et de la politique européenne sur la pollution atmosphérique, l'adoption de protocoles a permis de renégocier périodiquement les accords internationaux, à la lumière de l'évolution des

9. À travers la mise en réseau, GEO-BON favorisera l'intégration de données portant sur la biodiversité des environnements terrestres, marins et d'eau douce et leur diffusion auprès des parties intéressées. GEO-BON aura pour objectifs : a) la quantification et la cartographie des facteurs de changement de la biodiversité ; b) suivre les impacts des changements de la biodiversité, principalement en ce qui concerne les services écosystémiques indispensables et c) rendre compte de l'état actuel de la biodiversité et des changements qui l'affectent au fil du temps. Les données utilisées proviennent d'observations empiriques (incluant celles des observateurs profanes regroupés au sein de réseaux de bénévoles), de collectes d'images et de spécimens et de télédétection. La modélisation est aussi un élément-clé de GEO-BON puisqu'elle permet d'identifier les omissions dans les observations et pose les conditions nécessaires à une science prédictive de la biodiversité. GEO-BON facilitera l'accès aux données existantes et l'intégration d'initiatives qui participent au développement d'infrastructures informatiques pour l'évaluation de la biodiversité mondiale. (The Group on Earth Observations (2008), « GEO Biodiversity Observation Network Concept Document », document submitted to GEO-V, 19-20 November 2008.

connaissances travers l'adoption des connaissances (Sand 1999 ; Miller, ce volume), et les négociations elles-mêmes ont considérablement stimulé le volume des connaissances disponibles.

Par exemple, les négociations sur les changements climatiques ont stimulé la réalisation régulière d'inventaires des émissions en GES par les parties à cette convention, permettant de suivre l'évolution des émissions mondiales. Les rapports nationaux ou « communications nationales » (dans le cas des changements climatiques), malgré toutes leurs imperfections, forcent les États à revenir sur les actions entreprises et diffusent l'information sur l'état de la question. Ils peuvent aussi devenir des instruments utiles de définition de l'intérêt national, d'harmonisation des actions nationales et de mobilisation d'aides externes.

Si le rôle de la science a parfois été minime dans les négociations internationales ou ne peut expliquer la nature de décisions particulières (voir par exemple, la Convention sur la lutte contre la désertification), elle a été loin de jouer un rôle marginal et son impact bien plus marqué que ne veulent le croire les scientifiques eux-mêmes. Selon Clark Miller, par exemple, la science a joué un rôle central dans l'émergence de la GIE en posant des bases conceptuelles, empiriques et ontologiques (telles que la notion de système Terre), en transcendant la diversité des cultures et le principe de souveraineté, et en légitimant les politiques et en aidant à redéfinir le débat autour d'aspects scientifiques[10].

En conséquence, la gouvernance internationale se tourne de plus en plus vers des évaluations ou des organes d'avis scientifiques internationaux formellement constitués, afin de court-circuiter ou de résoudre les débats scientifiques et d'offrir une base scientifique reconnue sur laquelle développer des politiques internationales légitimes. Le désir de faciliter l'impact de la science sur la décision publique est à la base d'un des grands développements depuis Rio, soit l'engouement pour la rédaction d'évaluations scientifiques internationales dans des domaines spécifiques : changements climatiques (GIEC 2007), biodiversité (MEA 2005), agriculture (IAASTD 2009), etc.)[11]. En effet,

10. L'opposition Nord-Sud procède en partie de cette évolution. À une volonté de scientifiser le débat des pays du Nord, le discours des pays du Sud dans les enceintes internationales oppose un discours plus politique centré sur la distribution du pouvoir, les inégalités, l'équité, la justice, la morale, le dorit au développement et l'autonomie de décision.

11. La création éventuelle d'une nouvelle plate-forme scientifique sur la biodiversité, l'Intergovernmental Platform on Biodiversity and Ecosystems Services – IPBES, initialement inspirée du GIEC, et dont le principe a été adopté par une conférence intergouvernementale en juin 2010, promet de renforcer considérablement l'apport d'une science de la biodiversité dans les décisions de politique internationales, tout en contribuant à construire cette dernière.

évaluer l'état de l'environnement n'est pas aisé, et les experts scientifiques ont découvert que dresser un bilan de l'environnement est une tâche complexe, même dans un secteur particulier. La complexité des problèmes environnementaux et leur caractère multidisciplinaire ne permettent pas aux experts scientifiques d'un domaine particulier de formuler des solutions à la fois scientifiquement évidentes et politiquement acceptables (v. Roqueplo 1997).

Ces évaluations ont plusieurs fonctions, à l'image de celles du Groupe d'experts intergouvernemental sur l'évolution du climat (GIEC), pionnière en la matière, dont l'élaboration d'un consensus scientifique sur le sens des données existantes, la mobilisation des chercheurs et du financement de la recherche, et la sensibilisation des décideurs. Dans quelle mesure peuvent-elles servir à sensibiliser le public demeure une question ouverte. En effet, le rapport entre les ONG et la science n'est pas dépourvu d'ambiguïté. D'une part les ONG de protection de l'environnement feront largement appel à leurs conclusions si celles-ci soulignent la persistance de problèmes auxquels s'attaquent ces mêmes organisations ; d'autre part il existe une certaine tension entre une partie de la société civile et les savoirs scientifiques et techniques, critiqués pour le type de développement social auxquels ils pourraient conduire (ex. OGM)[12].

D'autres rapports, tels que le Rapport Stern (Stern 2006) sur le climat, l'Évaluation des Écosystèmes pour le Millénaire (MEA 2005) et le rapport TEEB – *The Economics of Ecosystems and Biodiversity* (TEEB 2010) – sur la biodiversité, ont cherché à redéfinir un problème, principalement dans une perspective économique, afin de stimuler l'action.

Face à ces développements, les conventions, au lieu de renoncer à leur rôle en la matière, ont cherché à le redéfinir et à renforcer leur appareil de conseil scientifique. Par exemple, alors que les aspects scientifiques avaient été largement absents des négociations de la convention, la Convention accorde une importance grandissante à la science et à la technologie, comme l'atteste la tenue d'une première conférence scientifique par la CP-9 de la CLD.

La science peut donc être un puissant agent de la gouvernance internationale, comme dans le cas des changements climatiques. Mais son rôle demeure incertain, diffus, ponctuel, erratique et inégal. Même si on laisse de

12. L'École de Francfort et notamment Jürgen Habermas, qui étudia les rapports entre la politique, la science et l'opinion publique, a cherché à mettre en lumière comment l'idéologie technocratique œuvrait pour la substitution progressive des techniques à l'action démocratique ; v. Habermas, Jürgen (1973) mais aussi, dans une perspective non marxiste, Ellul, Jacques (1954)

côté la question de savoir de quelle science on parle (les sciences sociales sont trop souvent marginalisées et les groupes indigènes se plaignent de la dominance d'une science occidentale), différentes représentations du rôle que devrait jouer la science, la compétition entre champs disciplinaires (voire laboratoires de recherche), la conviction qu'aucun savoir n'est politiquement neutre et que les solutions auxquelles il peut mener le sont encore moins, et l'incertitude scientifique liée à la complexité des problèmes limitent l'impact de la science sur la prise de décision.

Une multiplication d'acteurs plus actifs

La gouvernance internationale de l'environnement repose aujourd'hui sur l'action d'une multitude d'acteurs qui ne limitent pas leur intervention à un seul niveau de gouvernance, mais qui interviennent à plusieurs niveaux en même temps (global, régional, national, sous-national et local) et souvent dans plusieurs domaines d'action. États, entités fédérées, autorités locales, groupes indigènes, agriculteurs, entreprises, chercheurs, femmes[13], jeunes, fondations, syndicats revendiquent tous un droit légitime de participer aux décisions qui les affectent. La prolifération des acteurs de l'eau en est un exemple. Felix Dodds soutient même que nous traversons une période de transition d'une démocratie représentative à une démocratie participative dans le monde, en commençant par une démocratie de Parties prenantes. La CDD a d'ailleurs activement contribué à renforcer ce rôle des Parties prenantes à travers tout le système des Nations unies.

Les entreprises – Lors de la Conférence de Rio, Maurice Strong, son secrétaire général, avait tenté de mobiliser le monde de l'entreprise sans lequel il pensait que les politiques internationales ne pourraient avoir que des effets limités sur le terrain. Ce rôle s'est graduellement affirmé depuis Rio, à travers leur contribution au renforcement du protocole de Montréal sur l'appauvrissement de la couche d'ozone, leur mobilisation par le Secrétaire général de l'ONU dans le cadre du Pacte mondial, l'essor de la gouvernance privée (v. supra) ou les efforts de certaines conventions, telles que la CDB, de les mobi-

13. Dans le sillage de la création d'une nouvelle agence ONU-Femmes en juillet 2010, la promotion d'une perspective genre n'est plus l'apanage de groupes de pression externes mais pourrait devenir de plus en plus internalisé aux négociations. Par exemple, au cours du 8e Groupe de travail sur l'accès et le partage des avantages de la CDB (Montréal, nov. 2009), la représentante de la Nouvelle-Zélande a annoncé la création d'un nouveau groupe interrégional, le Groupe de femmes de même esprit. Ce groupe, composé de femmes chefs de délégation, mais ouvert à la participation de toutes les déléguées, s'est donné pour mission de veiller à ce que le texte du régime rende compte de la perspective féminine.

liser à la fois aux niveaux international et national. Plutôt que d'être abordées uniquement comme faisant partie du problème, elles sont maintenant considérées comme partie intégrante de toute solution aux problèmes à l'échelle mondiale.

Les ONG – Il est courant de souligner la présence accrue des ONG dans les négociations internationales, depuis Rio, et le rôle parfois significatif qu'elles jouent dans différentes phases des politiques publiques internationales. Le cas des groupes indigènes, en particulier, mérite une plus grande attention. Ces groupes se sont, en effet, servi avec succès des instruments internationaux existants afin de promouvoir leurs droits par rapport au gouvernement central (comme dans le cas de la CDB). Dans certains cas, ce sont les développements internationaux, qui ont suscité l'émergence de nouvelles identités qui avaient disparu. Le cas des Inuit est particulièrement intéressant, car c'est principalement à travers les négociations nationales et internationales, dans ce dernier cas au sein du Conseil de l'Arctique, qu'ils ont développé le sentiment de former un peuple et où ils ont pu introduire, avec succès, les questions de développement durable et de santé (v. Huebert 1998).

Le Forum international autochtone sur la biodiversité (FIAB), quant à lui, a été formé lors de la CP-3 (Buenos Aires, 1996) pour donner une voix aux peuples autochtones à la Convention sur la diversité biologique (CDB) et que soient pris en compte les besoins des communautés autochtones et locales (CAL). Il réunit des représentants de gouvernements autochtones, des experts et des activistes autochtones. Le FIAB prend régulièrement la parole dans les négociations sur l'APA. Sa position est que l'accès aux ressources génétiques devrait être subordonné à la législation nationale et au consentement préalable donné en connaissance de cause (CPCC) des peuples autochtones. Il prône également la reconnaissance du droit coutumier et des savoirs traditionnels.

Cette intégration des ONG dans la gouvernance internationale de l'environnement est une tendance lourde. Plutôt que de les aborder comme des contre-pouvoirs, il s'agira de réfléchir à leur rôle de partenaires dans une gouvernance décentralisée et donc sur les conditions qui permettent aux systèmes de gouvernance des conventions SGC de développer et gérer ces réseaux et à ces derniers de contribuer à renforcer les conditions d'efficacité des régimes. Cette évolution, qui ne signifie pas la disparition d'ONG agissant comme des contre-pouvoirs, appelle cependant un certain nombre d'observations ou le développement de garde-fous.

L'influence des ONG n'est pas ipso facto positive sur le plan du renforcement de l'efficacité du régime. Les ONG peuvent bloquer le progrès en politisant une question et en bloquant certaines actions[14]. D'autres peuvent se substituer aux ONG locales en prétendant représenter l'intérêt des populations locales afin de se constituer un capital politique au Nord. D'autres dysfonctionnements sont possibles. Les ONG peuvent devenir dépendantes de leurs sources de financement ; utilisées comme experts, elles peuvent facilement devenir des conduits d'influence des pays du Nord (à travers les concepts utilisés et la définition des problèmes et solutions avancées ; Yamin 2001). Enfin, la question du déficit démocratique se pose toujours : comment accroître la responsabilité et la transparence des réseaux ? Comment encadrer l'émergence de normes privées (v. supra) ? Quels critères de représentativité et de légitimité devraient s'appliquer aux ONG (du Sud et du Nord) ? En quels termes poser la légitimité des liens étroits existants entre Etats et ONG ?

DÉFIS

Parmi les nombreux défis qu'affronteront les efforts de coopération internationale dans le domaine de l'environnement, nous en retiendrons quatre. Ces défis mettent l'accent davantage sur les relations entre acteurs de l'écopolitique mondiale, que sur la suppression des obstacles qui entravent la résolution des problèmes d'environnement. Il est évident, par exemple, que la priorité en la matière doit être la mise en œuvre efficace des engagements existants et la création des conditions qui permettront les changements de comportement nécessaires à la préservation des écosystèmes et à la promotion d'une meilleure qualité de vie des sociétés qui en dépendent.

En premier lieu, la redistribution de la puissance et la transformation des coalitions traditionnelles ne s'accompagnent pas d'un leadership renouvelé. Les marchandages Nord-Sud font place à des coalitions changeantes, les divisions au sein de chaque groupe se sont accentuées. L'UE a adopté une position plus avancée sur bien des questions d'environnement, au risque d'éveiller des suspicions ; l'impact de son élargissement, qui se traduit par de plus grandes difficultés à parvenir à une position commune et donc une souplesse de négociation réduite, pourrait limiter sa capacité de jouer un rôle de chef de file. Le Sud se fragmente en Suds, sans que les pays émergents ne jouent un rôle dirigeant, que ce soit du point de vue diplomatique, intellectuel ou financier. Les États-Unis se sont distancés des processus multilatéraux en exprimant des réserves formelles aux accords passés ou en refusant de se

14. Comme dans le cas des conventions sur les déversements de déchets radioactifs en haute mer (v. Miles *et al.* 2002 : 438).

joindre à de nouvelles ententes, tandis que des états, tel le Canada, traditionnellement chefs de file, se retrouvent plus souvent en position de blocage à mesure que les questions d'environnement touchent aux questions commerciales, de droits de propriété intellectuelles, ou pourraient avoir un impact sur les arrangements constitutionnels internes.

Le rôle des pays en développement, et notamment des pays émergents, est un phénomène palpable. Comme le rappelle Achim Steiner, l'environnement et le principe de durabilité ne sont plus perçus comme seulement des préoccupations du monde industrialisé. Il ne s'agit plus de privilégier le développement, mais de le repenser. Cependant, l'affirmation diplomatique des pays émergents ne se traduit pas encore par la prise de responsabilités nouvelles, que ce soit sur le financement ou la promotion de questions qui dépassent les revendications traditionnelles du Groupe des 77 (v. le chapitre d'Ana Flávia Barros-Platiau).

De plus, une diplomatie plus intense et plus technique complique la participation effective de nombreux pays en développement et d'organisations de la société civile. Tous affrontent non seulement des limites financières et humaines mais aussi, dans le cas des États, éprouvent des difficultés à définir leur intérêt national face à l'ordre du jour (et, a fortiori, à influencer la définition de ce dernier).

Ensuite, se pose la question de la gouvernance, qui possède plusieurs aspects : (i) la quête d'une gouvernance décentralisée efficace fondée sur le développement, le contrôle et l'harmonisation de réseaux de gouvernance divers, sur une régionalisation croissante et sur des efforts d'intégration de différents niveaux de gouvernance ; (ii) la compatibilité des régimes environnementaux entre eux et de ces mêmes régimes avec des arrangements qui visent à répondre à d'autres priorités de la communauté internationale, telles que le commerce ou les droits humains ; (iii) Un manque de légitimité croissant des règles de procédures des négociations (comme Copenhague l'a démontré avec force) qui provient notamment du non-respect de la règle du consensus et d'une diplomatie de concert où un petit nombre d'États s'entendent sur des points qui sont ensuite soumis aux autres délégations sans grande possibilité de révision ; à mesure que l'écopolitique internationale touche de plus en plus aux intérêts fondamentaux des États, les questions de procédure assument davantage d'importance.

La Conférence des Nations unies sur le développement durable de 2012 projette d'inscrire la gouvernance internationale de l'environnement à son ordre du jour (avec l'économie verte). Peu de progrès ont été faits jusqu'ici, mais il semble que les progrès accomplis proviennent davantage de la base que du sommet. Ce sont, par exemple, la collaboration croissante entre certaines conventions. Les conventions chimiques sont allées le plus loin mais des avancées notables ont été effectuées par d'autres conventions (notamment dans le domaine de la biodiversité).

Enfin, la fracture entre développement durable et environnement s'amplifie, symbolisée par les Objectifs du Millénaire qui accordaient une place réduite aux questions d'environnement traditionnelles, le passage d'une conférence des Nations unies sur l'environnement et le développement à Rio, aux Sommets du développement durable de Johannesburg et de 2012. L'accent mis sur le développement durable a pour conséquence de privilégier les préoccupations locales de développement au détriment des questions environnementales transnationales (changements climatiques, ozone, commerce des espèces menacées) ou de la gestion des biens communaux (océans), la redistribution des ressources (par exemple dans le cadre des négociations APA), et la lutte contre la pauvreté qui contribue à redéfinir le problème, comme dans celui de la CDB et de la CLD. Il s'agit, en fait, moins d'un manque d'intérêt pour l'environnement que de la domination de l'agenda environnemental par les préoccupations des pays en développement, axées sur la fourniture de biens et services de base (accès à l'eau, assainissement, agriculture), évolution que renforce l'adoption d'un discours centré sur les biens et services écosystémiques. Ces tensions entre environnement et développement durable se sont manifestées dans d'autres forums, notamment à l'Organisation maritime internationale (OMI) et lors des discussions sur la réforme de la gouvernance internationale, par un conflit normatif entre le développement durable et la préservation de l'intégrité des milieux naturels ou les questions éthiques liées à l'exploitation de certaines espèces d'animaux supérieurs.

CONCLUSION

En 1993, alors que les engagements de Rio n'avaient pas encore commencé à s'effriter et que les travaux sur l'écopolitique internationale se multipliaient, un spécialiste reconnu des relations internationales, concluait que l'environnement allait demeurer largement « à la périphérie des relations internationales » (Smith, 1993). Il est vrai que les dangers que pose la protection de l'environnement ne peuvent rivaliser, tout au moins dans l'esprit de dirigeants politiques élus au suffrage universel, avec l'urgence de la lutte contre le terrorisme ou contre le chômage. Les années qui nous éloignent de la conférence de Rio ont aussi démontré qu'il était de plus en plus difficile de séparer les enjeux d'environnement de la poursuite d'autres objectifs liés à la cohésion sociale, à l'économie ou à la sécurité.

Mais s'il est une évidence depuis douze ans, c'est que l'environnement, loin de demeurer marginal, s'est imposé au centre des préoccupations des États et des populations. Par ce fait, il est davantage sujet aux dilemmes de gouvernance qu'affrontent les gouvernements. Les questions d'environnement ne sont plus simplement techniques et scientifiques; elles touchent à la vie des gens, à la conception qu'ils ont de leur avenir et à leur capacité de l'imaginer; elles sont aujourd'hui intimement liées à d'autres questions importantes en relations internationales, telles que la maîtrise des conséquences de la mondialisation, l'avenir des relations Nord-Sud et la fragmentation de chaque groupe, le système international de production et d'exploitation des ressources, la liberté de commerce, la sécurité des États, le rôle de la société civile, l'évolution des systèmes de gouvernance, ou la réconciliation des développements internes et externes aux États. Mais elles sont aussi liées à des questions politiques fondamentales qu'affronte chaque société: comment réduire les inégalités? Promouvoir la justice? Assurer à tous une vie décente? Protéger les fondements naturels de notre bien-être?

La dynamique de Johannesburg a aussi montré combien Agenda 21 et la Déclaration de Rio représentaient une vision optimiste des capacités ou de la volonté des États de donner corps à leurs aspirations en matière de protection de l'environnement et de promotion du développement durable. Agenda 21 est un document massif et complexe, un agenda pour un siècle, pas pour une décennie. La déclaration de Rio accole, sans les intégrer ou les hiérarchiser, les principes soutenus par les pays du Nord et ceux soutenus par les pays du Sud. Certains ont été réaffirmés dans de nombreux accords subséquents, alors que d'autres continuent d'être remis en question. Certains sont mis en œuvre sur une base régionale et ignorés ailleurs. Tout progrès, en relations internationales, est difficile. Si les relations internationales étaient aisées, nous n'aurions pas d'Organisation des Nations unies ou de diplomates. À mesure que la communauté internationale prend conscience de la gravité et de la complexité des problèmes, à mesure que s'impose la nécessité d'engagements contraignants, les coûts politiques, économiques et sociaux des solutions envisagées deviennent plus lourds, les incertitudes plus grandes et les dilemmes qu'elles entraînent plus difficiles à résoudre.

Si la politique est «le goût de l'avenir» (v. Guillebaud 2003), les années *Objectif Terre* ont fourni un avant-goût de l'écopolitique mondiale qui se dessine. L'environnement étant une cible mouvante en raison de l'accroissement des connaissances et de l'évolution des valeurs, et les problèmes apparaissant de plus en plus complexes, il est tentant d'adopter une attitude de découragement face à ce qui paraît comme une inaction criminelle. On a vu, et le reste de l'ouvrage le montrera, que la communauté internationale, ou certaines sociétés, ont fait des avancées significatives. Certaines jettent les bases d'avancées futures, pourvu que les incitations ou les stimulants demeurent ; d'autres constituent des progrès en eux-mêmes. Naturellement, beaucoup reste à faire et on peut déplorer les inerties qui ralentissent le mouvement. Il est clair aussi que nous nous dirigeons vers un monde différent et non simplement vers une harmonie mythique avec le monde naturel. Il s'agit de survivre en tant que sociétés mais aussi de recomposer nos rapports avec le monde naturel. Ce défi est celui de plusieurs siècles. Plutôt que de construire une société et des institutions internationales idéales, il est sans doute plus raisonnable, face aux difficultés rencontrées, de s'attaquer aux problèmes les plus importants et non pas simplement aux (fausses) urgences. Des pas significatifs ont été faits dans cette direction, même si les défis demeurent énormes. La politique est aussi là pour y aider.

RÉFÉRENCES

Bendell, J. (dir.), (2000), *Terms of Endearment : Business, NGOs and Sustainable Development*, Greenleaf Publishing, Sheffield.

Butchart, Stuart H. M. et al. (2010), 'Global Biodiversity : Indicators of Recent Declines' *Science*, No 328, pp.1164-1168.

Cutler, A.C., Haufler, V. et Porter, T. (dir.), (1999), *Private Authority and International Affairs*, State University of New York Press, Albany.

Ellul, J. (1954), *La Technique ou l'Enjeu du siècle*, A. Colin, Paris.

Garcia-Johnson, R. (2000), *Exporting Environmentalism*, MIT Press, Cambridge.

Groupe d'experts intergouvernemental sur l'évolution du climat (GIEC), (2007) *Bilan 2007 des changements climatiques. Contribution des Groupes de travail I, II et III au quatrième Rapport d'évaluation du Groupe d'experts intergouvernemental sur l'évolution du climat,* GIEC, Genève.

Gibson, R. (dir.), (1999), *Voluntary Initiatives : The New Politics of Corporate Greening*, Broadview Press, Peterborough.

Guillebaud, J.-C., *Le goût de l'avenir*, Paris, Seuil, 2003.

Gupta, J. (2005), 'Global Environmental Governance : Challenges for the South from a Theoretical Perspective', dans Bauer S. et Biermann F. (dir.), *A World Environment Organization : Solution or Threat for Effective International Environmental Governance ?* Ashgate, Aldershot.

Habermas, J. (1973), *La technique et la science comme « idéologie »*, Gallimard, Paris.

Huebert, R. (1998), 'The Arctic Council and Northern Aboriginal Peoples', dans J. Oaks et R. Riewe (dir.), *Issues in the North : Volume III.*, No. 44, Canadian Circumpolar Institute.

Millenium Ecosystem Assessment (2005a), *Ecosystems and human well-being : current state and trends : findings of the Condition and Trends Working Group*, Island Press, Washington, D.C.

Millennium Ecosystem Assessment (2005b), *Ecosystems and human well-being : findings of the Scenarios Working Group*, Island Press, Washington, D.C.

Millennium Ecosystem Assessment (2005c), *Ecosystems and human well-being : policy responses : findings of the Responses Working Group of the Millennium Ecosystem Assessment*, Island Press, Washington, D.C.

International assessment of agricultural knowledge, science and technology for development (IAASTD) (2009), *Global Report*, Island Press, Washington, D.C.

Meyer, John W. et. al., (1997), 'The Structuring of a World Environmental Regime, 1870-1990', *International Organization*, Vol. 51(4), pp. 623-51.

Miles, Edward L. (2002), 'Sea Dumping of Low-Level Radioactive Waste, 1964 to 1982', dans Edward L. Miles et al. (dir.), *Environmental Regime Effectiveness : Confronting Theory With Evidence*, MIT Press, Cambridge, pp. 87-116.

Roqueplo, P. (1997), *Entre savoir et décision, l'expertise scientifique*, INRA, Paris.

Smouts, M.-C. (2001), *Forêts tropicales, jungle internationale. Les revers d'une écopolitique mondiale,* Presses de sciences po, Paris.

Stern, N. (dir.), (2006), *The Economics of Climate Change. The Stern Review.* Cambridge University Press, Cambridge.

TEEB (2010), *The Economics of Ecosystems and Biodiversity : Mainstreaming the Economics of Nature : A synthesis of the approach, conclusions and recommendations of TEEB.*

UNEP (2005), GEO : Global Environmental Outlook, [en ligne], www.unep.org/Geo/geo3/french/043.htm, consulté le 6 novembre 2010.

SECTION I

GOUVERNANCE INTERNATIONALE DE L'ENVIRONNEMENT

Figure 1.1
La gouvernance de l'environnement au sein du système des Nations unies

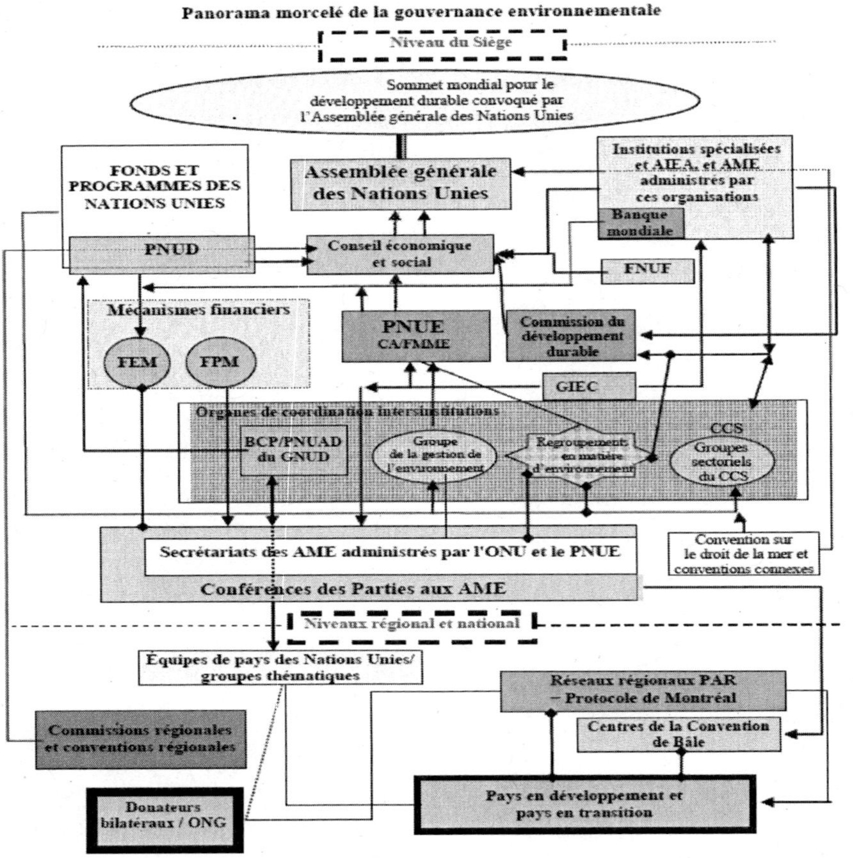

Légende:
↔ ou → : Filières suivies pour rendre compte de la gestion ou des opérations
— : Relations de coopération/consultations
... : Relations ponctuelles
PAR: Programmes d'aide au respect des instruments, du PNUE

Source: Nations Unies (2008), *Examen de la gouvernance environnementale dans le système des Nations unies*, Corps commun d'inspection, Genève.

CHRONOLOGIE[1]

NÉGOCIATIONS SUR LA GOUVERNANCE INTERNATIONALE DE L'ENVIRONNEMENT

2010 Stratégie à moyen terme du PNUE (2010-2013)

SECA-11/FMME – Bali, Indonésie (24 au 26 février)

Réunion extraordinaire simultanée des Conférences des Parties aux conventions de Bâle, Rotterdam et Stockholm – Bali, Indonésie (22 au 24 février)

Dialogue multilatéral sur la mise en œuvre du développement durable –New York, États-Unis (1er février)

2009 Le rapport final des co-présidents des consultations informelles de l'AGNU sur le cadre institutionnel de l'environnement fait état des blocages existants (10 février).

Création du groupe consultatif de ministres ou représentants de haut niveau (Processus de Belgrade)

2008 SECA-10/FMME – Principauté de Monaco (20 au 22 février)

Consultations ministérielles sur la gouvernance internationale de l'environnement dans le cadre de la réforme des Nations unies

Réunion des chefs de gouvernements du Commonwealth sur la réforme des institutions internationales – Londres, Grande-Bretagne (10 juin)

Déclaration de Malborough House sur la réforme des institutions internationales

Réunion ministérielle informelle sur la gouvernance internationale de l'environnement – New York, États-Unis (13 mai) (JIU/REP/2008/3)

1. Chronologie préparée par Cécile Pilarsky.

Rapport du Corps commun d'inspection du système des Nations unies : « *Management Review of Environmental Governance within the United Nations System* » (JIU/REP/2008/3)

2007 Réunion ministérielle informelle sur l'environnement et le développement durable : les défis posés à la gouvernance internationale – Rio de Janeiro, Brésil (3 et 4 septembre)

Présentation du « Compendium d'options/*Option paper* » (14 juin) ou rapport du processus de consultation informel de l'AGNU sur le cadre institutionnel des Nations unies en matière d'environnement

1re réunion du Groupe des amis d'une ONUE – Agadir, Maroc (12 et 13 avril)

Conférence « Citoyens de la Terre : Conférence de Paris pour une gouvernance écologique mondiale », Paris, France (2-3 février) : Appel de Paris et création du groupe des amis de l'ONUE

2006 Lancement du processus de consultation informel de l'AGNU sur le cadre institutionnel des Nations unies en matière d'environnement après la nomination des deux coprésidents du processus par le Président de l'AGNU

Création du Groupe de haut niveau sur la cohérence de l'action du système des Nations unies dans les domaines du développement, de l'aide humanitaire et de la protection de l'environnement : Rapport « *Delivering as One* » (9 novembre)

Conférence internationale sur la gestion des produits chimiques – Dubaï, Émirats arabes unis (4 au 6 février) : Adoption de l'approche stratégique internationale sur la gestion des substances chimiques (SAICM)

2005 Sommet mondial – New York, États-Unis (14 au16 septembre) : Adoption du document final du Sommet mondial (et en particulier du paragraphe 169)

CA-23/FMME – Nairobi, Kenya (21 au 25 février) : Adoption du plan stratégique de Bali pour l'appui technologique et le renforcement des capacités (UNEP/GC.23/6/Add.1)

2004 SECA-8/FMME – Jeju, République de Corée (29 au 31 mars) : Adoption de l'Initiative de Jeju (UNEP/GCSS.VIII/8)

2003 Allocution du Président de la République française lors de la 58e session de l'AGNU en séance plénière – New York, États-Unis (23 septembre) : Appel à la création d'une Organisation des Nations unies pour l'environnement (ONUE)

2002 Sommet mondial sur le développement durable – Johannesburg, Afrique du Sud (du 26 août au 4 septembre) : Adoption du plan d'application du Sommet mondial pour le développement durable

SECA-7/FMME – Cartagena, Colombie (13 au 15 février) : Adoption du rapport du GIM sur la Gouvernance internationale de l'environnement, à l'issue des quatre réunions du groupe durant l'année 2001 (UNEP/GCSS.VII/2)

2001 CA-21/FMME – Nairobi, Kenya (5 au 9 février) : Création du Groupe intergouvernemental de ministres ou de leurs représentants (GIM) (UNEP/GC.21/21)

2000 1re session du FMME du PNUE – Malmö, Suède (29 au 31 mai) : Déclaration ministérielle de Malmö (UNEP/GCSS.VI)

Réunion informelle des Ministres de l'environnement – Bergen, Norvège (15 au 17 septembre)

1998 Rapport du Groupe de travail des Nations unies sur l'environnement et les établissements humains (6 octobre) (Résolution A/53/463)

1997 Déclaration de Nairobi sur le rôle et mandat du PNUE

1994 Restructuration du FEM

1992 Conférence des Nations unies pour l'environnement et le développement – Rio de Janeiro, Brésil (3 au 14 juin) : Création de la Commission du développement durable (CDD)

1991 Création du Fonds pour l'environnement mondial (FEM)

1987 Rapport *Notre avenir à tous*, de la Commission mondiale pour l'environnement et le développement (1983-1987), présidée par Gro Harlem Brundtland

1982 10e session du CA du PNUE – Nairobi, Kenya (10 au 18 mai)

Adoption du Programme de Montevideo pour le développement et l'examen périodique du droit de l'environnement (Les programmes de Montevideo II et III ont été adoptés en 1993 et 2001)

1972 Conférence des Nations unies sur l'environnement humain – Stockholm, Suède (5 au 16 juin) : Création du Programme des Nations unies pour l'environnement (PNUE)

CHAPITRE 1

BREF HISTORIQUE DES DÉBATS SUR LA RÉFORME DE LA GOUVERNANCE INTERNATIONALE DE L'ENVIRONNEMENT

Cécile Pilarsky

Le débat sur la réforme institutionnelle de la gouvernance internationale de l'environnement (GIE) débute véritablement en 1998, suite aux conclusions du rapport du Groupe de travail des Nations unies sur l'environnement et les établissements humains, présidé par le directeur exécutif du Programme des Nations unies pour l'environnement (PNUE), qui affirme notamment que la fragmentation institutionnelle et la perte de cohérence politique rendent inefficace le travail de l'Organisation des Nations unies (ONU) dans ce domaine[1].

En effet, l'articulation de la GIE s'est métamorphosée depuis la création du PNUE en 1972. Au sein du système des Nations unies comme à l'extérieur, le nombre d'institutions dont les préoccupations touchent à la protection de l'environnement au niveau international a connu un développement exponentiel[2] : les accords multilatéraux sur l'environnement sont désormais légion[3] ; la Commission du développement durable (CDD) s'ajoute, en 1992, au dispositif institutionnel déjà en place ; la majorité des agences spécialisées de l'ONU

1. Rapport du Groupe de travail des Nations unies sur l'environnement et les établissements humains, 6 octobre 1998, A/53/463, paragraphe 8.

2. Ainsi, plus 200 accords ont été signés entre 1989 et 2009, et, jusqu'en 2003, le nombre d'accords conclus était d'en moyenne 12 par année. Ces données sont issues de Mitchell, Ronald B. (2002-2010).

3. S'il est fréquemment avancé que le nombre d'AME s'élève aujourd'hui à plus de 500, cette estimation est néanmoins sujette à caution « puisque la notion d'environnement fluctue, que ces accords ont une nature et une portée très diverses et que leur statut varie ». Le Prestre (2006) précise en outre qu'une cinquantaine d'entre eux seulement sont concernés par la réforme de la GIE.

sont à présent actives dans le domaine et ont créé des unités dédiées à l'environnement. De nouveaux types d'acteurs se sont multipliés, tels que les secrétariats d'AME. Enfin, hors ONU, certains forums ou organisations ont mis la protection de l'environnement à leur ordre du jour, comme en témoignent la mise en place du Comité du commerce et de l'environnement de l'OMC ou les discussions menées dans le cadre du G8 et du G20. Les organisations non gouvernementales sont également de plus en plus présentes dans les diverses étapes du cycle des politiques internationales, allant de l'identification du problème et leur mise à l'ordre du jour politique, à la mise en œuvre des décisions et l'évaluation de leurs impacts. Cette fragmentation de la gouvernance internationale de l'environnement, ajoutée aux difficultés structurelles du PNUE (en particulier financières) a conduit les Nations unies et certains États à amorcer un processus de réflexion sur la réforme de la gouvernance internationale de l'environnement, afin d'améliorer la contribution du système des Nations unies à la résolution des problèmes d'environnement.

Dès 1998, la structure du PNUE va connaître un aménagement important avec la création du Forum ministériel mondial sur l'environnement (FMME) et du Groupe de gestion de l'environnement (GGE), suite à la recommandation du groupe de travail des Nations unies sur l'environnement et les établissements humains. Puis, en préparation du Sommet mondial de Johannesburg, le Conseil d'administration du PNUE met en place, en 2001, un Groupe intergouvernemental de ministres ou de leurs représentants (GIM) « chargé de conduire une évaluation complète des faiblesses institutionnelles existantes et d'identifier les besoins et options futurs en matière de renforcement de la GIE » (Décision 21/21). Après cinq réunions tenues entre avril 2001 et février 2002, le groupe remet un rapport qui est adopté lors de la 7e session spéciale du CA/FMME du PNUE de Carthagène, en février 2002. La décision de Carthagène (UNEP/GCSS.VII/1), dont la mise en œuvre sera soutenue formellement lors du sommet de Johannesburg[4], va servir de fondement aux principales actions mises en place dans le cadre de la réforme de la gouvernance internationale de l'environnement au sein de l'ONU.

Parallèlement au processus engagé par le PNUE, un autre pôle de discussions se développe autour de la création d'une autorité internationale de protection de l'environnement. Promue dès la fin des années 1990 par les Présidents Helmut Kohl et Jacques Chirac, l'idée de mettre sur pied une Organisation mondiale de l'environnement (OME) va prendre un nouvel élan

---

4. Voir para.140 d) du *Plan d'application du Sommet mondial pour le développement durable*

à partir de 2003 en se transformant en une proposition plus modeste d'Organisation des Nations Unies pour l'environnement (ONUE), proposée officiellement par la France lors de l'Allocution du Président à l'occasion de la 58e session de l'AGNU (Chirac, 2003). L'initiative sera suivie, en 2007, par l'Appel de Paris et la première réunion du groupe des Amis de l'ONUE.

Entre-temps, le document final du Sommet mondial de 2005 dénonce l'absence de cohérence du système des Nations unies et identifie des moyens d'y remédier dans son paragraphe 169. De ces constatations naît le groupe de haut niveau sur la cohérence de l'action du système des Nations unies qui produit « Delivering as One » en novembre 2006. À la même période, l'AGNU lance un processus informel de consultation dédié à la gouvernance internationale de l'environnement. Sur la base du paragraphe 169 du document final de 2005, deux séries de consultations se sont succédé afin d'identifier les défis majeurs du système des Nations unies en matière d'environnement et de développement durable, et de définir le cadre institutionnel à mettre en place afin de relever ces défis. Ces consultations ont finalement donné lieu à la présentation d'un rapport en 2007 : le Compendium d'options, ou Rapport Heller-Maurer (Heller & Maurer, 2007)[5] du nom des coprésidents, qui identifie sept sujets de préoccupation majeurs dans le cadre de la réforme de la gouvernance internationale de l'environnement.

Tableau 1.1 : Les sept modules du Rapport Heller-Maurer de juin 2007

- Évaluation scientifique, capacités de surveillance et d'alerte précoce
- Coordination et coopération au niveau des agences
- Accord multilatéraux sur l'environnement
- Présence et activités régionales
- Plan de Bali, renforcement des capacités, appui technologique
- Informatique, partenariats et sensibilisation
- Financement

Sur la base de ce rapport, les co-présidents ont déposé une proposition de résolution de l'AGNU en mai 2008, suivie de nouvelles consultations et discussions. En outre, les travaux du groupe de haut-niveau sont également à l'origine du rapport d'évaluation sur la gestion environnementale, présenté fin 2008, par le Corps commun d'inspection des Nations unies (JIU/REP/2008/3).

5. Ci-après *Options Paper*.

Faisant suite à un nouveau rapport déposé par le Groupe en février 2009, le Conseil d'administration du PNUE a adopté, lors de sa 25e session, la décision 25/4 qui crée un *Groupe consultatif de ministres ou représentants de haut niveau* dont la mission était de présenter une liste d'options pour l'amélioration du système de la gouvernance internationale. Le groupe s'est réuni pour la première fois à Belgrade en juin 2009, puis à Rome, en octobre, et a finalisé un document intitulé « Processus de Belgrade : vers l'élaboration d'un ensemble d'options pour la gouvernance internationale de l'environnement », présenté lors de la 11e session spéciale du CA/FMME en février 2010 (UNEP/GCSS.XI/4).

Ce bref rappel des principaux jalons de la réforme de la GIE permet d'identifier cinq principaux processus de réformes parallèles au cours desquels a été examiné un vaste éventail de possibilités :

- La mise en œuvre de la décision de Carthagène dans le cadre du PNUE
- Les travaux du panel de haut niveau sur la cohérence du système des Nations Unies
- Le processus de consultations informelles lancé par l'AGNU
- L'initiative pour la création d'une ONUE
- Le processus de Belgrade

Toutefois, au vu des résultats obtenus sur plus d'une décennie, force est de constater que les débats ont été plus prolixes que prolifiques. Si certaines avancées méritent d'être soulignées, il subsiste encore de nombreuses questions sans réponses qui témoignent des obstacles rencontrés pour mettre en œuvre les décisions déjà prises, ainsi que des difficultés persistantes pour obtenir un accord afin d'aller plus loin.

AVANCÉES

Dans le cadre de la mise en œuvre de la décision de Carthagène de 2002, plusieurs progrès ont été réalisés.

Afin d'améliorer la situation financière du PNUE, une échelle de contributions volontaires a été adoptée en 2002, qui a eu pour effet d'augmenter le nombre d'États donateurs ainsi que le volume des contributions. Toutefois, cette légère amélioration laisse à penser que « l'impact à long terme demeure incertain et restera probablement limité » (Le Prestre, 2008, p.259). Par ailleurs, le PNUE peut désormais faire appel au secteur privé afin d'élargir les sources de contributions.

Tableau 1.2 : Les cinq éléments fonctionnels interdépendants de la Stratégie pour la Veille écologique – Vision 2020

- Renforcement des capacités et appui technologique
- Évaluation
- Alerte rapide, surveillance et observations
- Indicateurs environnementaux, soutien en matière de données et échange d'informations
- Mises en réseau et partenariats

En recommandant le renforcement de la base scientifique du PNUE, en 2001, le GIM envisageait alors la création d'un panel intergouvernemental sur le changement environnemental (IPEC), à l'image de celui existant pour le changement climatique. Pour autant, cette idée a progressivement été abandonnée lors des consultations menées dans le cadre de l'Initiative scientifique, au profit d'une Veille écologique réformée, dont la nouvelle version se présente sous la forme d'une stratégie pluriannuelle : la Stratégie pour la Veille écologique : Vision 2020, présentée lors de la 24e session du PNUE en 2007. Suite aux commentaires des gouvernements et autres institutions sur cette proposition de stratégie, une version révisée a été présentée à la 25e session du CA/FMME, en février 2009 (UNEP/GC.25/INF/20).

Afin de renforcer la coordination entre les AME, la solution du regroupement ou *clustering* a été perçue comme prometteuse. Parmi les différents types de grappes sectorielles envisagées (thématique, géographique, administratif et fonctionnel), l'approche thématique a été la plus élaborée. Ainsi, plusieurs thèmes ont été identifiés. Le PNUE, par exemple, en retient cinq : conservation des terres, biodiversité, déchets chimiques et dangereux, atmosphère et mers régionales (UNEP, 2001). Perçues comme le domaine dans lequel il serait le plus facile de réaliser un regroupement (Von Moltke, 2001 et McGraw 2001), les substances chimiques ont d'abord fait l'objet d'une phase pilote pour la mise en place d'une approche globale de gestion, dès septembre 2001. Cet effort a abouti à l'adoption de l'Approche stratégique internationale sur la gestion des substances chimiques (SAICM) (UNEP/GCSS.VII/3) lors de la Conférence internationale sur la gestion des produits chimiques de Dubaï (ICCM), le 6 février 2006, dont l'objectif général « est de parvenir à une gestion rationnelle des produits chimiques tout au long de leur cycle de vie » (PNUE, 2007, p. 16). En mai 2006, lors de la conférence des parties à la Convention de Stockholm sur les polluants organiques persistants, un processus d'exploration des possibilités de coopération et de coordination entre les conventions de Stockholm, de Bâle et de Rotterdam a été lancé, appuyé par la création d'un groupe de travail conjoint spécial. La recommandation du groupe de travail, qui offre un compromis entre l'autonomie préservée des conventions et l'établissement d'une coordination conjointe des trois secrétariats, a été adoptée par la CP-9 de Bâle (en juin 2008), la CP-4 de Rotterdam (en octobre 2008) et la CP-4 de Stockholm (en mai 2009) (Bulletin des négociations de la Terre, 2009).

L'aboutissement le plus marquant de la décision de Carthagène réside dans l'adoption du Plan stratégique de Bali pour l'appui technologique et le renforcement des capacités, en 2005 (UNEP/GC.23/6/Add.1), s'adressant aux diverses institutions liées à la protection de l'environnement. Néanmoins, sa mise en œuvre reste très limitée. De plus, des divergences persistent quant à savoir si le Plan de Bali a vocation de s'appliquer à tous les acteurs environnementaux du système des Nations unies, ou seulement au PNUE[6].

De façon générale, les décisions prises dans le cadre de la réforme de la GIE sont modestes, et si elles concernent des points importants soulevés durant les discussions, leur envergure reste limitée et les avancées proposées s'apparentent davantage à des échantillons-tests qu'à une réelle réforme intégrée du système de gouvernance. En outre, elles laissent de côté les grandes articulations du débat, preuve que la convergence des opinions n'est pas encore réalisée.

DES TENSIONS PERSISTANTES SUR LA NATURE DE LA RÉFORME DE LA GIE

À l'issu des consultations menées, à partir de 2006, dans le cadre du processus informel de l'AGNU, il semble qu'un certain consensus quant à la nature des problèmes ait pu être trouvé. Ainsi, la complexité et la fragmentation institutionnelles au sein des Nations unies comme des AME ont été largement dénoncées, de même que l'insuffisance du financement, l'absence de mise en oeuvre des engagements existants et le caractère limité des partenariats (*Options Paper*, 2007, p. 5). Toutefois, malgré une définition commune du problème, les voies envisagées pour y remédier sont diverses, et sur ce point, il est impossible de dégager un consensus clair.

6. Informal Consultative Process on the Institutional Framework for the UN's Environmental Activities, Report, 10 février 2009 (ci-après Rapport du processus consultatif 2009).

Ainsi, la question de savoir si la réforme doit s'articuler autour de la centralisation de la gouvernance, ou au contraire, s'il faut adopter un modèle décentralisé, n'est toujours pas résolue. Le rapport du Corps commun d'inspection des Nations unies note ainsi, fin 2008, que trois grandes options restent envisageables : (i) faire du PNUE une véritable autorité, dotée des compétences et du mandat nécessaires pour faire le suivi des progrès vers l'amélioration du système de gouvernance ; (ii) créer une nouvelle organisation mondiale pour l'environnement ; ou (iii) renforcer le cadre institutionnel existant (JIU/REP/2008/3). La proposition française de créer une Organisation des Nations unies pour l'environnement (ONUE) a connu certains développements, particulièrement en 2007, suite à l'Appel de Paris, mais, malgré le soutien de plusieurs États et de l'Union européenne, l'initiative semble s'essouffler. Toutefois, la centralisation n'est pas complètement écartée, comme en témoigne l'issue des discussions de la réunion ministérielle de Rio en septembre 2007 ou encore, celle des chefs de gouvernements du Commonwealth en juin 2008. Sur ce point donc, le débat reste ouvert, sans que l'évolution des discussions ne permette de dégager une orientation claire.

Parallèlement, le lien à faire entre environnement et développement durable apparaît pour le moins confus. L'importance que prend ce dernier concept depuis plus d'une décennie amène de nombreuses questions, en particulier dans les rapports qu'il doit entretenir avec la protection de l'environnement. La conférence de Rio en 1992, qui liait environnement et développement, a surtout contribué au renforcement de la position du développement durable, à tel point que Rio +10 ne sera plus que le Sommet mondial sur le développement durable (Taravella et le Prestre, 2008). Dans un tel contexte, les États s'opposent sur l'importance respective de ces domaines (Rapport du processus consultatif informel, 2009). Les tensions entre gouvernance internationale du développement durable et gouvernance internationale de l'environnement persistent.

CONCLUSION : A T-ON RÉFORMÉ LE DÉBAT SUR LA RÉFORME DE LA GIE ?

Malgré l'existence des quatre processus parallèles de réforme de la GIE entrepris avant 2009, le débat général a semblé s'enliser dans des divergences persistantes sur les aspects fondamentaux de la réforme. Le panel de haut niveau sur la cohérence du système des Nations unies a, pour sa part, écarté clairement la gouvernance internationale de l'environnement de ses priorités lors de la 62e session de l'AGNU[7]; les coprésidents du processus de consultations informelles de l'AGNU estiment que les chances de parvenir à une décision substantielle lors de la 63e session de l'AGNU sont très minces[8], et le thème de la 25e session du Conseil d'administration du PNUE illustre bien l'état de confusion face à la réforme: «GIE: aide ou obstacle?».

Néanmoins, le dernier processus en date, celui de Belgrade, pourrait apporter un nouveau souffle à la réforme, le groupe ayant notamment insisté sur la nécessité de réfléchir en termes de fonction et non de forme, et sur la compatibilité de réformes graduelles et de réformes plus fondamentales. Il reste cependant à espérer que cette fois, les propositions faites donneront lieu à des actions plutôt qu'à la naissance d'un nouveau groupe de réflexion.

Tableau 1.3: Les principes directeurs du Processus de Belgrade

- Toute réforme de la gouvernance internationale de l'environnement doit reposer sur le principe selon lequel la forme suit la function;
- Des consultations sur les fonctions conduiront à un débat sur la forme, qui pourra consister en changements graduels ou en vastes réformes institutionnelles;
- Le débat sur la gouvernance internationale de l'environnement devra être traité dans le contexte plus large de la durabilité environnementale et du développement durable;
- L'élaboration d'un ensemble d'options pour améliorer la gouvernance internationale de l'environnement devrait découler d'un nouvel examen des multiples problèmes auxquels elle doit répondre et des possibilités d'action qui s'offrent;
- Des changements graduels apportés à la gouvernance internationale de l'environnement peuvent aller de pair avec des réformes plus fondamentales;
- Le travail du Groupe consultatif doit demeurer de nature politique.

7. Résolution de l'Assemblée générale de Nations unies, adoptée le 7 octobre 2008, A/RES/62/277.

8. Rapport du processus consultatif informel 2009.

RÉFÉRENCES

Assemblée générale de Nations unies, (2008), Résolution A/RES/62/277, adoptée le 7 octobre 2008.

International Institute for Sustainable Development (IISD) (2009), 'Fourth Meeting of the Conference of the Parties to the Stockholm Convention', *Bulletin des négociations de la Terre*, Vol.15 (174), 11 mai 2009.

Chirac, J. (2003), « Contre le chaos d'un monde secoué par les désastres écologiques, appelons à une responsabilité partagée, autour d'une Organisation des Nations Unies pour l'Environnement », *Discours de Monsieur Jacques Chirac, Président de la République française à l'ouverture de la 58e session de l'Assemblée générale des Nations Unies*, New-York, 23 septembre 2003, [en ligne], www.un.org/webcast/ga/58/statements/frafre030923.htm, consulté le 5 avril 2010.

Convention de Rotterdam sur la procédure de consentement préalable en connaissance de cause applicable à certains produits chimiques et pesticides dangereux qui font l'objet d'un commerce international, 10 septembre 1998, 38 I.L.M. (1999) 1.

Convention de Stockholm relative aux polluants organiques persistants (POP), 22 mai 2001, 40 I.L.M (2001).

Convention sur le contrôle des mouvements transfrontières de déchets dangereux et de leur élimination (Bâle), 22 mars 1989, Recueil des traités du Canada, 1992/19.

Heller, C. et Maurer, P. (2007), 'Informal Consultative Process on the Institutional Framework for the UN's Environmental Activities', *Co-Chairs' Options Paper*, 14 Juin 2007, [en ligne], www.centerforunreform.org/node/265, consulté le 16 juin 2009.

Informal Consultative Process on the Institutional Framework for the UN's Environmental Activities, Report, 10 février 2009.

JIU, Management review of environmental governance within the United nations system, Geneva 2008, JIU/REP/2008/3.

Le Prestre, P. (2008), « La gouvernance internationale de l'environnement : une réforme élusive », *Études internationales*, Vol.39 (2), pp. 255-275.

Le Prestre, P. (2006), « Gouvernance internationale de l'environnement, une initiative française », *Annuaire français de relations internationales,* vol. 7, pp. 924-941.

McGraw, D. (2001), *Coordination and Coherence of Multilateral Environmental Agreements*. International Policy and Cooperation Branch, Environment Canada.

Mitchell, R. B. (2002-2010), *International Environmental Agreements Database Project (Version 2010.2)*, [en ligne], http://iea.uoregon.edu/, consulté le 3 avril 2010.

Moltke, K. von (2001), Whither MEAs? The Role of International Management in the Trade and Environmental Agenda. IISD, Winnipeg.

PNUE (2007), *Approche stratégique de la gestion internationale des produits chimiques*, Strategic Approach to International Chemicals Management, Genève.

Rapport du Groupe de travail des Nations unies sur l'environnement et les établissements humains, 6 octobre 1998, A/53/463.

Taravella, R. et Le Prestre, P. (2008), « Embrasser la complexité : Vers une reconceptualisation de la gouvernance internationale de l'environnement », *12th EADI General conference : Global governance for sustainable development*, 24 au 28 juin 2008, Genève.

UNEP (2001), 'A Policy Paper for Improving International Environmental Governance among Multilateral Environmental Agreements : Negotiable Terms for Further Discussion', *The Third Consultative Meeting of the MEA Secretariats on International Environmental Governance*, UNEP/GC.23/6/Add.1UNEP.

Tableau 1.4 : Les principales avancées en gouvernance internationale de l'environnement depuis 1997

LES GRANDES ÉTAPES DE LA RÉFORME DE LA GOUVERNANCE INTERNATIONALE DE L'ENVIRONNEMENT				
Éléments marquants de la réforme	**Groupe chargé de l'évaluation**	**Organisation responsable**	**Points saillants**	**Avancées**
Décision de Carthagène	Groupe intergouvernemental de ministres (GIM)	PNUE	– Amélioration de la situation financière du PNUE – Regroupement des AME – Renforcement de capacités – Renforcement de la base scientifique du PNUE	Création de l'échelle de contributions volontaires en 2002
Delivering as One	Groupe de haut niveau sur la cohérence de l'action du système des Nations Unies dans les domaines du développement, de l'aide humanitaire et de l'environnement	Secrétaire général des Nations Unies	– Renforcement du PNUE – Partenariats entre les AME – Renforcement du FEM	
Rapport Heller-Maurer : *Options Paper*	Processus de consultation informel sur le cadre institutionnel des Nations Unies en matière d'environnement	AGNU	– Sept modules (évaluation scientifique ; coordination et coopération au niveau des agences ; accords multilatéraux sur l'environnement ; présence et activités régionales Plan de Bali ; informatique, partenariats et sensibilisation ; financement) – Volonté d'intégrer la GIE dans une réflexion plus large sur un développement durable	
Processus de Belgrade : vers l'élaboration d'un ensemble d'options pour la GIE	Groupe consultatif de ministres ou représentants de haut niveau	PNUE	Rapport d'options fin 2009	

CHAPITRE 2

GÉRER LA PLANÈTE : GOUVERNANCE ET SCIENCES DE L'ENVIRONNEMENT PLANÉTAIRE

CLARK A. MILLER

Au cours du 19e siècle, une double transformation institutionnelle a profondément modifié les fondements organisationnels des sociétés modernes (Wittrock et Wagner 1996). Cette transformation se caractérise par l'application de nouvelles approches institutionnelles à la genèse du savoir et de la gouvernance, remodelant du même coup la science et l'État (Reuschemeyer et Skocpol 1996 ; Foucault 1991). Les nouvelles sciences humaines – démographie, économie, comptabilité, sociologie – sont devenues les nouvelles bases scientifiques des gouvernements, forgeant de nouvelles notions du bien-être national et justifiant de nouveaux moyens d'intervention étatique au sein des marchés, des communautés, des familles (Nowotny 1991).

Depuis les années cinquante, on assiste à une deuxième vague de transformation des institutions encadrant la science et la gouvernance, touchant cette fois l'environnement à l'échelle planétaire. En quelques mots, les sciences de l'environnement planétaire sont apparues durant la seconde moitié du 20e siècle, comme de nouvelles sciences humaines pour une nouvelle ère de gouvernance de l'humanité. Actuellement, les débats au sein de ces sciences de l'environnement planétaire transforment des concepts, tels population, bien-être et risque, traditionnellement associés au discours en constante évolution de l'État-Nation. Le terme population ne peut plus être dissocié de la consommation des ressources et de la capacité limite du milieu, le bien-être de la survie, et le risque de la vulnérabilité. Simultanément, ces discours se globalisent, remplaçant les cartes, comptabilités et évaluations nationales par leurs équivalents internationaux (voir par exemple : Maskrey *et al.* 2009 ; Parry *et al.* 2007 ; Misdorp et Hoozemans 1999 ; Middleton et Thomas 1992).

En s'appuyant sur ces nouvelles formes de savoir, l'humanité a développé une gamme croissante de nouveaux processus, traités, lois et organismes qui régissent l'environnement planétaire (Lipschutz et Mayer 1996 ; Litfin 1994). Les États ont mis en place de nouvelles institutions pour la gouvernance internationale de l'environnement (GIE), depuis le Programme des Nations unies pour l'environnement, jusqu'à la Convention sur les changements climatiques ou celle sur la diversité biologique (Caldwell 1990). Ces deux dernières, agissant telles de frêles législations mondiales, parallèlement à plusieurs autres régimes internationaux, sont devenues le lieu d'échanges réguliers entre États, organisations non gouvernementales, industries, scientifiques, groupes autochtones, etc. (Young 1999, 1997). Comme le montrent les cas de la couche d'ozone et de la politique européenne sur la pollution atmosphérique, ces régimes internationaux permettent de renégocier périodiquement la législation internationale, à travers l'adoption de protocoles (Sand 1999).

Ces nouvelles façons d'appréhender et de régir le monde posent les bases d'une nouvelle ère de transformation de la gouvernance, mettant de l'avant à la fois une vision et un traitement du monde comme un tout intégré, unitaire. Il va sans dire que, selon certains, une telle vision requiert une adhésion entière, sur la base de la réalité des liens unissant l'humanité et son environnement. Pour d'autres, cette vision est dangereuse, uniformisatrice, produit de nouveaux pouvoirs bureaucratiques d'où émanent des diktats politiques pratiquement dépourvus de légitimité démocratique ou de respect pour la souveraineté nationale ou les différences culturelles. La situation est confuse pour la majorité qui tente de comprendre et de se positionner par rapport aux nouveaux défis auxquels font face les sociétés humaines, défis dont la résolution exige des formes novatrices de collaboration, dans un contexte où les relations sociales, économiques et culturelles en place sont complexes, profondément enracinées et, au mieux, difficiles à changer.

LES RÔLES MULTIPLES DE LA SCIENCE DANS LA GIE

La science a joué un rôle central dans l'émergence de la GIE et ce, de quatre manières :

En posant des bases conceptuelles, empiriques et ontologiques

Au cœur de la GIE se trouve une assertion factuelle qui est, à l'heure actuelle, tout sauf acquise : l'environnement planétaire est un tout unitaire menacé par les activités anthropiques (Miller et Edwards 2001). Cette transformation de la pensée humaine est souvent attribuée aux photographies de la Terre prises depuis l'espace par les astronautes des États-Unis, durant les années 1960 et 1970. Pourtant, comme l'a observé Sheila Jasanoff, ces images ont été précédées par une batterie de représentations de la Terre sous forme d'atlas, de globes terrestres et autres, qui ont préparé mentalement, pour ainsi dire, la manière dont la population interprète ces photographies. Une part importante de ce travail antérieur était militaire, lié à des ambitions et conflits impériaux, puis plus tard, à la guerre froide (Jasanoff 2001).

Une part importance de ce travail, cependant, était aussi scientifique. En effet, longtemps avant d'être photographiée, la Terre a été l'objet d'analyses scientifiques dans plusieurs domaines, afin de comprendre et de théoriser des phénomènes tels que les plaques tectoniques, les courants atmosphériques et océaniques, le géomagnétisme, les maladies infectieuses et la production écologique. Ce travail demandait souvent des efforts de recherche internationaux sans précédents et ambitieux, tels l'Année géophysique internationale. Il a largement bénéficié d'une série de nouvelles institutions internationales scientifiques et politiques renouvelées ou mises en place après la Seconde Guerre mondiale, dont l'Organisation météorologique mondiale et l'Organisation mondiale de la santé, ainsi que du mécénat gouvernemental et militaire pratiqué durant la guerre froide (Miller 2001 ; Cloud 2003). En fin de compte, cette recherche a mis en lumière l'existence de systèmes naturels à l'échelle de la planète, qui sont non seulement observables mais aussi analysables. De la sorte, elle a contribué à mettre en place les bases conceptuelles et mesurables de notions telles que la biosphère, le système climatique, la couche d'ozone et l'environnement planétaire, qui constituent les fondements scientifiques de l'élaboration des politiques environnementales mondiales.

Transcender la culture et la souveraineté

Un second élément central de la GIE est l'accent mis sur une façon partagée de voir et d'évaluer la nature et l'environnement à l'échelle de l'humanité. La science a contribué à cette perspective, non seulement en établissant les descriptions, analyses et concepts sous-tendant une vision de la Terre considérée comme système global, mais aussi en offrant un point de vue externe, transcendant celui de tout groupe culturel ou national. En clair, la science s'est souvent positionnée – ou l'a été par d'autres acteurs de la GIE – comme un espace neutre, non conflictuel au sein de la haute politique touchant l'environnement planétaire, souvent très litigieuse. Ce positionnement repose, d'une part, sur la perception de la science comme étant objective et universelle et, d'autre part, sur sa nature et ses institutions internationalistes, collaboratives et coopératives.

En conséquence, de nombreuses institutions internationales de l'environnement comprennent des organes d'avis scientifiques. Ces organes sont structurés de diverses manières, reflétant la mosaïque qu'est la GIE, mais aussi les différentes tentatives de répondre au défi pratique et complexe de la formulation d'avis scientifiques à la hauteur de la neutralité culturelle et politique attendue (ou du moins, ayant l'apparence de cette neutralité). L'organisation probablement la plus emblématique à cet effet est le Groupe d'experts intergouvernemental sur l'évolution du climat, dont les travaux sont devenus *de facto* le modèle de plusieurs processus politiques touchant l'environnement planétaire (et d'autres domaines) pour lesquels les évaluations scientifiques internationales apparaissent maintenant comme essentielles à la constitution d'assises épistémiques communes pour l'élaboration des politiques internationales (Miller 2004).

Légitimer les politiques

Ces dernières années, d'importantes nouvelles recherches ont relevé que la science et la technologie ont joué un rôle notable dans l'émergence de formes démocratiques de gouvernance nationale au 20e siècle (peut-être particulièrement aux États-Unis ; voir par exemple : Ezrahi 1990 ; Jasanoff 1990, 2005 ; Porter 1995 ; Epstein 1996).

Un aspect capital de ces développements est le rôle joué par la science pour étayer la légitimité des décisions politiques dans les sociétés démocratiques, en circonscrivant ce que sont les formes légitimes de raisonnement politique. Particulièrement dans le cadre de délibérations, quand les choix politiques se font au sein d'une cacophonie politique, les acteurs politiques de toutes sortes ont fait de la science une source de connaissances faisant autorité, pour appuyer certains raisonnements politiques ou en critiquer d'autres. Les gouvernements ont tenté de maîtriser ces conflits épistémiques par la création d'organes spécialisés imposant largement leur crédibilité et leur autorité et devant trancher – au moins pour un temps, mais sans y parvenir à tous coups – les différends scientifiques.

Les faits suggèrent de plus en plus et de manière intéressante que des dynamiques similaires opèrent dans la GIE (Miller 2007, 2009). De nos jours, les différends politiques internationaux ne sont plus diplomatiques, mais impliquent plutôt des publics larges et engagés, ainsi qu'une vaste gamme d'institutions publiques, privées et non-gouvernementales à plusieurs échelons gouvernementaux. Il en résulte également une cacophonie de voix et de désaccords (voir, par exemple, Chayes et Chayes 1995 pour une discussion sur les luttes interprétatives, délibératives et discursives qui imprègnent de façon croissante la gouvernance internationale) dans laquelle le recours à des preuves scientifiques peut relever la crédibilité ou la légitimité de certaines revendications politiques. En conséquence, la gouvernance internationale conçoit de plus en plus les débats politiques en termes de divergences autour de faits scientifiques (la présence ou non d'armes de destruction massive en Irak, l'innocuité des organismes génétiquement modifiés, l'existence des changements climatiques), et se tourne de plus en plus vers des évaluations ou des organes d'avis scientifiques internationaux formellement constitués, afin de court-circuiter ou de résoudre ces débats et d'offrir une base scientifique reconnue sur laquelle développer des politiques internationales légitimes.

Fusion des puissances internationales

Les points précédents mettent en évidence la manière dont la science sert de façon croissante de puissant agent de la gouvernance internationale. Armés d'à peine plus que leurs recherches, les scientifiques du climat ont réussi à modifier fondamentalement le discours du milieu des affaires, induisant le développement de deux accords internationaux majeurs et la création d'une série de nouvelles institutions internationales associées. Rien qu'aux États-Unis, les sciences de l'environnement planétaire reçoivent plus de deux milliards $US annuellement pour la recherche sur les changements climatiques, l'appauvrissement de la couche d'ozone et la perte de biodiversité. Des institutions de partout sur la planète s'appuient sur des organisations scientifiques, tel le Groupe d'experts intergouvernemental sur l'évolution du climat, pour connaître les derniers développements de la science ; institutions dont plusieurs commencent même à remettre en question les systèmes technologiques les plus fondamentaux sous-tendant les sociétés modernes et l'économie globale. Au quotidien, les experts scientifiques discutent sur un pied d'égalité avec des diplomates, chefs d'État, dirigeants d'industries ou responsables d'ONG, pour dessiner l'avenir de la GIE. La question de la démocratisation, que se posent les praticiens face au pouvoir des institutions internationales, pourrait ainsi s'appliquer au pouvoir qu'exerce la science internationale, qui devrait être elle aussi être sujette à la surveillance et au contrôle constitutionnels appropriés.

PERSPECTIVES D'AVENIR

J'ai en tête la préface de la deuxième édition du *Gospel of Efficiency* de Samuel Hays, qui retrace l'histoire des politiques environnementales durant l'Ère progressiste aux États-Unis (Hays 1969). Cette période vit des changements constitutionnels spectaculaires, où le pouvoir et l'autorité de l'État furent contestés par certains qui rêvaient d'un gouvernement central plus influent, capable de monopoliser les ressources naturelles du pays au service du bien-être commun. La science a joué dans cette lutte le rôle d'arme de principe, délimitant et mesurant les ressources de la Nation, et dosant leur utilisation pour en maximiser l'efficacité. Hays décrit le mouvement pour la conservation comme un effort articulé autour de la science, visant à élever l'échelle de la gouvernance au niveau de la nation, afin de relever des défis politiques qui ne pouvaient être gérés sur une base locale ou infranationale. Les opposants au mouvement étaient des coalitions *ad hoc* de groupes qui, pour diverses raisons, contestaient la nationalisation des ressources ou des choix politiques particuliers effectués par un gouvernement national de plus en plus puissant. Les conservationnistes gagnèrent, mais face à une opposition ferme, parfois violente, aux politiques environnementales nationales. Cette opposition persiste un siècle plus tard, dans plusieurs localités des États-Unis.

Le récit que fait Hays du mouvement pour la conservation aux États-Unis permet-il d'entrevoir l'avenir de la GIE? Certes, les forces en présence se ressemblent. La science s'est positionnée en tant qu'alliée puissante de ceux qui, dans la société, voudraient hausser la gouvernance à l'échelle internationale, au nom de défis politiques internationaux. Comme de nouvelles institutions internationales apparaissent, leur intérêt est d'investiguer, de caractériser, d'analyser et de réguler ces problèmes politiques sous leur juridiction, c'est-à-dire la planète entière. En même temps, plusieurs autres groupes d'intérêt dans la société jugent capital d'appuyer cet ordre du jour. Ainsi, il m'apparaît naturel que d'autres institutions internationales évoluent, parallèlement à celles de la GIE. L'Organisation mondiale de la santé, l'Agence internationale de l'énergie atomique et le Fonds monétaire international ont tous, au cours de la dernière décennie, acquis de nouveaux moyens, plus puissants, pour réguler les activités internationales; institutions dont les scientifiques et experts ont joué un rôle central, sans être exclusif, dans l'identification et la mise à jour de nouvelles menaces à la sécurité internationale…

Il est essentiel, dans notre effort non seulement de comprendre la GIE dans toute sa complexité mais aussi de trouver des solutions institutionnelles novatrices face aux problèmes environnementaux globaux, d'évaluer avec attention les fonctions de la science à l'échelon international. Ce n'est pas un appel à exclure la science, mais plutôt à poser des questions sérieuses sur les formes sociales et institutionnelles qu'elle prend, les options possibles, les politiques, et les conséquences et dimensions politiques de chacune.

Nous devons, en clair, démocratiser les avis scientifiques internationaux, de la même manière que plusieurs gouvernements l'ont fait sur le plan national, en s'assurant que ce soit fait dans le respect des principes de base de la gouvernance démocratique. Bien sûr, au niveau international, nous n'avons pas à ce jour défini des principes démocratiques faisant consensus, ce que nous devrons aussi faire.

RÉFÉRENCES

Caldwell, L. (1990), *International Environmental Policy : Emergence and Dimensions*, Duke University Press, Durham.

Chayes, A., et A. Chayes (1995), *The New Sovereignty*, Harvard University Press, Cambridge.

Cloud, J. (2003), 'Introduction : Special Guest-Edited on the Earth Sciences in the Cold War', *Social Studies of Science*, Vol.33 (5), pp. 629-633.

Epstein, S.(1996), *Impure Science : AIDS, Activism, and the Politics of Knowledge* University of California Press, Berkeley.

Ezrahi, Y. (1990), *The Descent of Icarus : Science and the Transformation of Contemporary Democracy*, Harvard University Press, Cambridge.

Foucault, M. (1991), 'Governmentality', dans G. Burchell, et al. (dir.), *The Foucault Effect : Studies in Governmentality*, University of Chicago Press, Chicago.

Hays, S. (1969), *Conservation and the Gospel of Efficiency : The Progressive Conservation Movement, 1890-1920*, 2e edition, Harvard University Press, Cambridge.

Jasanoff, S. (1990), *The Fifth Branch : Science Advisers as Policymakers*, Harvard University Press, Cambridge.

Jasanoff, S. (2001), 'Image and Imagination : The Formation of Global Environmental Conciousness', dans C. Miller et P. Edwards, *Changing the Atmosphere : Expert Knowledge and Environmental Governance*, MIT Press, Cambridge.

Jasanoff, S. (2005), *Designs on Nature : Science and Democracy in Europe and the United States*, Princeton University Press, Princeton.

Lipschutz, R. et Mayer J. (1996), *Global Civil Society and Global Environmental Governance : The Politics of Nature from Place to Planet*, SUNY Press, Binghampton.

Litfin, K. (1994), *Ozone Discourses : Science and Politics in Global Environmental Cooperation*, Columbia University Press, New York.

Maskrey, A., et al. (2009), *Risk and Poverty in a Changing Climate : 2009 Global Assessment Report on Disaster Risk Reduction,* Nations Unies, Genève.

Middleton, N. et Thomas, D. (1992), *World Atlas of Desertification*, Hodder Arnold, Oxford.

Miller, C. et Edwards, P. (2001), *Changing the Atmosphere : Expert Knowledge and Environmental Governance,* MIT Press, Cambridge.

Miller, C. (2001) 'Scientific Internationalism in American Foreign Policy : The Case of Meteorology, 1947-1958', dans C. Miller et P. Edwards, *Changing the Atmosphere : Expert Knowledge and Environmental Governance,* MIT Press, Cambridge.

Miller, C. (2004), 'Climate Science and the Making of a Global Political Order', dans S. Jasanoff, *States of Knowledge : The Co-Production of Science and Social Order,* Routledge, London.

Miller, C. (2007), 'Democratization, International Knowledge Institutions, and Global Governance', *Governance,* Vol. 20(2), pp. 325-357.

Miller, C. (2009), 'Epistemic Constitutionalism in International Governance : The Case of Climate Change', dans M. Heazle, M. Griffiths, et T. Conley, (dir.) *Foreign Policy Challenges in the 21st Century,* Edward Elgar, London.

Misdorp, R. et Hoozemans, F. (1999), *Global Vulnerability Assessment Atlas* Netherlands Ministry of Transport and Water, Amsterdam.

Nowoty, H. (1991), 'Knowledge for Certainty : Poverty, Welfare Institutions, and the Institutionalization of Social Science', dans P. Wagner, *Discourses on Society : The Shaping of the Social Sciences,* Kluwer, Dordrecht.

Perry, M., et al., (dir.) (2007), *Climate Change 2007 : Impacts, Adaptation and Vulnerability,* Canbridge University Press, Cambridge.

Porter, T. (1995), *Trust in Numbers : Objectivity in Science and Public Life* Princeton University Press, Princeton.

Rueschemeyer, D. et Skocpol, T. (dir.) (1996), *States, Social Knowledge, and the Origins of Modern Social Policies,* Princeton University Press, Princeton.

Sand, P. (1999), *Transnational Environmental Law : Lessons in Global Change,* Kluwer, Dordrecht.

Wittrock, B. et Wagner, P. (1996), 'Social Science and the Building of the Early Welfare State', dans D. Rueschemeyer et T. Skocpol (dir.), *States, Social Knowledge, and the Origins of Modern Social Policies,* Princeton University Press, Princeton.

Young, O. (1997), *Global Governance : Drawing Insights from the Environmental Experience,* MIT Press, Cambridge.

Young, O. (1999), *The Effectiveness of International Environmental Regimes,* MIT Press, Cambridge.

CHAPITRE 3

LE FINANCEMENT DE LA GOUVERNANCE DE L'ENVIRONNEMENT

Emma Broughton

Le «volet financier» de la gouvernance globale de l'environnement est aujourd'hui un domaine en plein essor. Outre la visibilité accrue des problèmes environnementaux, la nécessité *politique* d'agir sur des problématiques d'actualité et à forte résonance auprès des populations, et la nécessité *économique* de prévoir l'impact de nouvelles législations, stimulent une prolifération d'initiatives. Celle-ci se fait au détriment d'une approche plus coordonnée ou du développement d'un véritable *système* de gouvernance.

Le Fonds pour l'Environnement Mondial (FEM), créé en 1991, est l'une des toutes premières structures de ce «volet financier». Il est également celle dont l'action se rapproche le plus d'une forme de gouvernance globale de l'environnement, par son mandat mondial et la représentativité de sa gouvernance. Ainsi, depuis sa création au sein d'une architecture encore embryonnaire, jusqu'à son opération aujourd'hui dans une architecture dense et fragmentée, le développement du FEM a toujours reflété, et dans une certaine mesure influencé, l'évolution du champ de la gouvernance globale de l'environnement.

Ces dix dernières années, le FEM a traversé successivement une phase d'expansion et une phase que l'on pourrait qualifier d'introspective, caractérisée par l'introduction d'un processus de réformes. Bien que des dynamiques internes soient à prendre en considération, cette évolution fait principalement écho aux changements se produisant dans le domaine de la gouvernance globale de l'environnement: la montée en puissance des questions environnementales – et de celle du réchauffement climatique en particulier – sur les scènes politiques nationales et internationales, et la prolifération d'initiatives de financement qui en découle. De tels changements remettent en question la place et l'utilité du FEM au sein de la gouvernance globale de l'environnement. Ils encouragent également une réflexion et la mise en œuvre de réformes en vue de consolider le rôle du FEM dans le «volet financier» de l'architecture de la gouvernance globale de l'environnement à venir.

LE FEM, PILIER D'UNE ARCHITECTURE EN DÉVELOPPEMENT

Mis en place en 1991 par une résolution de la Banque Mondiale[1], le FEM a pour objectif la *protection de l'environnement mondial* par le biais du financement de projets dans les pays en voie de développement.

Les négociations autour de sa création ont été controversées, en raison du nombre et de la variété d'acteurs engagés. Des divergences ont notamment émergé entre pays développés et pays en voie de développement, ces derniers redoutant que l'établissement d'un tel fonds ne dévie des flux d'aide au développementdéjà considérés comme insuffisant vers des problématiques – réchauffement climatique, biodiversité, protection des eaux internationales – perçues comme secondaires par rapport à celles du développement ou de la lutte contre la pauvreté.

Original par son mandat, qui ne se limite pas à un domaine d'intervention spécifique, le FEM l'est également par sa gouvernance, représentative et équitable. Pays développés et en voie de développement sont représentés au sein du principal corps décisionnaire, le Conseil du FEM. Tous les acteurs du fonds – pays, organisations internationales, ONG – siègent également via des délégués à l'Assemblée, responsable principalement de l'examen et de la révision des opérations du FEM (Boisson de Chazournes et Mbengue, 2006). La mise en œuvre des projets financés par le FEM est répartie entre dix agences d'exécution, composées des banques – mondiale et régionales – et des organisations onusiennes.

De sa création à la fin des années quatre-vingt-dix, moment de la montée en puissance du réchauffement climatique sur les scènes politiques nationales et internationales, le FEM a joué un rôle de pionnier et de porteur de flambeau, en embrassant une problématique jusqu'alors peu considérée par les États et les organisations internationales (Broughton, 2009). Cela lui a permis, de 1999 à 2003, de traverser une importante période d'expansion, profitant de la mobilisation politique grandissante autour des questions environnementales

1. Résolution n°91-5 des Administrateurs de la Banque Mondiale.

(Sjöberg, 1994; Labbate, 2008). Cette expansion s'est exprimée par un élargissement de ses acteurs et domaines d'intervention : le FEM augmente le nombre de ses partenaires (Fonds pour l'Environnement Mondial, 1999), ce qui lui permet désormais de monter des projets avec quatre banques régionales et trois organisations internationales, appelés « Organismes d'exécution », en plus des trois « Agents d'exécution » d'origine (Banque Mondiale, PNUE et PNUD).[2] En outre, deux domaines d'intervention, la dégradation des sols et les polluants organiques persistants, sont ajoutés au champ d'action du FEM, qui s'ajoutent aux quatre domaines « fondateurs »[3] – le FEM devient ainsi le mécanisme financier pour les deux conventions internationales correspondantes (Sustainable Developments, 2002). La gestion de trois nouveaux fonds dans le domaine du réchauffement climatique est également confiée au FEM en 2001 : le Fonds pour les pays les moins avancés, le Fonds spécial pour le changement climatique et le Fonds d'Adaptation, issu de la Convention-cadre des Nations Unies sur les changements climatiques[4]. Aujourd'hui, le FEM est le plus grand bailleur de projets pour la protection de l'environnement mondial dans les pays en voie de développement. Il a investi plus de 8.4 milliards de dollars et attiré 33 milliards de dollars supplémentaires en cofinancement pour 2200 projets dans 165 pays en développement (Entretien, Secrétariat du FEM, avril 2009).

2003-2009 : UNE DYNAMIQUE DE RÉFORMES

Suite à cette période d'expansion, qui s'achève au début des années 2000, se développe une dynamique de réforme interne, axée sur l'amélioration de l'efficacité et de l'efficience de l'institution. Cette dynamique s'accompagne, depuis l'arrivée d'une nouvelle équipe au sein du Secrétariat du FEM en 2006, d'un travail plus large de réflexion stratégique sur la place du FEM dans le « volet financier » de la gouvernance globale de l'environnement.

---

2. Quatre banques régionales : la Banque Asiatique de Développement, la Banque Africaine de Développement, la Banque Européenne pour la Reconstruction et le Développement, la Banque Interaméricaine de Développement. Trois organisations internationales : le Fonds International de Développement Agricole, Organisation des Nations Unies pour l'alimentation et l'agriculture, Organisation des Nations Unies pour le développement industriel.

3. La biodiversité, les changements climatiques, les eaux internationales et les substances appauvrissant la couche d'ozone.

4. Décision 7/CP.7 de la Convention-cadre des Nations Unies sur les changements climatiques.

Les problèmes d'efficience du FEM ont été manifestes depuis sa création (Bureau de l'Evaluation du FEM, 2007, p. 2). En particulier, le nombre d'acteurs participant à son fonctionnement et son système de gouvernance complexe et à plusieurs niveaux, ont souvent significativement allongé la durée du cycle de projet. Ces caractéristiques ont également posé des problèmes de coordination entre les différents acteurs et niveaux de gouvernance, notamment en ce qui concerne la transparence des procédures du FEM (Bureau de l'Évaluation du FEM, 2005, p. 55). Le train de réformes en cours vise à réduire drastiquement la durée du cycle de projet, en centralisant un plus grand nombre d'actions au sein du Secrétariat. Bien qu'il soit encore trop tôt pour en apprécier les résultats, il semblerait que les objectifs de réduction soient en voie d'être atteints (Fonds pour l'Environnement Mondial, 11-13 Novembre 2008, p. 3-6).

Pour améliorer son efficacité, ou en d'autres termes son impact, le FEM opère depuis le début des années 2000 une transition vers une culture du résultat. Le nouveau Dispositif d'Allocations des Ressources (DAR), mis en œuvre en 2005, en est une expression, qui inclut des critères de performance et de potentiel de succès pour déterminer les récipiendaires de l'aide et les montants alloués. Afin d'améliorer l'impact du FEM sur le terrain, l'accent a été mis sur une approche programmatique au financement de projets, l'idée étant de financer un ensemble de projets, un « programme », plutôt que des projets isolés. Cette approche, qui participe d'une vision globale du travail de protection de l'environnement mondial, permettrait la rationalisation des projets et la définition de synergies entre projets et domaines d'intervention[5]. Toujours dans cette optique d'amélioration de l'efficacité, les capacités d'évaluation du FEM ont également été visées par des réformes. Le Bureau de l'Évaluation, responsable de l'évaluation de l'ensemble des activités du FEM, devient ainsi indépendant en 2003 (Bureau de l'Évaluation du FEM, 2006, p. 11). Un processus d'amélioration de la qualité des évaluations est initié – systématisation des évaluations au sein des projets, définition plus précise de leurs critères (Banque Mondiale News Release, 2005), homogénéisation entre le FEM et ses agences, lancement de nouveaux outils. Ce processus, qui commence déjà à porter ses fruits, permettra, à terme, d'évaluer scientifiquement l'impact du FEM et de définir des objectifs précis d'amélioration (Fonds pour l'Environnement Mondial, 2009, p. 20)[6]. Enfin, un discours semble

5. On pense, par exemple, aux projets REDD, reliant le réchauffement climatique et la biodiversité, ou aux synergies entre les questions de dégradation des sols et de biodiversité.

6. Selon les derniers résultats, 76 pour cent des projets endossés par le FEM remplissent les critères minimum de qualité fixés par le Bureau, contre 58 pour cent en 2005.

ré-émerger autour de la nécessité d'approfondir l'institutionnalisation du FEM, dans le but d'améliorer son efficacité. Ce discours, déjà présent lors des négociations autour de la création du FEM à la fin des années quatre-vingt, avait progressivement disparu devant le manque d'enthousiasme des États membres. Le Secrétariat du FEM semble aujourd'hui vouloir le ranimer, proposant une forme « douce » d'institutionnalisation dans laquelle le FEM bénéficierait de plus d'autonomie tout en restant administrativement rattaché à la Banque Mondiale (Entretien, Secrétariat du FEM, avril 2009).

UNE POSITION EN ÉVOLUTION

Plusieurs paramètres peuvent expliquer cette évolution vers une dynamique de réformes internes. D'une part, le FEM a atteint, suite à sa période d'expansion, les limites de son organisation décentralisée, fondée sur son rôle de « networker ». En effet, en raison de la réticence de certains États à accorder trop de pouvoir au FEM, son mandat s'est limité à *faciliter* et *encourager* les relations et la coordination entre les différents acteurs du financement de la gouvernance globale de l'environnement, à travers une gouvernance souple et décentralisée. Cependant, avec sept acteurs supplémentaires, un champ d'action élargi et une complexification de sa structure, il convient maintenant de consolider et rationaliser cette dernière (Fonds pour l'Environnement Mondial, 2009, p. 3). D'autre part, le FEM accumule au début des années 2000 une « masse critique » d'expériences, qui lui permet, pour la première fois, de dresser un vrai bilan de ses activités. Des pistes d'amélioration internes peuvent ainsi être définies.

Enfin, cette dynamique interne de réformes, étape naturelle dans le processus de développement du FEM, est également l'expression d'une stratégie choisie, mise en œuvre pour répondre aux défis auxquels le FEM fait face. Ces défis sont tout d'abord financiers. Aujourd'hui, au delà du niveau de ressources disponibles lors de la prochaine reconstitution du fonds en 2010, la question de l'utilité même du FEM se pose. L'expansion de son champ d'action s'est opérée dans un contexte de diminution des flux d'aide au développement dans le secteur de l'environnement (Fonds pour l'Environnement Mondial, 2009, p. 5) et de réduction progressive des contributions financières faites au FEM (Clémençon, 2007, p. 5). Le FEM fait également face à un défi en termes d'efficience. Problématique en soi, ce défi est également à l'origine d'une certaine crise de confiance de la part des usagers du FEM (Fonds pour l'Environnement Mondial, 2009, p. 19 ; Broughton, 2009, p. 55-58). Enfin, le FEM fait face à un défi d'ordre plus structurel. Le secteur du financement de la gouvernance globale de l'environnement est en effet en pleine évolution : il est le théâtre d'une prolifération d'initiatives de la part d'une variété grandissante d'acteurs depuis la fin des années 90 et l'émergence de la question du réchauffement climatique. Une récente étude du PNUE comptabilise pas moins de 51 fonds climat en existence, pour un montant total de 40,7 milliards de dollars (Broughton, 2009, p. 81).

Cette évolution ébranle la position du FEM. Elle le place en concurrence avec d'autres bailleurs pour les mêmes ressources et des offres souvent similaires. En outre, elle remet en question le rôle historique de porteur de flambeau du FEM, ainsi que sa valeur ajoutée, alors qu'États et organisations internationales occupent ce qui, historiquement, a été son pré carré.

CONSOLIDER LA PLACE DU FEM DANS L'ARCHITECTURE ÉMERGENTE

Le FEM semble donc affronter une phase charnière de son existence. Il doit redéfinir son rôle et sa valeur ajoutée au sein du « volet financier » de la gouvernance globale de l'environnement, alors que les conditions qui ont conduit à sa création – absence quasi totale de structures de financement dans le domaine de l'environnement mondial et visibilité faible de ce dernier – sont aujourd'hui profondément modifiées. En particulier, le FEM doit lutter contre la tendance des États ou des organisations, internationales ou non gouvernementales, à préférer des initiatives ciblées, plus visibles et rapidement effectives sur le terrain, à des initiatives plus larges comme le FEM.

Les défis auxquels le FEM fait face offrent simultanément l'occasion de redéfinir et de consolider la conception de sa place et de sa valeur ajoutée dans l'architecture de la gouvernance globale de l'environnement ; et c'est par ce prisme que l'on doit envisager la transition vers une dynamique interne de réformes initiée par le Secrétariat du FEM. L'évolution des négociations sur le réchauffement climatique et la progression constante des questions environnementales au sein des agendas nationaux et internationaux promettent, à court ou à moyen terme, de modifier la structure de la gouvernance globale de l'environnement. Le FEM doit, dès aujourd'hui, à travers une réflexion stratégique profonde, œuvrer à se réserver une place en son sein.

RÉFÉRENCES

Banque Mondiale (2005), 'GEF Council adopts major reform programme', *World Bank News Release*, 2006/065/ESSD.

Boisson de Chazournes, L., & Mbengue, M. M. (2006), 'Mécanismes financiers internationaux. Fonds pour l'Environnement Mondial (FEM)', *Jurisclasseur-Environnement,* No 2800, pp. 1-23.

Broughton, E. (2009), 'The Global Environment Facility: Managing the transition', *Health and Environment Reports,* No 3.

Bureau de l'Evaluation du FEM (2007), *Joint Evaluation of the GEF Activity Cycle and Modalities,* Washington D.C.

Bureau de l'Evaluation du FEM (2006), 'La Politique en matière de suivi et d'Evaluation du FEM', *Document d'évaluation 2006,* Washington D.C.

Bureau de l'Evaluation du FEM (2005), *OPS3: Progressing Towards Environmental Results,* Washington D.C.

Clémençon, R. (2007), 'Funding for the Global Environment Facility continues to decline', *Journal for Environment and Development,* Vol. 16(1), pp.3-7.

Entretiens: membre du Secrétariat du FEM, avril 2009.

Fonds pour l'Environnement Mondial (2009), *Fourth Overall Performance Study of the GEF (OPS4). Interim Report. GEF/ME/C.35/Inf. 1. Conseil du FEM 22-24 Juin 2009.* Washington D.C.

Fonds pour l'Environnement Mondial (2008), *Management of the GEF Project Cycle Operation: A Review. GEF/C.34/Inf.4. Conseil du FEM 11-13 Novembre 2008.* Washington D.C.

Fonds pour l'Environnement Mondial (1999), *Expanded opportunities for executing Agencies: Recent efforts and current proposals to expand opportunities for regional development banks. GEF/C.13/3. Conseil du FEM 5-7 mai 1999.* Washington D.C.

Labbate, G. (2008), 'The incremental cost principle and the conservation of globally important habitats: A critical examination', *Ecological Economics,* No 65, pp.261-224.

Sjöberg, H. (1994), 'From idea to reality. The creation of the GEF', *GEF Working Paper,* No 10.

Sustainable Developments (2002), Summary Report of the Second Assembly of the Global Environment Facility, 16-18 October 2002. *Sustainable Developments,* Vol. 14 (2).

CHAPITRE 4

ENTRETIENS[1]

ACHIM STEINER

Directeur exécutif, Programme des Nations unies pour l'environnement (PNUE)

Objectif Terre – *Dans la préface de l'Annuaire 2009 du PNUE, vous écrivez que les écosystèmes sont de vastes « entreprises » dont les biens et services représentent des milliards de dollars chaque année. Devons-nous adopter le discours économique pour faire progresser l'ordre du jour environnemental?*

Achim Steiner – Il y a deux raisons pour lesquelles nous devons adopter le discours économique. La première est qu'aujourd'hui, l'environnement n'est plus seulement une série d'enjeux et de problèmes, c'est une façon de faire du commerce. La seconde est que les changements qui affectent l'environnement – tels que le réchauffement climatique, la perte de fertilité des sols et l'effondrement des pêcheries – sont si importants qu'ils affectent nos choix économiques et nos possibilités de développement. Ils placent l'environnement dans une relation très étroite avec l'économie. Lorsque Lord Stern a écrit que les coûts de l'inaction face aux changements climatiques seraient beaucoup plus élevés que celui de l'action, il évoquait la situation dans laquelle nous nous trouvons aujourd'hui.

OT – *Croyez-vous que nous sous-évaluons la valeur des services écosystémiques dans le prix des biens que nous consommons?*

AS – Absolument. Et dans une certaine mesure, ça nous coûte des millions, voire des milliards de dollars chaque année. Nous n'avons pas pris en compte la valeur des biens et des services écosystémiques parce que nous avons présumé qu'ils seraient toujours là. Mais aujourd'hui, nous prenons conscience qu'ils

1. Propos recueillis par Yan Turgeon.

sont de plus en plus rares. Or, nous avons besoin d'eau, nous avons besoin de la terre pour produire nos aliments, nous avons besoin des abeilles et des insectes pour la pollinisation... À moins que nous n'investissions dans ces « infrastructures écologiques », nous ne serons bientôt plus capables de produire les biens que nous avons l'habitude de consommer. Nous commençons à peine à le comprendre et c'est pourquoi le PNUE, en collaboration avec le G8, a initié un projet sur l'économie des écosystèmes et de la biodiversité [*The Economics of Ecosystems and Biodiversity – TEEB*] pour déterminer la valeur réelle de ces écoservices.

OT – *Depuis Rio, qu'est-ce qui a changé dans la manière d'aborder l'environnement et le développement durable ?*

AS – Il est désormais évident que l'environnement et le principe de durabilité ne sont plus des options ou, comme ils étaient parfois perçus à Rio, des préoccupations du monde industrialisé. Les enjeux environnementaux ne peuvent plus être mis dans une chronologie « développons-nous d'abord, nous verrons si c'est viable après ». Nous devons changer nos façons de faire parce que nous avons pratiquement atteint la limite de ce que la nature peut fournir à l'économie. Ce n'est pas la fin de la croissance économique, mais ça signifie qu'à moins que nous n'investissions dans la capacité de la nature d'appuyer la production – ce qui signifie investir également dans la durabilité environnementale – nous ne serons pas capables d'aller de l'avant.

OT – *À l'issue du Sommet de Rio, le suivi de la mise en œuvre d'un développement durable a été confié à la Commission du développement durable (CDD). Dix-sept ans plus tard, croyez-vous que la CDD a démontré sa capacité de faire évoluer cet enjeu ?*

AS – Sur le plan conceptuel, la Commission du développement durable était fondée, mais en termes pratiques, elle cherche toujours comment traduire la notion de développement durable, qui est une notion multisectorielle réunissant des questions d'ordre économique, social et environnemental. Ce qui accroît le niveau de difficulté est que la poursuite du développement durable au sein du système des Nations unies repose essentiellement sur la gouvernance de l'environnement. Dans les années à venir, nous devrons revoir certaines décisions et l'architecture multilatérale de la gouvernance de l'environnement. Nous devons reconnaître que le débat a évolué et que les plateformes et les forums où se prononcent les décideurs ne sont plus les mêmes. C'est un défi autant pour la CDD que pour le concept de développement durable.

OT – *Quelles réformes à la gouvernance de l'environnement souhaiteriez-vous à Rio +20?*

AS – Nous devons nous entendre sur le rôle que devra jouer le système multilatéral dans les relations interétatiques sur les questions de durabilité environnementale. Mais avant d'y répondre, nous avons besoin d'un consensus sur le fait qu'au cours du XXIe siècle, les principales fonctions du système multilatéral seront d'aider les États-nations à résoudre des problèmes distincts; de rendre chacun responsable des engagements qu'il a pris; et de faire en sorte que les questions environnementales soient non seulement prises en compte, mais qu'elles deviennent un principe dans la façon d'opérer dans les secteurs de l'agriculture, de l'industrie et de l'énergie. La notion de développement durable est issue de la science et de l'écologie. Depuis Rio, nous avons perdu cette précision scientifique parce que nous avons donné à la durabilité une définition élastique. Je crois que nous devons revenir à l'idée que la raison pour laquelle quelque chose est durable ou ne l'est pas réside essentiellement dans la science. C'est cette idée qui doit guider la prise de décision économique. Ce qui est encourageant, c'est que la crise financière et économique fait en sorte qu'on reconnaît désormais que le passage à une économie plus verte – ce que nous désignons, au PNUE, comme le *Global Green New Deal* – représente une occasion à saisir. Les emplois, le marché et les technologies de demain seront bien plus guidés par les réalités environnementales.

JOHN W. ASHE

Ministre responsable du développement durable et de l'OMC, ambassadeur et représentant permanent d'Antigua-et-Barbuda aux Nations unies.

Objectif Terre – *Quels changements sont survenus dans la façon dont nous abordons les enjeux liés au développement durable depuis le Sommet de Rio?*

John W. Ashe – Après le Sommet de Rio, l'attention s'est déplacée vers les trois conventions qui en sont issues, de sorte que les enjeux qu'elles soulèvent sont désormais négociés par les Parties dans leur cadre respectif. Lorsqu'une instance comme la Commission du développement durable (CDD) se réunit, c'est pour regarder des enjeux plus larges. Mais pour autant que les aspects juridiquement contraignants des conventions soient concernés, ils sont discutés dans le cadre de leur propre convention, heureusement! Je crois que c'est le principal changement depuis Rio.

OT – *Croyez-vous que le fait que nous ayons réparti les enjeux liés au développement durable entre trois conventions a été positif? Devrait-il y avoir plus de conventions pour couvrir d'autres aspects du développement durable ou, au contraire, devrait-on chercher à restreindre leur nombre?*

JWA – Il y a deux points de vue sur cette question. Certains diront que, sur certains enjeux, ne pas avoir d'accords distincts peut être une bonne chose. Alors que d'autres estiment qu'il faudrait un accord contraignant et des Parties à cet accord, faute de quoi, vous aurez une approche diffuse et rien ne sera fait. Lorsqu'un pays a des engagements juridiquement contraignants, comme on le voit désormais pour les changements climatiques, je crois que ça tend à donner plus de poids aux décisions. Les Parties savent qu'elles sont juridiquement engagées à faire quelque chose et comprennent les conséquences de l'inaction. Donc, je crois qu'il y a des avantages et des inconvénients à ces deux approches.

OT – *La Convention-cadre des Nations unies sur les changements climatiques (CCNUCC) a obtenu de certaines Parties qu'elles prennent des engagements juridiquement contraignants pour combattre les changements climatiques. Pourquoi d'autres conventions, telles que celle sur la désertification, ne suscitent-elles pas le même niveau d'engagement?*

JWA – Je crois que leur niveau d'engagement est moindre à la Convention sur la lutte contre la désertification (CLD). Il s'agit d'un accord pour traiter d'un problème partagé par une large partie de l'humanité. Mais il n'y a pas de cibles à atteindre. La CCNUCC pose un problème scientifique de nature différente. Dans le cas des changements climatiques, le fait de mettre des cibles était réellement important; dans le cas de la désertification, ce serait difficile de le faire. La bonne chose est qu'il y a des relations entre ces deux problèmes et que les actions qui sont posées pour lutter contre les changements climatiques contribuent à réduire la désertification, et vice-versa. Il est donc important de suivre l'évolution de chaque instance, bien qu'elles aient été mises sur pied pour traiter d'enjeux différents.

OT – *À Rio, le suivi de la mise en œuvre du développement durable a été confié à la CDD plutôt qu'au PNUE. Avec le recul, croyez-vous qu'il s'agissait de la meilleure option?*

JWA – Je ne crois pas qu'on puisse dire qu'il y a eu un perdant et un gagnant. Clairement, le Programme des Nations unies pour l'environnement (PNUE), comme son nom le suggère, a été conçu pour traiter des questions d'environnement, alors que le développement durable repose sur trois piliers, qui sont l'environnement, la société et le développement. Donc, le PNUE, tel qu'il a été conçu, n'était pas dans une position pour traiter les questions de développement durable. On pourrait toutefois objecter que les États membres auraient pu changer le mandat du PNUE pour qu'il englobe ces trois piliers, mais ils ne l'ont pas fait. Peut-être que, sachant ce que nous savons aujourd'hui, ils auraient dû le faire ; mais le fait est qu'un autre organe a été mis sur pied pour traiter du développement durable.

OT – *Certaines personnes croient que la structure de la CDD devrait évoluer pour devenir une organisation, telle que le PNUE. Croyez-vous que ce soit la voie à suivre ?*

JWA – Je crois que les États membres ont eu l'occasion de le faire au Sommet de Johannesbourg. Cependant, ils ont préféré s'entendre sur un programme de dix ans pour la CDD. Peut-être qu'à Rio +20, en 2012, une décision sera prise pour changer de direction, mais entre temps, le processus doit se poursuivre.

OT – *Qu'attendez-vous de Rio +20 ?*

JWA – Nous espérons que Rio +20 mette en place des structures qui vont produire des résultats que les États membres vont effectivement mettre en œuvre. Une des principales critiques de la structure actuelle est qu'elle permet aux États de prendre des décisions non contraignantes. Donc nous espérons qu'une structure va être mise en place pour que, quelle que soit la forme des décisions adoptée par les États, elles aient un impact réel.

OT – *Les négociations aux Nations unies se font par groupes. Croyez-vous que ces groupes, tels que le G77, contribuent à faire avancer les négociations ou est-ce une approche qu'il faut revoir ?*

JWA – Je crois que si le G77 n'existait pas, il faudrait l'inventer. Je crois qu'il est tout à fait raisonnable, logique et acceptable que les pays qui ont des intérêts commun se regroupent pour négocier conjointement, peu importe s'il s'agit d'un groupe formel ou non. Pratiquement tous les États membres des Nations unies appartiennent à un groupe ou un autre.

FELIX DODDS

Directeur général, *Stakeholder Forum for a Sustainable Future.*

Objectif Terre – *Depuis le Sommet de Rio, en 1992, quels ont été les principaux changements dans la gouvernance internationale de l'environnement ?*

Felix Dodds – À Rio, les Parties ont admis que le développement durable ne relevait pas du PNUE et ont reconnu le besoin d'avoir un organe des Nations unies portant sur cet enjeu. Il y a eu un accord pour mettre sur pied une commission consultative du Conseil économique et social des Nations unies (ECOSOC) appelé la Commission du développement durable (CDD). Différentes personnes voulaient avoir un organe fort, une sorte de « Conseil de sécurité écologique » qui prendrait le relais du Conseil de tutelle au plus haut niveau des Nations unies. Mais elles n'y sont pas parvenues. Alors la CDD a été mise sur pied en 1993 et la balance des discussions sur le développement durable a été transférée du PNUE à cette nouvelle commission, conçue comme un espace d'échange sur les questions d'environnement.

OT – *Croyez-vous qu'au fil du temps, la CDD a démontré qu'elle était le bon forum pour aborder les enjeux liés au développement durable ? Est-elle un forum efficace ?*

FD – La CDD a traversé plusieurs phases de développement. Au début, elle était très efficace. Elle a initié d'importants dialogues intersectoriels et mis en place de nouveaux organes, de sorte qu'on peut voir la CDD comme un forum de bas niveau où les discussions initiales ont lieu avant d'être reléguées aux organes appropriés. L'impulsion qui a mené à la Convention de Rotterdam sur la procédure de consentement préalable en connaissance de cause a émergé de la CDD en 1994, le Forum des Nations Unies sur les forêts (FNUF) a émergé de la CDD, de même que la réflexion sur les océans. Mais aujourd'hui, la CDD n'arrive plus à traiter les problèmes auxquels nous sommes confrontés, qui sont des enjeux critiques, tels que la sécurité hydrique ou la sécurité énergétique. Lorsque le cycle de la CDD portant sur l'énergie s'est achevé (CDD-15 ; 2007), aucun texte final n'a été adopté. Les Parties n'y ont même pas discuté de la sécurité énergétique, alors que le Conseil de sécurité le leur avait demandé. Au cours du cycle suivant (CDD-17 ; 2009), il y a bien eu certaines discussions sur la sécurité alimentaire, mais peut-être pas au plus haut niveau. Alors certaines personnes, dont moi-même, préconisent de relever la CDD au niveau d'un conseil de l'Assemblée générale, similaire au Conseil des droits de l'homme, qui pourrait traiter ces nouveaux enjeux critiques.

OT – *Le fait que les délégués à la CDD ne soient pas élus pose-t-il un problème de représentativité et nuit-il à la capacité de mobilisation de l'opinion publique ?*

FD – Pas du tout. Les délégués représentent les positions de leurs gouvernements, démocratiquement élus, sur l'environnement et le développement durable, et influencent leurs politiques. Je pense qu'un problème est que, lors des cycles précédents, les ministres venaient en début de session, de sorte qu'ils lançaient les discussions sur des bases larges et visionnaires, ce que devaient traduire les délégués dans le texte final. Le fait qu'aujourd'hui les ministres ne soient présents qu'à la fin de la deuxième semaine fait en sorte que leur contribution politique est moindre. Une façon de démocratiser la CDD est de débattre les points à l'ordre du jour de la commission au Parlement, ce que font certains pays.

OT – *Les pays devraient-ils être plus nombreux à le faire?*

FD – Je ne crois pas que les forums de bas niveau suscitent souvent des débats en Chambre, mais je crois que ce serait une bonne façon d'engager les citoyens. Nous traversons une période de transition d'une démocratie représentative à une démocratie participative dans le monde, d'une démocratie à la Madison vers une démocratie à la Jefferson. Et dans la transition, nous sommes dans une démocratie de Parties prenantes. En reconnaissant l'implication croissante de la communauté des affaires, des ONG, des peuples indigènes, des gouvernements locaux et régionaux, et des scientifiques, les gouvernements vont prendre des décisions plus éclairées. Un des rôles importants de la CDD a été de renforcer ce rôle des Parties prenantes à travers tout le système des Nations unies.

OT – *Outre Agenda 21, le Sommet de Rio a privilégié la signature d'accords multilatéraux sectoriels en environnement. Croyez-vous que cette décision a renforcé ou réduit l'efficacité de la gouvernance internationale de l'environnement?*

FD – Il y a un réel besoin de repenser l'architecture de la gouvernance internationale. Mon point de vue est que nous avons besoin d'une organisation du développement durable dans le système des Nations unies. Nous suggérons de fusionner le PNUE et UN-Habitat de sorte que nous aurions une véritable organisation du développement durable qui pourrait travailler dans les pays. La multitude de conventions – le fait qu'elles soient fragmentées: il y a plus de 600 conventions régionales, sous-régionales ou internationales – a engendré beaucoup de discussions sur le besoin de les regrouper. Notre proposition est de rassembler les conventions sur le climat, l'énergie, la biodiversité et les produits chimiques. Les conventions sur les produits chimiques ont déjà commencé à le faire, mais nous croyons qu'il faut aller plus vite. Nous souhaitons que ces conventions soient transformées en espaces cohérents et que leurs organes scientifiques échangent plus d'informations entre eux.

OT – *En ce moment, tous les regards sont tournés vers la Convention-cadre des Nations unies sur les changements climatiques (CCNUCC). Croyez-vous que les négociations vont assez vite?*

FD – La CCNUCC a une longueur d'avance sur les autres conventions dans ses efforts pour convaincre les gouvernements de poser des gestes concrets. Mais dans un certain sens, nous pouvons dire que le réchauffement climatique est un des enjeux les plus simples auquel nous ayons à répondre, parce qu'il y a des solutions techniques au problème. Mais lorsque nous aurons extrait la dernière tonne de minerai, il n'y en aura plus; chaque fois qu'une espèce végétale ou animale s'éteint, il n'y a pas de retour en arrière possible. Il y a donc d'autres limites à prendre en compte. Dans les quarante prochaines années, la population mondiale va augmenter de deux milliards d'individus. Au cours de cette même période, la population des États-Unis va pratiquement doubler, alors que les modes de consommation dans les pays développés ne sont absolument pas durables. Le Fonds mondial pour la nature estime que d'ici à 2030, nous aurons besoin d'une deuxième planète pour maintenir notre consommation. Les changements climatiques auront l'air d'un jeu d'enfant par rapport aux crises majeures que nous devrons surmonter au cours des dix ou vingt prochaines années.

OT – *Quelle serait une solution gagnant-gagnant entre le Sud et le Nord pour sortir de l'impasse?*

FD – Le problème remonte à Rio où on a convenu que le Nord aiderait le Sud à se développer de façon durable. Maurice Strong avait estimé à 625 milliards $ par années l'investissement nécessaire pour faire le saut vers une économie durable, dont 125 milliards $ devaient aller du Nord au Sud. Mais les fonds n'ont jamais été à la hauteur. Tout au long de ce processus, l'argument des pays industrialisés était qu'ils n'avaient pas les moyens d'aider les pays en développement. Pourtant, nous avons trouvé cet argent pour les banques et l'industrie. Avec de telles sommes, nous aurions atteint les objectifs du Millénaire en 2010. L'argent existe. C'est à nos dirigeants de rendre les choses possibles. Si nous ne nous y mettons pas tous ensemble, les limites à notre croissance vont commencer à se faire sentir. Et le type de monde dans lequel nous vivrons demain sera beaucoup moins accueillant que celui d'aujourd'hui.

OT – *Quel bilan faites-vous de la contribution des grands groupes, tels que les femmes, les ONG et les jeunes à la CDD?*

FD – Un des succès de la CDD a été de permettre qu'Agenda 21 reconnaisse à neuf Parties prenantes le droit de participer à la mise en œuvre et à la formulation des politiques. Certains processus auxquels elles ont participé ont été très constructifs; d'autres, plus récemment, beaucoup moins. Je crois qu'on doit revoir la façon dont nous avons intégré les grands groupes. Ce n'est pas parce qu'il y a neuf groupes que leurs positions sont nécessairement pertinentes dans toutes les discussions. Je crois que nous devons clarifier le fait que, dans certaines discussions, telles que la corruption dans l'industrie de l'eau par exemple, seuls quelques grands groupes, comme les syndicats, l'industrie et les ONG, devraient être engagés. Les autres groupes n'ont pas à prendre position. Nous devrions être plus clairs quant aux sujets pour lesquels leur contribution est pertinente ou non.

OT – *Il y a des milliers d'ONG dans le monde. Les femmes, comme les jeunes, affrontent des réalités très différentes selon leur pays. Les grands groupes sont-ils suffisamment représentatifs malgré le nombre inouï de réalités dont ils témoignent?*

FD – Contrairement aux syndicats qui ont une structure mondiale, plusieurs grands groupes ne sont pas représentatifs. Les grands groupes sont des partenaires qui facilitent la participation de ceux qui souhaitent s'engager. Si une ONG souhaite s'engager à la CDD, elle dispose d'une structure pour le faire. Si un jeune souhaite s'engager, il dispose également d'un groupe pour le faire. Ce groupe n'a pas la prétention de représenter tous les jeunes, mais ceux qui s'intéressent au processus.

SECTION II

LA CONVENTION SUR LA DIVERSITÉ BIOLOGIQUE

Figure 2.1 : Schéma du fonctionnement de la Convention sur la diversité biologique

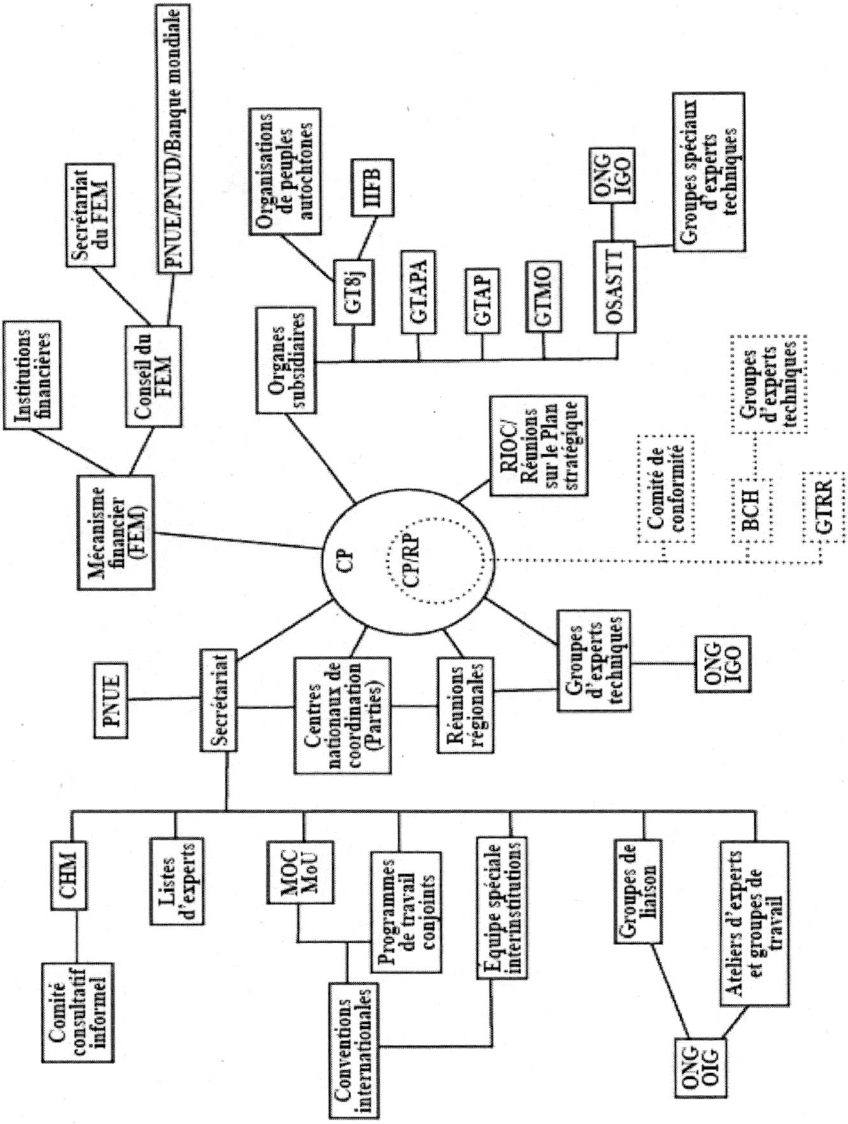

CHRONOLOGIE[1]

CONVENTION SUR LA DIVERSITÉ BIOLOGIQUE

2010	Objectif 2010 relatif à la réduction du taux de perte de la diversité biologique
	CP-10 – Nagoya, Japon (18-29 octobre)
	CP/RP-5 – Nagoya, Japon (11 au 15 octobre) :
	Publication des 3es Perspectives mondiales de la biodiversité
	9e réunion du Groupe de travail sur l'APA
2009	30 mars - date limite pour la remise du 4e rapport national
	7e et 8e réunions du Groupe de travail sur l'APA
2008	CP-9 – Bonn, Allemagne (19-30 mai) :
	Approche de précaution affirmée face aux arbres génétiquement modifiés (IX/5)
	Feuille de route afin de compléter le régime sur l'APA avant la CP-10 (IX/12)
	Stratégie pour la mise en œuvre pratique du programme de travail sur les transferts technologiques et la coopération technologique et scientifique (IX/14)
	Critères scientifiques pour l'identification d'aires marines à protéger (IX/20)
	CP/RP-4 – Bonn, Allemagne (12-16 mai)
2006	CP-8 – Curitiba, Brésil (20-31 mars) :
	2es Perspectives mondiales de la biodiversité
	Programme de travail sur la biodiversité insulaire (VIII/1)
	2010, date limite pour conclure l'élaboration d'un régime sur l'APA (VIII/4)

1. Chronologie préparée par Ariane Gagnon-Légaré.

	Indicateurs provisoires pour l'évaluation des progrès dans la mise en œuvre des buts et des objectifs du Plan stratégique (XIII/15)
	Maintien du moratoire sur les essais terrain des TRURG (VIII/23)
	Initiative intersectorielle sur la diversité biologique pour l'alimentation et la nutrition (VIII/23)
	Lignes directrices volontaires relatives à l'évaluation d'impact sur l'environnement tenant compte de la biodiversité (VIII/28)
	CP/RP-3 – Curitiba, Brésil (13-17 mars) :
	Critères d'identification des organismes vivants modifiés (BS-III/10)
2005	CP/RP-2 – Montréal, Canada (30 mai-3 juin) :
	Création d'un groupe d'experts sur l'évaluation des risques (BS-II/9)
2004	CP-7 – Kuala Lumpur, Malaisie (9-20 février) :
	Programme de travail conjoint avec la Convention sur la lutte contre la désertification (VII/2)
	Principes et directives d'Addis-Abeba pour l'utilisation durable de la biodiversité (VII/12)
	Lignes directrices Akwé :Kon sur l'évaluation des impacts culturels, environnementaux et sociaux des projets touchant des communautés autochtones et locales (VII/16)
	Lancement des discussions sur un régime international d'APA (VII/19)
	Programmes de travail sur la biodiversité des montagnes (VII/27), les aires protégées (VII/28), et les transferts technologiques et la coopération technologique et scientifique (VII/29)
	Formation de groupes de travail sur les aires protégées (VII/28) et sur l'examen de la mise en œuvre (VII/30)
	Cadre provisoire pour évaluer la mise en œuvre du Plan stratégique (VII/30)
	CP/RP-1 – Kuala Lumpur, Malaisie (23-27 février) : Comité sur le respect des obligations (BS-1/7)
	Création d'un groupe de travail sur la responsabilité et la réparation (BS-1/8)
2003	Entrée en vigueur du protocole de Cartagena (11 septembre)
2002	Sommet mondial sur le développement durable – Johannesburg, Afrique du Sud (26 août-4 septembre) :
	Adoption de l'Objectif 2010 de la CDB

CP-6 – La Haye, Pays-Bas (7-19 avril) : Initiative internationale pour la conservation et l'utilisation durable de la biodiversité des sols (VI/5)

Programme de travail sur l'Initiative taxonomique mondiale (VI/8)

Stratégie mondiale pour la conservation des plantes (VI/9)

Initiative mondiale sur la communication, l'éducation et la sensibilisation du public (VI/19)

Principes directeurs concernant la prévention, l'introduction et l'atténuation des impacts des espèces exotiques qui menacent des écosystèmes, des habitats ou des espèces (VI/23)

Lignes directrices de Bonn sur l'APA (VI/24)

Plan stratégique (dont l'Objectif 2010) (VI/26)

Novembre 2001 : 1res Perspectives mondiales de la biodiversité (*Global Biodiversity Outlook*)

2000 CP-5 – Nairobi, Kenya (15-26 mai) :

Moratoire sur les essais terrain des TRURG (V/5)

Initiative internationale pour la conservation et l'utilisation durable des pollinisateurs [V/5]

Principes de gestion et directives opérationnelles découlant l'approche écosystémique (V/6)

Programmes de travail sur les mesures d'incitation (V/15), l'article 8j (V/16) et la biodiversité des terres arides et subhumides (V/23)

Groupe de travail sur l'APA (V/26)

EXCP-1 (partie 2) – Montréal, Canada (24-29 janvier)

Texte du protocole de Cartagena sur la biosécurité (EM-I/3)

1999 EXCP-1 (partie 1) – Cartagena, Colombie (22-23 février)

1998 CP-4 – Bratislava, Slovaquie (4-15 mai) :

Initiative taxonomique mondiale (IV/1)

Programmes de travail sur la biodiversité des écosystèmes d'eau intérieure (IV/4), des zones côtières et marines (IV/5) et des forêts (IV/7)

Groupe de travail sur l'article 8j (VI/9)

Programme de travail conjoint avec la Convention de Ramsar sur les zones humides (IV/15)

1er programme de travail à long terme de la CP (IV/16)

Janvier 1998 : date limite pour la remise du 1er rapport national

1996 CP-3 – Buenos Aires, Argentine (4-15 novembre) :

Programme d'activités pluriannuel sur la biodiversité agricole (III/11)

Mémorandums de coopération avec la Convention sur les zones humides, la CITES et la CMS (III/21)

Entrée en fonction du Secrétariat de la CDB à Montréal

1995 CP-2 – Jakarta, Indonésie (6-17 novembre) :

Groupe de travail chargé d'élaborer un protocole sur la biosécurité (II/5)

Approche par écosystème, choisie comme cadre général des travaux de la CDB (II/8)

1994 CP-1 – Nassau, Bahamas (28 novembre-9 décembre) :

1er programme de travail de la CP (I/2)

Groupe spécial d'experts pour examiner l'élaboration possible d'un protocole sur la biosécurité (I/9)

1993 Entrée en vigueur de la CDB (29 décembre)

1992 Conférence des Nations unies sur l'environnement et le développement – Rio de Janeiro, Brésil (3-14 juin)

Ouverture à la signature de la CDB (5 juin)

CNI-5 – Nairobi, Kenya (11-19 mai)

Adoption du texte de la CDB (22 mai)

1991 CNI-1 – Madrid, Espagne (24 juin-3 juillet) 1re réunion du comité de négociation intergouvernemental

1982 Charte mondiale de la nature (28 octobre), AGNU

1980 Stratégie mondiale pour la conservation (5 mars), PNUE et UICN

FICHE TECHNIQUE[2]

CONVENTION SUR LA DIVERSITÉ BIOLOGIQUE

Ouverture à la signature : 5 juin 1992

Entrée en vigueur : 29 décembre 1993

Statut de ratification : 192 Parties (en date du 10 septembre 2009). L'Andorre, les États-Unis, le Saint-Siège et la Somalie ne sont pas Parties.

Contenu : 42 articles et deux annexes

Objectifs [art. 1] : 1) conservation de la diversité biologique ; 2) utilisation durable de ses éléments ; 3) partage juste et équitable des avantages découlant de l'exploitation des ressources génétiques.

Définitions [art. 2] : termes spécifiques de la Convention.

Principe [art. 3] : les États ont le droit souverain d'exploiter leurs propres ressources dans la mesure où cette exploitation ne cause pas de dommage à l'environnement dans d'autres États.

Mesures de conservation et utilisation durable des ressources [art. 6 à 13, 16] : les Parties doivent : élaborer des mesures pour la conservation et l'utilisation durable de la diversité biologique [6] ; identifier ses éléments et principalement ceux devant faire l'objet de mesures de conservation et offrant un potentiel d'utilisation durable [7] ; établir un système de zones protégées en contrôlant les risques associés à l'utilisation de la biotechnologie et aux espèces exotiques, en préservant les savoirs traditionnels et en assurant un partage équitable des avantages liés à l'utilisation des ressources [8] ; adopter des mesures de conservation *ex situ* [9] ; utiliser les ressources biologiques de façon durable [10] ; adopter des mesures d'incitation [11] ; élaborer des programmes de recherche et de formation [12] ; favoriser l'éducation et la sensibilisation du public [13] ; faciliter les transferts de technologie relative à la conservation [16].

2. Fiche préparée par Ariane Gagnon-Légaré.

Évaluation des impacts sur l'environnement [art. 14] : les Parties doivent adopter des procédures pour évaluer les projets susceptibles de nuire à la diversité biologique et la CP doit examiner comment juger de la responsabilité (si elle est d'ordre externe) pour assurer la réparation.

Accès aux ressources génétiques et partage des avantages [art. 15, 16, 19] : cet accès est régi par la législation nationale, mais les Parties doivent faciliter cet accès aux autres Parties [15]. Les transferts de technologie utilisant ces ressources doivent être facilités, en particulier vers les PED, en respectant le droit international [16]. Les Parties doivent assurer la participation des Parties qui fournissent les ressources génétiques, en particulier les PED, aux recherches biotechnologiques et permettre un partage équitable des avantages de ces recherches [19]. Les Parties évaluent la possibilité d'élaborer un protocole pour définir les procédures liées à l'utilisation d'organismes vivants modifiés résultant de la biotechnologie [19].

Coopération [art. 5, 17, 18] : les Parties doivent : encourager la coopération internationale [5] ; faciliter l'échange d'information relative à la conservation et aux technologies [17] ; encourager la coopération technique et scientifique, en particulier avec les PED, par l'élaboration de politiques nationales [18]. La Conférence des Parties (CP) doit créer un centre d'échange pour faciliter la coopération technique et scientifique [18].

Ressources financières et mécanisme financier [art. 20, 21] : les pays développés doivent fournir des ressources financières additionnelles aux PED afin qu'ils puissent payer les coûts de la mise en œuvre des mesures de la Convention [20]. La CP devra dresser une liste des pays développés et des pays en transition vers une économie de marché, et revoir périodiquement cette liste [20]. La CP se dote d'un mécanisme de financement responsable de fournir aux PED ces ressources sous forme de dons (la CP détermine les critères d'attribution de ce financement) et examine périodiquement l'efficacité de ce mécanisme [21].

Organes créés par la Convention [art. 23 à 26] :

– Conférence des Parties (CP) [23] : organe suprême de la Convention qui chapeaute sa mise en œuvre, établit la fréquence des communications à présenter et adopte le budget de chaque exercice financier.

– Secrétariat [24] : compile l'information requise par les Parties et organise les sessions de la CP et des organes subsidiaires.

– OSASTT [25] : cet organe subsidiaire est chargé de fournir des avis à la CP concernant les aspects scientifiques, techniques et technologiques.

Suivi de la mise en œuvre [art. 26] : chaque Partie rapporte périodiquement les dispositions adoptées pour mettre en œuvre la Convention.

Autres dispositions [art. 4, 22, 27 à 42] :

– Champ d'application des dispositions de la CDB [4]

– Relations [22] : la CDB respecte les autres accords internationaux.

– Règlement des différends [27] : l'approche privilégiée est la négociation.

– Adoption de protocoles [28] : la CP peut adopter des protocoles.

– Amendements à la Convention et aux protocoles [29]

– Adoption des annexes et amendement aux annexes [30]

– Droit de vote [31] : chaque Partie dispose d'une voix.

– Rapport entre la Convention et ses protocoles [32]

– Signature, ratification, acceptation, approbation, adhésion [33 à 35]

– Entrée en vigueur [36] : le 90e jour suivant la date de la 50e ratification.

– Réserves, dénonciation, arrangements provisoires et intérimaires [37 à 40]

– Dépositaire [41] : le secrétaire général de l'Organisation des Nations unies.

– Texte faisant foi [42].

Annexes : I – Identification et surveillance ; II – Arbitrage et conciliation

CHAPITRE 5

1998 À 2008 : DIX ANS D'ÉVOLUTION DE LA CDB

ARIANE GAGNON-LÉGARÉ

La Convention sur la diversité biologique (CDB) a été créée à l'initiative du Programme des Nations unies sur l'environnement (PNUE), mais était un des objectifs de l'Union internationale pour la conservation de la nature (UICN) depuis le début des années quatre-vingt. Les bases de l'entente ont été jetées par l'UICN, retravaillées par le PNUE, puis affinées par un comité de négociation international, entre 1991 et 1992. La CDB, adoptée en mai 1992 et ouverte à signature au Sommet de la Terre de Rio (juin 1992), est entrée en vigueur le 29 décembre 1993. Les premiers travaux de la Conférence des Parties (CP) ont principalement touché le fonctionnement de la Convention (règlement intérieur, centre d'échange, secrétariat, organes subsidiaires), sa gestion et son financement[1]. Au fil des CP suivantes, ces questions administratives et financières sont demeurées importantes, mais une place croissante a été accordée à des questions plus substantielles.

En 1998, l'année de sa CP-4, la CDB a acquis une certaine vitesse de croisière en termes de fonctionnement. Son secrétariat est installé à Montréal et un nouveau secrétaire exécutif entre en poste et y demeurera huit ans. La CP se dote de programmes de travail de plus en plus détaillés et à long terme, dont, en 2002, un Plan stratégique, incluant l'Objectif 2010[2]. Alors qu'il

1. À titre d'exemple, 11 des 13 décisions de la CP-1 traitaient d'administration ou de financement.

2. L'objectif 2010 est d'assurer « d'ici à 2010 une forte réduction du rythme actuel de perte de diversité biologique aux niveaux mondial, régional et national à titre de contribution à l'atténuation de la pauvreté et au profit de toutes les formes de vie sur la planète » [décision VI/26].

n'existait qu'un programme de travail thématique ou sectoriel avant 1998, on en dénombre près d'une quinzaine en 2009. La CP identifie parallèlement 18 questions transversales à prendre en compte dans chacun des programmes de travail de la CDB. Le secrétariat élargit graduellement son rôle, s'enrichissant notamment de correspondants chargés du lien avec différents groupes concernés par la biodiversité (secteur privé, jeunes, autorités locales, etc.).

Nous verrons comment ont évolué les travaux de la Convention, d'abord autour de deux de ses trois objectifs fondamentaux (art. 1) – utilisation durable des éléments de la biodiversité ; accès et partage des avantages, et savoirs traditionnels (art. 8j) –, puis à travers sept champs d'action ou moyens pour atteindre ces objectifs. Le tout visant la conservation de la biodiversité, troisième objectif fondamental de la CDB.

UTILISATION DURABLE

En 2002, la CP-6 adopte son Plan stratégique dont le but 4 vise l'utilisation durable et la consommation rationnelle [VI/26]. La CP-6 appelle aussi au développement de principes et directives pour la guider dans la mise en œuvre de l'utilisation durable de la biodiversité [VI/13]. Trois mois plus tard, le plan de mise en œuvre du Sommet mondial sur le développement durable (SMDD) identifie l'utilisation durable comme un outil efficace de lutte contre la pauvreté et donc de développement durable[3]. Les *Principes et directives d'Addis-Abeba pour l'utilisation durable de la biodiversité* adoptés à la CP-7 constituent un cadre non contraignant visant à s'assurer que l'utilisation de la biodiversité respecte celle-ci et contribue à la réduction de la pauvreté [VII/12]. Les travaux de la CP ont par ailleurs débouché sur deux initiatives pour la conservation et l'utilisation durable de la biodiversité : l'une sur les pollinisateurs [V/5], l'autre sur les sols [VI/5]. Une troisième initiative du genre pourrait être adoptée pour les tourbières boisées tropicales et autres terres humides.

APA ET ARTICLE 8J

L'accès aux ressources génétiques et aux connaissances techniques et scientifiques les concernant, et le partage juste et équitable des avantages découlant de l'exploitation des ressources génétiques (APA), ainsi que la protection et la reconnaissance des savoirs traditionnels qui sont liés à ces

3. Le SMDD s'est déroulé à Johannesburg (Afrique du Sud), du 26 août au 4 septembre 2002. www.un.org/french/events/wssd/index.html.

ressources génétiques, se sont révélés des enjeux saillants, qui opposent pays en développement et pays développés. Ces enjeux sont perçus comme des leviers grâce auxquels des PED ou des communautés autochtones et locales (CAL) pourraient réclamer des droits sur les profits et les connaissances recueillies par le secteur privé ou des gouvernements centraux. L'APA et l'article 8j sont aussi deux thèmes autour desquels sont négociés le consentement préalable en connaissance de cause, la divulgation de l'origine des connaissances des CAL dans les brevets et la reconnaissance des droits coutumiers. La participation du Groupe de travail sur l'article 8j (GT8j)[4] au régime sur l'APA a d'ailleurs été vivement discutée. Ce Groupe de travail fournira finalement une liste d'éléments à prendre en compte par le Groupe de travail sur l'APA (GTAPA).

La protection des savoirs traditionnels étant reliée à la propriété intellectuelle, l'Organisation mondiale de la propriété intellectuelle (OMPI) a créé un comité sur la question. En conséquence, la CP s'est concentrée sur le développement d'outils pour protéger les savoirs traditionnels, examinant notamment la pertinence de protéger les savoirs traditionnels par l'entremise de législations nationales ou d'instruments internationaux. Le GT8j développe entre-temps un code de conduite éthique pour assurer le respect des patrimoines bioculturels des CAL et un cadre d'évaluation de l'état des savoirs traditionnels [IX/13].

L'APA montre des développements plus remarquables. Un groupe d'experts est créé sur la question par la CP-4 (1998), puis la CP-5 (2000) met en place le GTAPA. Ce dernier produit d'abord les *Lignes directrices de Bonn sur l'accès aux ressources génétiques et le partage juste et équitable des avantages résultant de leur utilisation*, adoptées à la CP-6[5]. Puis, suite à l'appel lancé par le SMDD, la CP-7 demande au GTAPA d'élaborer un régime international sur l'APA, afin de mettre en œuvre efficacement les articles 15 et 8j de la CDB et ses trois objectifs. Les Parties ne s'accordent pas, à ce jour, sur la plupart des éléments (objectif, portée, nature, etc.) de ce régime. Néanmoins, la CP-9 a convenu d'une feuille de route détaillée pour terminer l'élaboration du régime, tout en adoptant un document constituant une base reconnue des négociations et un texte qui ouvre la porte à un régime en partie contraignant. Surtout, les Parties ne remettent plus réellement en question la nécessité d'une telle entente.

Pour atteindre ses objectifs, les Parties à la CDB ont développé différents moyens, parmi lesquels nous avons retenu les principaux qui ont ponctué la

4. Le GT8j, créé par la CP-4, doit faciliter la mise en œuvre de l'article 8j et de ses dispositions connexes, et renforcer la participation des CAL aux travaux de la CDB.

5. Ces Lignes directrices viennent appuyer les Parties qui établissent des mesures administratives, législatives ou politiques sur l'APA ou qui négocient des ententes sur l'APA.

dernière décennie, soit: la coopération, l'approche écosystémique, les aires protégées, les mesures d'incitation, l'évaluation des impacts, la responsabilité et la réparation, les transferts technologiques et des mesures touchant la biosécurité.

COOPÉRATION

L'atteinte des objectifs de la Convention exige la coordination et la coopération d'une large gamme d'acteurs, notamment à l'échelle internationale. C'est d'ailleurs le premier objectif du Plan stratégique de la CDB[6]. Cette dernière a ainsi contribué à la formation de regroupements entre acteurs internationaux œuvrant en faveur de la biodiversité. Elle fait partie du Groupe de liaison conjoint (*Joint Liaison Group*; créé en 2001), qui réunit les trois conventions de Rio, et du Groupe de liaison sur la biodiversité (créé en 2002), qui regroupe six conventions traitant de la biodiversité[7]. À ce jour, la coordination la plus active est avec la Convention de Ramsar sur les zones humides et la Convention sur les espèces migratrices, mais les liens entre la CDB et la Convention sur les changements climatiques se renforcent. La CDB a aussi cherché à développer des collaborations avec d'autres organisations onusiennes ou internationales, des ONG et la société civile, des organisations autochtones, des organes d'évaluation technique ou scientifique[8], des industries et le secteur privé, ainsi que des organisations de jeunes. Ces collaborations peuvent toutefois être assez minimales ou difficiles à établir, comme c'est le cas avec l'Organisation mondiale du commerce, où la CDB est toujours en attente du statut d'observatrice aux rencontres de certains organes pertinents[9]. Les relations avec d'autres régimes touchant la biodiversité, tels que les pêcheries, demeure également minimales.

---

6. Le but 1 est: «la Convention joue son rôle de chef de file pour les questions touchant à la diversité biologique au niveau international» [décision VI/26].

7. Soit, en plus de la CDB: CITES, CMS, ITPGRFA, Convention sur les zones humides, et Convention sur le patrimoine mondial. La CDB a, selon les cas, signé des mémorandums de coopération ou programmes de travail conjoint avec ces organismes.

8. Dont un consortium de partenaires scientifiques sur la biodiversité regroupant: Muséum national d'histoire naturelle (France); Smithsonian National Museum of Natural History (États-Unis); Royal Botanic Gardens Kew (Grande-Bretagne); Institut royal des sciences naturelles de Belgique; Bundesamt für Naturschutz (Allemagne); National Commission for Wildlife Conservation and Development of the Kingdom of Saudi Arabia; Comisión Nacional para el Conocimiento y Uso de la Biodiversidad de México; Museums Nature Montréal (Canada); Jardins botaniques Higashiyama (Japon).

9. Décision IX/27.

Approche écosystémique

Cette approche prévoit une gestion intégrée de l'ensemble des ressources, organismes et composantes des écosystèmes pour préserver les fonctions et interactions écosystémiques. Elle est le cadre général des actions de la CDB. En 1998, la CP-4 reconnaît la nécessité de parfaire l'élaboration de l'approche écosystémique et demande à l'OSASTT de développer à cette fin des principes et directives. Une description de l'approche écosystémique et ses principes ont été adoptés par la CP-5. Par la suite, la CP a mis l'accent sur la mise en œuvre de l'approche plutôt que sur le développement de principes. La CP-9 notait ainsi que l'application intégrale de l'approche écosystémique n'était ni possible ni souhaitable, et qu'un développement plus poussé de critères et d'indicateurs de mise en œuvre se ferait au détriment de sa mise en œuvre [IX/7].

Aires protégées

La CP-7 a établi le Groupe de travail sur les aires protégées (GTAP) afin de réviser les méthodes et approches de la planification et de la gestion des aires protégées [VII/28]. Ce groupe a notamment travaillé sur le financement des aires protégées, où s'opposent les PED, qui demandent un soutien accru, et les pays développés qui souhaitent au préalable des preuves de la viabilité et de la bonne gestion des aires protégées. L'établissement d'aires marines protégées hors des juridictions nationales a été controversé, compte tenu de l'existence de la Convention sur le droit de la mer et d'un groupe de travail de l'AGNU sur la biodiversité hors juridictions nationales. La CP reconnaît les processus en cours dans d'autres forums, mais pourrait intervenir s'ils s'avéraient insuffisants et prévoit appuyer les travaux en cours par son expertise scientifique. La CP-9 a d'ailleurs adopté une orientation scientifique pour mettre en place un réseau représentatif d'aires marines protégées et des critères scientifiques afin d'identifier les aires marines écologiquement importantes [IX/20].

Mesures d'incitation

Ces mesures d'incitation sont liées à la façon dont sont valorisés la biodiversité et les services qui en découlent, et au fonctionnement des économies nationales et du système économique mondial. La CP-5 a adopté un programme de travail sur ces mesures qui fait la promotion du développement et de la mise en œuvre d'incitatifs sociaux, économiques et juridiques pour la conservation et l'utilisation durable de la biodiversité [V/15]. À ce jour, les Parties ont surtout collecté des informations et formulé des propositions d'éléments à prendre en compte dans le développement et la mise en œuvre de mesures d'incitation, pour l'application de moyens d'éliminer ou d'atténuer les effets pervers des incitatifs existants, et pour la mise en œuvre d'outils de valorisation de la biodiversité et de ses fonctions.

Évaluation des impacts, et responsabilité et réparation

La CDB prévoit des études d'impact et la réduction des effets nocifs, et ouvre la porte à la détermination de la responsabilité et à la réparation, dans le cas où la responsabilité incombe à une partie internationale (art. 14). Cette question de la responsabilité et de la réparation (art. 14, par. 2) n'avait pas été réglée lors des négociations du texte de la CDB. Elle a d'abord été examinée à la CP-4, à l'instar de l'évaluation des impacts, mais les Parties demeurent divisées sur cette question. La CP a développé plusieurs outils pour favoriser l'évaluation d'impact sur la biodiversité. Elle a adopté des lignes directrices pour inclure les questions liées à la biodiversité dans les évaluations d'impact environnemental [VI/7], puis les *Lignes directrices Akwé:Kon sur l'évaluation des impacts culturels, environnementaux et sociaux des projets touchant des communautés autochtones et locales* [VII/16] et les *Lignes directrices volontaires pour l'intégration des questions relatives à la diversité biologique dans les études de l'impact sur l'environnement* [VIII/28].

Transferts de technologies

La CDB stipule que l'accès à la technologie et le transfert de technologies « sont des éléments essentiels à la réalisation des objectifs de la [CDB] » (art. 16). La CDB demande aussi l'échange d'informations (art. 17) et la coopération technique et scientifique (art. 18) entre les Parties. La CP a adopté un programme de travail sur les transferts technologiques et la coopération technologique et scientifique [VII/29], créé un groupe d'experts pour sa mise en œuvre [VIII/12] et élaboré une stratégie pour une mise en œuvre pratique du programme de travail [IX/24]. Elle envisage de lancer une initiative sur la technologie et la biodiversité, pour favoriser le renforcement des capacités et le transfert de technologies [IX/14]. Malgré tout, le transfert technologique tarde à se concrétiser, et on note une division entre PED et pays développés: ces derniers soutiennent une protection plus stricte de la propriété intellectuelle, alors que les premiers réclament un transfert technologique total, juste et équitable.

Biotechnologies et biosécurité

Le texte de la CDB (art. 19, par. 3) envisage l'adoption de mesures, y compris sous la forme d'un protocole, visant à prévenir les risques posés à la biodiversité découlant de l'utilisation d'organismes vivants modifiés (OVM). Un processus a ainsi été lancé en 1996, qui s'est conclu par la présentation du texte d'un protocole sur la biosécurité à une première réunion extraordinaire de la CP de la CDB, en février 1999, à Cartagena (Colombie). C'est toutefois à la reprise de cette réunion extraordinaire (janvier 2000) qu'a été adopté le protocole de Cartagena sur la biosécurité. Depuis, les questions en lien avec la biosécurité sont discutées au sein des négociations de la CDB ou de son Protocole.

En ce qui a trait à la CDB, on remarque deux thèmes de discussions. D'une part, autour des techniques de restriction de l'utilisation des ressources génétiques (TRURG), qui rendent stériles les semences produites par un plant génétiquement modifié à cette fin. La CP a décrété un moratoire sur leur utilisation [V/5], qu'elle a reconduit [VIII/23] jusqu'à ce que des données scientifiques permettent d'en évaluer adéquatement les risques. Plus récemment, la CP s'est prononcée sur les arbres génétiquement modifiés, rappelant la nécessité d'appliquer l'approche de précaution et demandant d'analyser leurs conséquences environnementales et socio-économiques.

Du côté du Protocole, quatre CP siégeant en tant que Réunion des Parties au Protocole (CP/RP) ont été tenues depuis son entrée en vigueur (11 septembre 2003). Elles ont vu l'organisation des travaux de ce nouveau Protocole, ainsi que la mise en place de groupes de travail (responsabilité et réparation, évaluation des risques) et d'un comité sur le respect des obligations. Au cours de ses premières années, le Protocole devait répondre à plusieurs dates limites établies par le texte de l'entente.

Ainsi, l'identification des OVM destinés à être utilisés directement pour l'alimentation humaine et animale ou à être transformés a divisé les Parties et a été résolue, avec un an de retard, à la CP/RP-3 (2006 ; BS-III/10). La division portait sur la nécessité d'indiquer si les organismes « pouvaient contenir » ou « contenaient » des OVM.

La responsabilité et la réparation face aux dommages qui résulteraient du mouvement transfrontalier d'OVM devaient, pour leur part, être réglées à la CP-4. Cette date butoir n'a pas été respectée non plus, mais un compromis a été trouvé autour d'un régime contraignant, qui correspondrait à une approche principalement administrative. C'est une avancée notable, compte tenu que les Parties n'avaient pas trouvé de terrain d'entente sur la question lors des négociations du texte du Protocole.

La manière d'identifier les OVM transportés outre-frontières – dont la responsabilité de leur identification – et le traitement des États non-Parties ont aussi occupé les délibérations des Parties au protocole de Cartagena.

En somme, les Parties à la CDB ont développé une gamme d'instruments en appui à la mise en œuvre. Le défi de la prochaine décennie sera de dénouer les blocages dans les discussions plus concrètes, pratiques ou précises. On s'attend, par exemple, à un régime plus ou moins contraignant sur l'APA, au développement d'une batterie d'indicateurs plus solide pour évaluer l'impact de la CDB et des mesures qu'elle met de l'avant, à une modulation des variables économiques qui affectent la biodiversité (incluant une valorisation plus juste de la biodiversité et des services écosystémiques, et des mesures visant à éliminer les effets pervers), à de réels transferts de technologies, à une évaluation fonctionnelle des dommages causés à la biodiversité, et à la mise en place de dispositifs pour déterminer la responsabilité et assurer la réparation. De la part du Protocole, on attend la mise en place d'un cadre autour de la commercialisation et de la manipulation des OVM. Au-delà de ces défis et malgré des signes encourageants – la progression des aires protégées, par exemple –, le recul de la biodiversité n'a pas fléchi, à ce jour. La CDB n'a donc pas atteint un de ses principaux objectifs, qui est de conserver la biodiversité. Dans ce contexte, 2010 devient une année charnière, avec la révision du Plan stratégique de la CDB et de son objectif de réduction du rythme de la dégradation de la biodiversité, l'échéance des négociations d'un régime sur l'APA, et la mobilisation internationale dans le cadre de l'Année internationale de la biodiversité de l'ONU.

RÉFÉRENCES

Convention sur la diversité biologique (CDB) (2009), *Décisions de la Conférence des Parties*, [en ligne], www.cbd.int/decisions, consultées le 9 janvier 2009.

Convention sur la diversité biologique (CDB) (2009), *Thematic Programmes and Cross-Cutting Issues*, [en ligne], www.cbd.int/programmes, consultés le 9 janvier 2009.

Institut EDS (2006), *Guide des négociations, 8e session de la Conférence des Parties à la Convention sur la diversité biologique*, Université Laval, Québec.

Institut EDS (2008), *Guide des négociations, 9e session de la Conférence des Parties à la Convention sur la diversité biologique*, Université Laval, Québec.

Observatoire de l'écopolitique internationale (OÉI) (2009), *Convention sur la diversité biologique*, [en ligne], www.oei.ihqeds.ulaval.ca/cdb.html, consulté le 11 janvier 2009.

CHAPITRE 6

LA CONVENTION SUR LA DIVERSITÉ BIOLOGIQUE À L'ÉCHÉANCE DE 2010

Philippe Le Prestre

La 10e conférence des Parties (CP-10) à la Convention sur la diversité biologique (CDB), qui se tiendra à Nagoya (Japon) du 18 au 29 octobre 2010, sera l'occasion de faire un bilan de l'évolution, de la mise en œuvre et de l'impact des efforts de la communauté internationale visant à ralentir la perte de biodiversité, tout en poursuivant les objectifs généraux de développement, de réduction de la pauvreté et d'équité. En raison du caractère éminemment politique d'un tel exercice, on peut craindre que cet effort ne demeure limité, l'ONU manquant régulièrement l'occasion d'établir un véritable bilan des progrès et des échecs sur des bases autres que des anecdotes, des comptes rendus partiels ou des études impressionnistes.

La CP-10 doit notamment adopter un nouveau Plan stratégique qui succèdera au premier en vigueur depuis 2002. Ce dernier n'a pas fait l'objet d'une évaluation systématique de sa logique interne, de ses fondements empiriques, de ses forces et faiblesses, de son degré de mise en œuvre ou de son impact. Pourtant, le deuxième Plan stratégique en assumera largement l'existence, même si la Convention continue d'être amplement mue par des demi-vérités et des extrapolations à partir d'études de cas partielles, par les pressions d'organisations intergouvernementales ou non gouvernementales, par des groupes professionnels soucieux de promouvoir leurs propres outils intellectuels, ou par des craintes politiques. L'objectif, ici, n'est pas de tenter de remédier à ces limites, mais de souligner quelques avancées et d'identifier plusieurs défis qu'affronte la CDB à la veille de la conférence de Nagoya.

DES PROGRÈS QUI DEMEURENT LIMITÉS

L'évaluation de l'effectivité de la CDB dépend naturellement des critères adoptés. À cet égard, ceux du premier Plan stratégique (PS-1) étaient très généraux et difficiles à opérationnaliser. En outre, une compréhension différente du sens à donner à «effectivité» pouvait conduire à des appréciations diverses[1].

L'aspect le plus médiatisé du PS-1 a été l'engagement des États, repris par le Sommet de Johannesbourg, de réduire de façon significative le taux de perte de biodiversité d'ici à 2010. Même si l'on sait depuis longtemps qu'un tel objectif ne pouvait être atteint, son adoption s'est avéré un excellent outil de mobilisation des organisations, des scientifiques et des médias[2]. Dans certains cas, elle a stimulé des initiatives nationales (comme au Canada qui a lancé son Évaluation de l'état des écosystèmes) ou régionales (par le Conseil de l'Arctique, par exemple) et incité d'autres organisations à collaborer avec la Convention afin de mesurer leur progrès en la matière (telles que la Conférence des Maires des Grandes Villes). Cet outil a été moins utile pour évaluer l'effectivité des politiques ou l'action des pouvoirs publics et des autres acteurs concernés, en l'absence d'accord clair sur le type de données qui indiqueraient un échec. Par exemple, l'augmentation des connaissances de l'état de la biodiversité ou l'interconnexion de bases de données peut faire ressortir une situation pire que l'on croyait; on ne pourrait pour autant en conclure à l'échec de la Convention ou des politiques mises en place. De même, les changements climatiques pourraient réduire l'abondance des espèces ou modifier leur distribution, même si toutes les dispositions de l'accord ont été mises en œuvre. Une cible possède de multiples fonctions, mais le critère d'effectivité qu'elle suggérait dans ce cas-ci, soit la résolution du problème, était trop ambitieux pour ne jamais espérer qu'elle puisse être atteinte en un temps si court[3].

Du point de vue des changements de comportement que la Convention entendait promouvoir, quelques avancées notables peuvent être retenues. Plus de 90 pour cent des parties ont adopté une stratégie et un plan d'action, et près

1. En effet, l'«impact» ou l'«efficacité» de la Convention peut faire référence à la mise en œuvre, à la conformité, aux changements de comportements (effectivité), à l'atteinte des objectifs de l'accord, à la résolution du problème ou même à l'atteinte d'objectifs plus larges, tels que l'équité et la justice (v. Le Prestre 2002: 57-90). Les bilans de l'activité des actions de l'ONU mélangent trop souvent ces différentes dimensions.

2. On peut, toutefois, s'interroger sur ses effets pervers potentiels, tels qu'une démobilisation massive suite à un constat d'échec, à l'absence d'indicateurs clairs ou à des désaccords sur sa mesure, ou bien au constat d'impuissance face à l'ampleur de la tâche.

3. Voir, à ce propos et sur les contours d'une nouvelle cible globale, Mace *et al.* 2010.

de 20 pour cent l'ont révisée[4] ; mais leur mise en œuvre et leur intégration sectorielle, le troisième objectif du PS-1, sont moins évidentes. La Convention s'est aussi efforcée de jouer un rôle dirigeant sur le plan international en cherchant à mobiliser les experts scientifiques, les communautés indigènes (à travers la protection des savoirs traditionnels), le monde des affaires et les gouvernements nationaux et sub-nationaux. Le souci d'établir un lien entre le bien-être des peuples et la protection de la biodiversité a été constant : il est présent dans les deuxième et troisième objectifs de la Convention, dans l'article 8(j) sur la protection des savoirs traditionnels, dans l'adoption d'une approche écosystémique (qui comprend l'humain) et, surtout, dans le nouveau discours sur les biens et services écosystémiques[5]. La CDB s'est aussi dotée d'outils afin de guider les pays dans leurs efforts de conservation et d'utilisation durable de la biodiversité, tels que des programmes de travail[6] ou des lignes directrices[7].

Après une première phase de développement institutionnel[8], le secrétariat et la CP insistent, depuis 2006, sur la priorité de la mise en œuvre de la Convention. Celle-ci opère à trois niveaux : international, national et local. Si, historiquement, la Convention a surtout privilégié le premier, ce sont les deux derniers qui accapareront son attention après 2010, particulièrement le troisième. En effet, les progrès dans la mise en œuvre de la CDB aux niveaux national et local ont été lents. De plus, peu de pays ont intégré la cible de 2010 dans leur Plan d'action.

NOUVELLES APPROCHES DE GOUVERNANCE : QUEL IMPACT SUR LA CDB ?

Un effort est actuellement en cours visant à poser le problème de la biodiversité en termes économiques. Ceci se traduit par la publication prochaine du rapport sur *L'Économie des écosystèmes et de la biodiversité*[9] et par la promotion des concepts de biens et services écosystémiques (BSE). Comme le fit le rapport Stern sur les conséquences économiques de l'inaction en matière de lutte contre les changements climatiques, ce rapport pourrait

4. Cooper, D. Secrétaire de la CDB (2010), *Communication*, Nagoya, mars 2010
5. *The Economics of Ecosystems and Biodiversity* : www.teebweb.org/
6. Voir article plus haut « 1998 à 2008 : 10 ans d'évolution de la CDB ».
7. *Idem.*
8. Pour un compte rendu détaillé, voir Le Prestre, Philippe (dir.), *Governing Global Biodiversity*, Aldershot, UK, Ashgate, 2002.
9. *The Economics of Ecosystems and Biodiversity* : www.teebweb.org/

changer les termes du débat. En effet, l'appréhension du problème de la biodiversité à l'aide des BSE vise à répondre à l'un des défis qu'affronte la CDB depuis sa création, soit la difficulté de relier biodiversité et bien-être humain. L'accent que mit *l'Évaluation des écosystèmes du Millénaire* sur la notion de services et sur leur importance pour le bien-être humain a contribué de façon puissante à relier deux discours, celui de la conservation et celui de la pauvreté. Mais dans quelle mesure un tel discours peut-il devenir autre chose qu'un instrument de mobilisation de la classe politique? À quoi mènerait son adoption généralisée, en termes de priorités de recherche, de choix environnementaux, ou d'acceptabilité des décisions prises sur cette base?

L'approche par les BSE soulève ainsi un certain nombre de questions qui méritent attention: sous quelles conditions observe-t-on une relation positive entre biodiversité et BSE? Quels sont les arbitrages possibles entre BSE et sur quelles bases devraient-ils se faire? Dans quelle mesure cette approche ne trahit-elle pas un problème plus général où la CDB est mue davantage par le souci de mobiliser certains groupes ou acteurs, que par le développement d'une science de la biodiversité, accentuant ainsi le risque d'un fossé entre les solutions proposées aux changements de biodiversité et leurs assises empiriques? Enfin, la mise en opération des BSE est délicate et un des instruments utilisés, les paiements pour services écosystémiques, peut entraîner de nombreux effets pervers, notamment sur la biodiversité agricole[10].

Cependant, le moment pourrait être propice à un changement de priorité. Stimulée par la question des biocarburants, mais aussi par *l'Évaluation internationale des connaissances, des sciences et des technologies agricoles pour le développement* (IAASTD) qui appelait à une agriculture plus durable (McIntyre et al. 2009), la biodiversité agricole a acquis une importance bien plus grande depuis 2008. La crise financière de 2008-2009 a vu l'adoption de mesures de relance économique faisant parfois une large place à la promotion d'une « économie verte »[11].

Du point de vue politique, la biodiversité figure de façon croissante parmi les préoccupations des membres du G8, et cette tendance, après l'échec

10. V. par exemple Foyer 2010. Au-delà de la question de l'identification des bénéficiaires des paiements pour services écosystémiques, les paiements qui visent la conservation d'un certain patrimoine génétique pourraient avoir pour effet de restreindre la circulation des semences ou de décourager les pratiques traditionnelles d'association de plusieurs types de semences visant à améliorer leur rendement dans des conditions nouvelles; v. *ibid.*

11. Une étude s'impose sur la prise en compte réelle de la protection de la biodiversité dans ces plans de relance. Par exemple, le document de réflexion de l'OCDE sur les mesures adoptées par les gouvernements pour inscrire leurs stratégies de redressement économique dans une perspective plus « verte », ne contient pas le terme « biodiversité »; v. OCDE 2009.

de la conférence de Copenhague sur les changements climatiques en décembre 2009, pourrait s'accentuer; les États y voyant davantage de dividendes politiques que dans les changements climatiques, ainsi qu'un moyen d'adaptation à ces derniers. Suite à l'« Initiative de Potsdam » en 2006, qui rassemblait le G8 et cinq pays émergents, le G8 a, pour la première fois, inscrit la question de la diversité biologique au programme du sommet de Heiligendamm de 2007. L'année suivante, il lançait l'« Appel de Kobe »[12] en faveur de la biodiversité et le Sommet de Hokkaido adoptait un plan d'action pour la biodiversité, sous l'impulsion du Japon. Enfin, la « Charte de Syracuse » de 2009, amenée par l'Italie, consolidait la biodiversité à l'agenda du G8 et du G20 en prévision de l'année de la biodiversité de 2010.

Enfin, la création éventuelle d'une plate-forme scientifique analogue au GIEC, l'International Platform on Biodiversity and Ecosystem services (IPBES), pourrait transformer le débat et renforcer la place de ces questions à l'agenda international. Dans quelle mesure cette évolution bénéficiera-t-elle au régime de la CDB dépend en partie des résultats de la CP-10 et de la volonté des États du Nord et des pays méga-divers d'en faire une priorité. La ratification de la CDB par les États-Unis enverrait un signal extrêmement fort en la matière à la communauté internationale.

RÉFÉRENCES

Cooper, D. Secrétariat de la CDB (2010), *Communication*, Nagoya, mars 2010.

Foyer, J. (2010), *Il était une fois la bio-révolution. Nature et savoirs dans la modernité globale*, P.U.F., Paris.

Hooghe, L. et Marks, G. (2003), 'Unraveling the Central State, but How? Types of Multi-Level Governance', *The American Political Science Review*, vol. 97 (2), pp. 233-243.

Le Prestre, P. (dir.) (2002), *Governing Global Biodiversity*, Ashgate, Aldershot.

Le Prestre, P. (2002), 'Studying the Effectiveness of the CBD', dans P. Le Prestre (dir.), *Governing Global Biodiversity*, Ashgate, Aldershot, pp. 57-90.

Mace, G. M. et al. (2010), 'Biodiversity targets after 2010', *Current Opinion in Environmental Sustainability*, n° 2, pp. 1-6.

McGraw, D. (2002), 'The Story of the Biodiversity Convention : From Negotiation to Implementation', dans P. Le Prestre (dir.), *Governing Global Biodiversity*, Ashgate, Aldershot, 2002, pp. 6-38.

12. Pour le texte, voir www.env.go.jp/en/focus/attach/080610-a3.pdf

McIntyre, B. D. et al. (2009), *International Assessment of Agricultural Knowledge, Science and Technology for Development,* Island Press, Washington, D.C.

Organisation de coopération et de développement économiques (OCDE) (2009), *La Croissance verte : la crise et au-delà*, OCDE, Paris.

PNUE (1992), « Convention sur la diversité biologique », *Centre d'activité du Programme pour le droit de l'environnement et les institutions compétentes en la matière*, doc. Na.92-8315, PNUE, Nairobi.

Swanson, T. M. (1999), 'Why Is There a Biodiversity Convention ? The International Interest in Centralized Development Planning', *International Affairs*, Vol.75 (2), pp. 307-331.

Young, O.R. (2002), *Institutional Dimensions of Environmental Change : Fit, Interplay, and Scale*, MIT Press, Cambridge.

CHAPITRE 7

EXEMPLES DE RÉALISATIONS

LOI GELOSE DE MADAGASCAR; PLAN D'ACTION POUR LA BIODIVERSITÉ EN ÉQUATEUR

Marie-Hélène Bérard et Ariane Gagnon-Légaré

RELIER LA GESTION TRADITIONNELLE ET FORMELLE DES RESSOURCES NATURELLES : LE CAS DE LA LOI GELOSE DE MADAGASCAR

Les activités humaines étant liées de façons multiples et pratiquement inextricables à la biodiversité, sa protection pose un défi à plusieurs niveaux, notamment quant à son encadrement juridique. Ce défi est d'autant plus grand dans les pays indépendants depuis seulement quelques décennies, où les pratiques juridiques ne sont souvent pas harmonisées à l'échelle nationale et où coexistent différentes approches, dont certaines demeurent communales. C'est à une telle harmonisation que s'attache la loi GELOSE, une initiative malgache de gestion locale des ressources naturelles renouvelables. Mise en place à partir de 1996, cette dernière visait plus particulièrement les forêts.

À Madagascar, avant 1996, deux régimes principaux encadraient la gestion forestière. Selon le premier, plus formel, les autorités forestières octroyaient des autorisations d'exploitation forestière au nom de l'État, propriétaire de la forêt. Ces autorisations étaient, en pratique, considérées comme des titres fonciers par leurs détenteurs. Parallèlement à ce régime persistait un système local traditionnel et informel – appelé *dina* – selon lequel l'accès aux terres était transmis par voie d'héritage.

On voyait ainsi la superposition d'un cadre juridique centralisateur et répressif au fonctionnement local traditionnel, sans que la dégradation des ressources naturelles malgaches puisse pour autant être maîtrisée. Face à cette situation, des études sur la gouvernance locale en marge de certains parcs nationaux ont relevé l'existence d'un mode de fonctionnement local traditionnel plus efficace. Des bailleurs de fonds étrangers (dont l'USAID et la Mission française de coopération) encouragent alors la reconnaissance et la réhabilitation de ce mode de fonctionnement, conçu comme une façon d'engager les populations locales dans une gestion durable des ressources naturelles renouvelables.

En 1996, suite à des consultations auprès d'intervenants malgaches et étrangers, dont des représentants communautaires, le gouvernement adopte la *Loi 96-025 relative à la gestion locale des ressources naturelles renouvelables*, dite loi GELOSE (gestion locale sécurisée). Cette loi prévoit le transfert des droits de gestion de certaines ressources naturelles aux communautés locales, par le biais de contrats négociés entre l'État, la commune (gouvernement local) et les communautés de base (population locale regroupées au sein d'une association d'utilisateurs d'une ressource). Pour opérer cette décentralisation et contractualisation du droit de l'environnement, le gouvernement malgache intègre et formalise le *dina*, une convention locale empruntée au droit traditionnel. En outre, les contrats de gestion se traduisent par l'adoption d'un plan d'aménagement et d'un cahier de charge, ainsi que par le recours à des médiateurs environnementaux.

La nouvelle loi met fin au monopole de l'État sur la gestion des forêts. Elle va au-delà d'une simple approche participative, en permettant la négociation au cas par cas des modalités de gestion des ressources locales, dans un esprit de pérennité des ressources. Les contrats de gestion établissent en théorie des responsabilités partagées entre les différentes parties prenantes dans la gestion des ressources renouvelables, le tout sous l'œil d'un médiateur environnemental chargé des relations entre l'administration et les communautés. La GELOSE rendait ainsi possible un retour à une conception plus communautaire de la propriété.

Une évaluation de la loi GELOSE menée en 2005 relève certaines évolutions encourageantes survenues depuis 1996. On note la diminution voire la disparition des feux de brousse, une réduction des pressions anthropiques sur l'environnement, ainsi qu'une plus grande autonomie des communautés en termes de gestion des ressources naturelles. Néanmoins, la mise en œuvre de la GELOSE ne se fait pas sans heurts.

On remarque d'abord une mise en œuvre inégale de la loi GELOSE. Son texte n'est jamais appliqué strictement, que ce soit dans les étapes du processus ou les procédures juridiques ou réglementaires prévues. De plus, l'utilisation du *dina* dans le nouveau cadre instauré par l'État n'est pas perçue de manière positive par la population. Les *dina* seraient récupérés et reproduiraient une vision étatique du droit, alors que l'inverse était initialement visé, soit l'introduction d'éléments de droit coutumier dans le droit étatique. En outre, les objectifs de gestion ultimes demeurent définis par l'État. Ces objectifs doivent être établis à très long terme, ce qui est souvent contraire à la réalité des communautés et correspondrait à une approche trop intellectuelle de la question. Les médiateurs environnementaux jouent aussi mal leur rôle. Ils ne sont pas assez nombreux; leur formation est souvent insuffisante, et ils sont perçus avec méfiance, en tant qu'étrangers intervenant dans les affaires communautaires. Enfin, la GELOSE ne comprend aucun système de suivi.

Les communautés malgaches concernées auraient l'impression de se voir imposer des procédures et des responsabilités nouvelles, sans en retirer un bénéfice clair et sans même, dans bien des cas, avoir réellement les capacités de fonctionner dans ce nouveau cadre. Selon un juriste malgache, «il y a une certaine tendance à faire une démarche stéréotypée, c'est-à-dire ce qu'on a fait ici, on essaie de le transférer ailleurs. Et là, il semble que les populations locales ne font qu'acquiescer à ce qui est déjà acquis quelque part»[1]. Il en résulte une absence générale de participation et d'engagement des communautés locales, alors que cet engagement était un des objectifs à l'origine de la loi GELOSE.

Ainsi, alors que la GELOSE devait permettre une application souple du droit épousant la vision des communautés de base, le peu d'engagement de ces communautés mène à l'élaboration et à l'adoption de *dina* types, non adaptés aux spécificités locales et perçus comme une obligation ou un simple moyen de sécuriser l'accès aux ressources, plutôt que comme un mode de gestion des ressources propre à combler les besoins locaux à long terme. Dans certains cas, cette absence d'engagement local laisse le champ libre à des organisations soucieuses de promouvoir leur propre ordre du jour[2].

Si l'idée d'intégrer des éléments du droit autochtone au droit national et formel est séduisante, l'expérience malgache illustre toutefois les difficultés de l'entreprise. Le défi demeure donc entier, notamment pour des négociations telles que celles sur un régime sur l'accès et le partage des avantages issus de

1. Bérard, M.-H., Légitimité des normes environnementales et complexité du droit: l'exemple de l'utilisation des dina dans la gestion locale de la forêt à Madagascar (1996-2006), p. 144.

2. *Ibid.*, p. 162-167.

l'utilisation des ressources génétiques, censé faire une place importante à la participation des communautés autochtones et locales[3].

RÉFÉRENCES

Bérard, M.-H. (2009), *Légitimité des normes environnementales et complexité du droit : l'exemple de l'utilisation des* dina *dans la gestion locale de la forêt à Madagascar (1996-2006)*, Québec, Université Laval, Faculté de droit (thèse), 339 pages.

Convention sur la diversité biologique (CDB) (2009), *Décisions de la Conférence des Parties*, [en ligne], www.cbd.int/decisions, consultées le 9 janvier 2009.

Hufty, M. et Muttenzer, F. (2002), 'Devoted Friends : The Implementation of the Convention on Biological Diversity in Madagascar', dans Philippe G. Le Prestre (dir.), *Governing Global Biodiversity, The Evolution and Implementation of the Convention on Biological Diversity*, Ashgate, Burlington, pp. 279-309.

Le Prestre, P. (2005), *Protection de l'environnement et relations internationales, Les défis de l'écopolitique mondiale*, Armand Colin, Paris.

STRATÉGIES ET PLANS D'ACTION POUR LA BIODIVERSITÉ : UN CAS D'APPLICATION PROVINCIALE EN ÉQUATEUR

L'article 6 a) de la Convention sur la diversité biologique (CDB) demande aux Parties d'élaborer des stratégies et plans d'action afin d'assurer la conservation et l'utilisation durable de la biodiversité. Cet article constitue le cœur de la CDB, puisqu'à l'échelle d'un pays, il est logiquement le premier pas vers l'application de la Convention et, plus concrètement, la réalisation d'actions pour la protection de la biodiversité.

À ce jour, 166 Parties ont développé une stratégie ou un plan d'action national pour la biodiversité (SPANB), dont sept n'ont soumis qu'un des deux documents[4]. Vingt-et-un ont déjà adopté une version révisée des premiers documents élaborés, tandis que seize autres travaillent actuellement à la révision de leurs SPANB. Vingt-cinq autres États membres doivent toujours remplir cette obligation de base de la Convention.

Si l'existence de tels instruments à l'échelle nationale établit un cadre pour le déploiement de mesures en faveur de la biodiversité, dans bien des pays, les compétences entourant la gestion de la biodiversité appartiennent à

3. Décision IX/12 des Parties à la CDB [www.cbd.int/decision/cop/?id=11655].
4. En date du 8 mai 2009, www.cbd.int/doc/nbsap/nbsap-status.doc.

des gouvernements infranationaux, notamment au sein des fédérations. La biodiversité est affectée par une myriade d'activités humaines : de la construction des routes à l'extraction des ressources naturelles, en passant par le développement urbain ou la production agricole. Généralement, différents paliers gouvernementaux se partagent la responsabilité de légiférer, d'appliquer la législation ou de gérer les divers champs d'actions ayant une incidence sur la biodiversité. Qui plus est, la dévolution des pouvoirs est populaire en termes de gestion des ressources naturelles. Dans ce contexte, il importe que les gouvernements nationaux, mais aussi l'ensemble des échelons gouvernementaux inférieurs, ajustent leurs opérations afin de préserver la biodiversité.

Il existe différents exemples de mise en œuvre infranationale d'ententes internationales sur l'environnement[5]. L'étude du Plan stratégique environnemental régional (PEAR ; *Plan Estratégico Ambiental Regional*) développé par deux provinces du sud de l'Équateur, Loja et Zamora-Chinchipe, est instructive car elle illustre l'influence du niveau d'action international sur le niveau local, et amène à s'interroger sur la nature et l'importance relative des obstacles à la mise en œuvre de la Convention, mentionnés, notamment, dans le Plan stratégique de la Convention. Le PEAR allie des caractéristiques de la stratégie et du plan d'action, puisqu'il contient à la fois une vision et des objectifs généraux, et des actions précises et priorisées. Les deux provinces visées par le PEAR sont limitrophes. Elles partagent certains écosystèmes, ainsi que certaines institutions et réalités. Entre autres, l'environnement y est géré par la même direction régionale du ministère équatorien de l'Environnement, qui a été parmi les instigatrices du PEAR.

Publié en 2006, le PEAR a été développé par un Conseil régional de l'environnement qui regroupait des représentants des gouvernements, des universités et de la société civile. Des ateliers locaux ont aussi orienté la production du PEAR. Le plan propose une vision selon laquelle, en 2015, « la région est intégrée économiquement ; la population, l'État et le secteur privé, en valorisant la diversité biologique et culturelle, y décident et travaillent conjointement pour un développement durable et équitable, en favorisant le capital humain, en conservant son capital naturel et en améliorant la qualité de vie de ses habitants ». L'objectif général du PEAR est d'« orienter la conservation et de contribuer à l'utilisation durable des ressources naturelles des provinces de Loja et Zamora Chinchipe afin d'améliorer la qualité de vie de leurs habitants,

5. Voir notamment la *Déclaration des États fédérés et des gouvernements régionaux sur les changements climatiques*, www.mddep.gouv.qc.ca/air/leaders/declaration.pdf ou la stratégie et le plan d'action québécois sur la diversité biologique www.mddep.gouv.qc.ca/biodiversite/2004-2007/index.htm

[redacted]

à travers la formulation concertée et la mise en œuvre coordonnée de politiques, stratégies et actions de gestion environnementale ».

Le PEAR peint le contexte et les problèmes d'environnement des deux provinces concernées, puis présente les stratégies et programmes de six aires de gestion : Biodiversité ; Développement forestier ; Ressources hydriques ; Sols ; Mines ; et Qualité environnementale. L'objectif de l'aire de gestion Biodiversité est de « conserver et utiliser durablement la biodiversité, en garantissant le maintien des espèces, des habitats, des fonctions régulatrices, des processus écologiques et évolutifs, et en assurant une distribution juste et équitable des bénéfices de cette ressource ». Cinq programmes sont définis dans ce cadre : 1) conservation des aires protégées et des écosystèmes fragiles ; 2) vie sauvage ; 3) biosécurité ; 4) accès aux ressources génétiques ; et 5) écotourisme.

En termes de conservation des aires protégées et des écosystèmes fragiles, le PEAR établit quatre lignes d'action, soit 1) développer et consolider un système régional de conservation ; 2) favoriser la participation de toutes les instances gouvernementales, des ONG et de la société civile dans la gestion et la conservation des aires protégées ; 3) développer la recherche sur la biodiversité ; et 4) établir et consolider deux Réserves de biosphère. Les objectifs sont moins détaillés pour ce qui est des quatre autres programmes (vie sauvage, biosécurité, accès aux ressources génétiques et écotourisme).

La Convention sur la diversité biologique a nommément inspiré le PEAR. Par exemple, on constate qu'à l'issue des discussions et consultations qui ont mené à l'adoption de ce plan, des thèmes tels que la biosécurité et l'accès aux ressources génétiques sont ressortis. On doit aussi relever l'accent mis sur l'engagement de l'ensemble des parties prenantes – un leitmotiv des décisions de la CDB –, que ce soit dans le processus ayant servi à l'élaboration du PEAR ou dans la manière dont il devrait être mis en œuvre. De plus, les réserves de biosphère, une autre initiative internationale visant la conservation de la biodiversité, reprise par la CDB mais auparavant promue par l'UNESCO et le PNUE, sont intégrées dans ce plan.

Cette étude de la mise en œuvre locale de la CDB a été menée non seulement dans les provinces de Loja et Zamora-Chinchipe, mais aussi plus largement, dans quatre provinces et quatre cantons équatoriens. Tout en examinant la mise en œuvre, elle portait également sur les facteurs influençant cette mise en œuvre, en s'attachant à six facteurs souvent évoqués dans la littérature, soit les ressources financières et humaines, la stabilité et la volonté politiques, les capacités de la société civile et l'engagement d'acteurs externes. Or, selon les données chiffrées collectées, aucun de ces facteurs ne ressort comme étant déterminant, dans l'ensemble des provinces et cantons étudiés.

Notre étude ne permet donc pas d'isoler un ou des facteurs qui seraient de façon générale plus étroitement liés à la mise en œuvre.

Une analyse plus poussée a néanmoins permis de noter le rôle important joué par les acteurs externes, soit différentes organisations d'aide au développement, gouvernementales ou non. L'étude indique, par ailleurs, l'importance des personnes en place pour la mise en œuvre. En effet, au-delà des ressources humaines et financières disponibles, ou des fonds octroyés par des organisations, ce qui serait déterminant est la motivation, l'activité d'individus agissant au sein ou en collaboration avec les administrations locales ou bureaux locaux d'échelons gouvernementaux supérieurs. En somme, ce que met en lumière l'étude des facteurs déterminant la mise en œuvre de la CDB aux échelons locaux de gouvernement en Équateur est la possibilité de réaliser cette mise en œuvre dans une variété de contextes.

Le PEAR a été mis à jour et élargi à une troisième province limitrophe (El Oro) en 2008. Ce qui se dégage d'une telle initiative est l'influence et l'inspiration que les décisions prises à l'échelle internationale peuvent avoir à différentes échelles, y compris locales. Cette influence locale peut agir indépendamment de la réceptivité d'autres niveaux de gouvernement aux normes et objectifs promus par le régime international.

RÉFÉRENCES

Convention sur la diversité biologique (CDB) (1992), *Convention sur la diversité biologique*, [en ligne], www.cbd.int, consultée le 11 mai 2009.

Consejo Ambiental Regional (CAR) (2006), *Plan Estratégico Ambiental Regional*, Loja - Zamora Chinchipe, Loja, Ministerio del Ambiente del Ecuador, Gobierno Provincial de Loja, H. Consejo Provincial de Zamora Chinchip.

Gagnon-Légaré, A. (2008), *La mise en œuvre de la Convention sur la diversité biologique de l'échelon global à l'infranational: étude de cas en Équateur*, Québec, Université Laval, département de Science politique (mémoire), 157 pages.

SECTION III

LA CONVENTION SUR LES CHANGEMENTS CLIMATIQUES

Figure 3.1 : La Convention-cadre sur les Changements climatiques et le Protocole de Kyoto

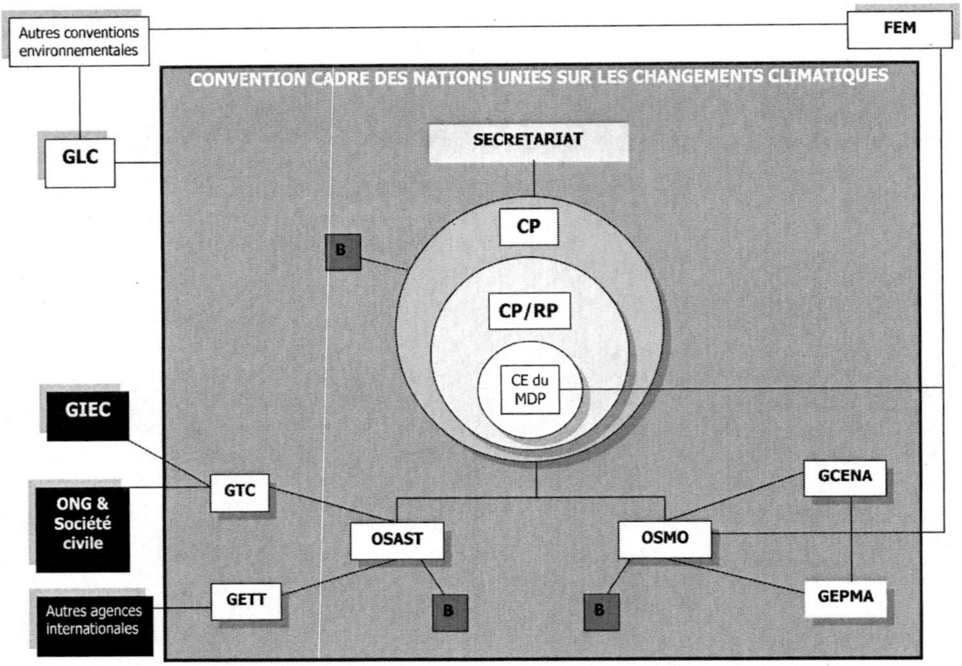

Traduit du *Guide to the Climate Change Convention Process 2002 (CCNUCC)*

ACRONYMES

B	Bureau
CE du MDP	Conseil exécutif du Mécanisme de développement propre
CP	Conférence des Parties
CP/RP	Conférence des Parties/Réunion des Parties
FEM	Fonds pour l'environnement mondial
GCENA	Groupe consultatif d'experts pour les pays de l'Annexe 1
GETT	Groupe d'experts sur les transferts de technologies
GEPMA	Groupe d'experts pour les pays les moins avancés
GIEC	Groupe d'experts intergouvernemental sur l'évolution du climat
GLC	Groupe de liaison conjointe
GTC	Groupe de travail conjoint
OSAST	Organe subsidiaire de conseil scientifique et technique
OSMO	Organe subsidiaire de mise en œuvre

CHRONOLOGIE[1]

CONVENTION SUR LES CHANGEMENTS CLIMATIQUES

2010 2e forum des partenaires du Fonds d'investissement climatique (Manille, 18-19 mars)

Conférence des ministres africains responsables de la météorologie (Nairobi, 15-19 mars)

Réunion intergouvernementale en vue de la création d'une Équipe spéciale de haut niveau sur le Cadre mondial pour les services climatologiques (Genève, 11-12 janvier).

2009 CP-15/ RP-5 de Copenhague – Les États prennent note de l'Accord de Copenhague (9-18 décembre).

Réunion préparatoire à la conférence de Copenhague à Bangkok (Thaïlande) (28 septembre – 8 octobre)

Sommet sur la lutte contre les changements climatiques à New York : sous l'égide du Secrétaire général de l'ONU Ban Ki-Moon, une centaine de chefs d'État se sont rencontrés pour sortir de l'impasse dans laquelle se trouvent les négociations depuis plusieurs mois. Les petits États insulaires réunis au sein de l'AOSIS sonnent l'alarme face aux bouleversements climatiques (22 septembre).

Réunion du Forum des économies majeures sur l'énergie et le climat (FEM) (Juitepec – Mexique, 22-23 juin)

2e session de négociations du futur accord sur les changements climatiques à Bonn (1er-12 juin).

Rencontre des experts sur le commerce et les changements climatiques sous le MDP (Genève, 27-29 avril 2009).

30e rencontre du GIEC (Antalya – Turquie, 21 au 23 avril)

---

1. Chronologie préparée par Clémence Mallatrait.

Le Fonds d'investissement pour le climat lance une première aide destinée à huit pays (Bangladesh, Bolivie, Cambodge, Mozambique, Népal, Niger, Tadjikistan et Zambie (5 février)

2008 CP-14/ RP-4 de Poznan (Pologne), consacrée à l'avancée des négociations sur un accord post-Kyoto. Son principal acquis est la création d'un fonds d'aides aux pays les moins avancés (1-12 décembre 2008)

Adoption du paquet énergie-climat par le Conseil européen, plan de lutte contre les changements climatiques pour la période 2013-2020 (12 décembre).

Ouverture de nouvelles négociations internationales sur les changements climatiques : Bangkok (Thaïlande) (31 mars-4 avril).

2007 CP-13/RP-3 de Bali : La feuille de route de Bali adoptée *in extremis* doit aboutir à un nouveau traité à Copenhague, prenant la suite du protocole de Kyoto sur les réductions des émissions de gaz à effet de serre (3-14 décembre).

Ratification du protocole de Kyoto par l'Australie (3 décembre).

Le Prix Nobel de la paix 2007 est décerné au GIEC et à Al Gore (12 octobre).

Signature de l'accord de Montréal sur l'élimination des substances chimiques appauvrissant la couche d'ozone (22 septembre)

Sommet de l'APEC – Les membres du Sommet ont émis une Déclaration sur les changements climatiques, la sécurité énergétique et le développement propre, exposant les mesures d'adoption des normes internationales sur les changements climatiques (5-6 septembre).

Publication du 3e volume du 4e rapport du GIEC portant sur les mesures d'atténuation (4 mai).

Création du forum des économies majeures sur les changements climatiques par le Président américain Bush (mai).

Première réunion du Conseil de sécurité de l'ONU consacrée au réchauffement climatique (New York) (17 avril).

Publication du 2e volume du 4e rapport du GIEC portant sur les impacts, l'adaptation et les vulnérabilités (6 avril)

La Cour suprême des États Unis affirme que l'Agence de protection de l'environnement (EPA) a toute légitimité pour réglementer les émissions de gaz carbonique des automobiles (2 avril)

Les dirigeants d'une centaine de sociétés multinationales ont signé à New York une déclaration *The Path to Climate Sustainability* appelant la communauté internationale à agir rapidement et de manière efficace contre le réchauffement climatique causé par les émissions de gaz à effets de serre et de dioxyde carbone (17 février)

Publication du 1er volume du 4e rapport du GIEC portant sur les bases scientifiques physiques (2 février)

2006 CP-12/RP-2 de Nairobi (6 – 17 novembre)

Parution du Rapport Stern sur *L'économie du changement climatique* (30 octobre)

Réunion ministérielle informelle sur l'action à long terme pour faire face aux changements climatiques (Kampama Lodge, Afrique du Sud, 17-21 juin)

Signature de la décision AB-32 du *Global Warming Solutions Act of 2006* par le Gouverneur de Californie Schwarzenegger, prévoyant de réduire d'un quart les émissions de gaz à effet de serre d'ici 2020 et prenant des sanctions financières contre les industries qui ne respectent pas cet engagement. (30 août 2006).

Loi pour le développement des carburants verts dans l'État de Californie (13 janvier)

Première réunion du Partenariat Asie-Pacifique sur le développement propre et le climat (Sydney, Australie, 11-12 janvier)

2005 CP-11/RP-1 de Montréal (28 novembre – 9 décembre) : instauration d'un Groupe de Travail Spécial sur les futurs engagements des pays industrialisés de l'Annexe 1 et du Dialogue entre toutes les Parties de la Convention (échange de points de vue informels sur une action concertée à long terme), en vertu de l'application du protocole de Kyoto. Adoption des accords de Marrakech.

31e sommet du G8 (Gleneagles) : les États-Unis et leurs partenaires (Allemagne, Canada, France, Japon, Italie, Royaume-Uni, Russie) déclarent que « le changement climatique constitue un défi grave et à long terme qui est susceptible d'affecter tous les points du globe ». Les huit proposent la mise en place d'un forum informel consacré aux changements climatiques, à l'énergie propre et au développement durable (8 juillet).

Entrée en vigueur du protocole de Kyoto (16 février)

Entrée en vigueur du système d'échange des droits d'émissions européens (1e janvier 2005)

2004 CP-10 de Buenos Aires (6-17 décembre) : programme de travail de Buenos Aires sur l'adaptation

2003 CP-9 de Milan (1e au 12 décembre)

Vingtième session du GIEC et lancement de la réflexion sur le 4e rapport.

2002 CP-8 de New Delhi (23 octobre au 1er novembre) : Déclaration de Delhi

Ratification du protocole de Kyoto par le Japon (4 juin)

Ratification du protocole de Kyoto par l'Union européenne (31 mai)

Programme alternatif proposé par les États-Unis : incitations fiscales pour l'investissement et l'utilisation d'équipements moins polluants et instauration d'un plan de financement pour la recherche sur le climat (14 février).

2001 CP-7 de Marrakech (29 octobre au 9 novembre) : Accords de Marrakech et traduction juridique des règles de mise en œuvre du protocole de Kyoto. Création d'un comité *ad hoc* d'observance.

CP-6 (bis) de Bonn (du 16 au 27 juillet) : Accords de Bonn

3e rapport d'évaluation du GIEC

2000 CP-6 de La Haye (13 au 24 novembre)

1999 CP-5 de Bonn (23 octobre au 5 novembre)

1998 CP-4 de Buenos Aires (22 au 13 novembre) : Plan d'action de Buenos Aires

1997 CP-3 de Kyoto (1er au 11 décembre) – Adoption du protocole de Kyoto

Second sommet de la terre (New York)

Rio+5 – 19e session extraordinaire de l'Assemblée Générale des Nations Unies fait le constat du désaccord entre les États-Unis et l'Union européenne face aux engagements de Rio, cinq ans plus tôt.

1996 CP-2 de Genève (8 au 19 juillet) : Déclaration de Genève

1995 CP-1 de Berlin (28 mars au 7 avril) : Adoption du Mandat de Berlin

2e rapport du GIEC (décembre)

Première réunion des Organes subsidiaires OSMO et OSAST

1994 Entrée en vigueur de la CCNUCC (21 mars)

Convention de Paris sur la désertification

1992 Premier Sommet de la Terre – Adoption de l'Agenda 21 et ouverture à la signature de la Convention-cadre des Nations unies sur les changements climatiques (Rio de Janeiro)

1990 Seconde conférence mondiale sur le climat (Genève)

Premier rapport du GIEC

1988 Création du Groupe d'experts intergouvernemental sur l'évolution du climat (GIEC)

1987 Rapport Brundtland, naissance du concept de développement durable

Protocole de Montréal relatif aux substances appauvrissant la couche d'ozone (16 septembre)

1985 Convention de Vienne sur la protection de la couche d'ozone (22 mars)

1979 Première conférence mondiale sur le climat (Genève) et instauration du Programme de recherche climatologique mondial confié à l'Organisation météorologique mondiale (OMM), au Programme des Nations Unies pour l'Environnement (PNUE) et au Conseil international des Unions scientifiques (CIUS)

1958 Le scientifique américain Charles David Keeling détecte l'impact dans l'atmosphère des émissions annuelles de CO2 (principal gaz à effet de serre ou GES) dues au recours accru aux énergies fossiles dans la période de l'après-guerre.

1895 Lien CO^2-effet de serre : première hypothèse du lien entre l'augmentation de CO^2 et le renforcement de l'effet de serre par le chimiste suédois Arrhenius

1873 Fondation de l'Organisation météorologique internationale (OMI)

1827 Première description de l'effet de serre par le mathématicien français Jean-Baptiste Fourier

FICHE TECHNIQUE[2]

CONVENTION-CADRE DES NATIONS UNIES SUR LES CHANGEMENTS CLIMATIQUES

Date d'ouverture à la signature : 4 au 14 juin 1992

Date d'entrée en vigueur : 21 mars 1994

Statut de ratification : 194 Parties au 1er janvier 2010

Contenu : 26 articles et deux annexes

Définitions [art. 1] : définitions des termes scientifiques aux fins de la Convention (effets néfastes, changements climatiques, systèmes climatiques, émissions, gaz à effet de serre, organisation régionale d'intégration économique, réservoirs, puits, sources)

Objectif [art. 2] : « L'objectif ultime [...] est de stabiliser [...] les concentrations de gaz à effet de serre dans l'atmosphère à un niveau qui empêche toute perturbation anthropique dangereuse du système climatique »

Principes [art. 3] : ils sont au nombre de cinq : équité intergénérationnelle (respect des besoins des générations présentes et futures), responsabilités communes mais différenciées (prise en compte des besoins et responsabilités des pays en voie de développement), principe de précaution (prévenir les causes et limiter les effets néfastes), intégration au niveau national d'une politique et d'une économie vouées au développement durable, mise en place d'un système international et économique basé sur le respect de l'environnement.

Engagements [art. 4] :

Toutes les Parties doivent faire un inventaire de leurs émissions nationales de GES, mettre à jour les mesures prises au niveau national et régional, favoriser la coopération pour l'instauration des mécanismes de développement propre, préparer en coopération l'adaptation aux changements climatiques, principalement dans les zones côtières,

2. Fiche préparée par Clémence Mallatrait.

tenir compte des changements climatiques dans l'instauration des politiques nationales, échanger les connaissances pluridisciplinaires en matière de changements climatiques, encourager l'éducation et la sensibilisation du public.

Parties de l'Annexe I: adoption des politiques nationales, réduction des GES avec analyses et compte-rendu de l'évolution nationale des productions d'émissions polluantes.

Parties de l'Annexe II: apport de ressources financières additionnelles visant à couvrir les coûts de mise en œuvre de l'article 12 pour les PED et apport des ressources financières nécessaires au transfert de technologies propres.

Structure (organes créés par la convention) :

Conférence des Parties (CP) [art. 7] : organe suprême de la Convention, elle fait régulièrement le point de l'application de la convention et de tous instruments juridiques connexes qu'elle pourrait adopter et prend les décisions nécessaires pour l'application effective de la Convention.

Secrétariat [art. 8] : organise les sessions de la CP compile l'information requise et diffuse les rapports.

OSAST [art. 9] : organe subsidiaire de conseil scientifique et technologique, chargé de fournir à la CP des renseignements et des avis sur les aspects scientifiques et technologiques de la Convention.

OSMO [art. 10] : organe subsidiaire de mise en œuvre, chargé d'aider la CP à assurer l'application et le suivi de la Convention. Cet organe est composé de représentants des gouvernements, experts dans le domaine des changements climatiques.

Mise en œuvre :

Mécanisme financier [art. 11] : est chargé de fournir des ressources financières sous forme de dons ou à des conditions de faveur, notamment pour le transfert de technologie, est ici défini. Ce mécanisme relève de la CP, devant laquelle il est responsable et qui définit ses politiques, les priorités de son programme et les critères d'agrément liés à la Convention.

Communication d'informations concernant l'application [art. 12] : chacune des Parties s'engage à faire un inventaire national des émissions anthropiques de GES et une description des mesures nationales envisagées. Les PED peuvent proposer des projets à financer. Enfin, les informations reçues par le secrétariat seront compilées par le secrétariat de manière à préserver l'éventuel caractère confidentiel souhaité par la Partie, avant d'être transmises.

Dispositions [art. 13 à 26] :

Règlement des questions d'application [art. 13] : mise en place d'un processus consultatif multilatéral, à la disposition des Parties sur leur demande, pour le règlement des questions relatives à l'application de la Convention.

Règlement des différends [art. 14] : tout différend devra se régler par voie de négociation ou par tout autre moyen pacifique entre les Parties concernées. Possibilité de soumettre le différend à la Cour internationale de Justice, à l'arbitrage établi par la Convention ou à la commission de conciliation de la Commission.

Amendements à la Convention [art. 15 et 16] : toute Partie peut en proposer. Les amendements à la Convention sont adoptés à une session ordinaire de la CP.

Protocoles [art. 17] : la CP peut adopter des protocoles à la Convention, seules les Parties à la Convention peuvent être Parties à un protocole. Seules les Parties à un protocole prennent des décisions en vertu dudit protocole.

Droit de vote [art. 18] : Chaque Partie à la Convention dispose d'une voix.

Dépositaire [art. 19] : Le Secrétaire général de l'Organisation des Nations Unies est le Dépositaire de la Convention et des protocoles adoptés.

Dispositions transitoires [art. 21] : Le Fonds pour l'environnement mondial du Programme des Nations Unies pour le développement sera l'entité internationale chargée d'assurer à titre provisoire le fonctionnement du mécanisme financier visé à l'article 11.

Signature, ratification et entrée en vigueur [art. 20, 22 et 23] *:* La Convention est soumise à la ratification, à l'acceptation, à l'approbation ou à l'adhésion des États et des organisations d'intégration économique régionale. Elle sera ouverte à l'adhésion dès le lendemain du jour où elle cessera d'être ouverte à la signature. Elle entrera en vigueur le quatre-vingt-dixième jour qui suivra la date du dépôt du cinquantième instrument de ratification, d'acceptation, d'approbation ou d'adhésion.

Réserve, dénonciation et textes faisant foi [art. 24, 25 et 26]

Annexes :

Annexe 1 : 41 Parties correspondant aux pays développés et pays en transition vers une économie de marché.

Annexe 2 : 24 Parties correspondant aux pays développés les plus riches et l'UE.

FICHE TECHNIQUE[3]

PROTOCOLE DE KYOTO

Date d'ouverture à la signature : ouvert à la ratification le 16 mars 1998

Date d'entrée en vigueur : 16 février 2005

Statut de ratification : 190 Etats membres

Contenu : 28 articles et deux annexes

Définitions [art. 1] : définitions des termes spécifiques entendus Conférences des Parties, Convention, GIEC, protocole de Montréal, Parties présentes et votantes, et Parties.

Objectifs [art. 2] : élaborer et appliquer les mesures visant à promouvoir le développement durable et la protection de l'environnement par une politique nationale, coopérer avec les autres Parties et limiter la production de GES.

Engagements de chacune des Parties

Les Parties de l'Annexe 1 [art. 3, 4, 5, 7 et 8] :

Font en sorte que leurs émissions anthropiques agrégées, exprimées en équivalent-dioxyde de carbone, des gaz à effet de serre ne dépassent pas les quantités qui leur sont attribuées, en vue de réduire le total de leurs émissions de ces gaz d'au moins cinq pour cent par rapport au niveau de 1990 au cours de la période d'engagement allant de 2008 à 2012 ;

Apportent la preuve de leur avancée pour 2005 ;

Choisissent leur année de référence (1990 ou 1995) s'ils sont en transition vers une économie de marché et peuvent échelonner leur quantité d'émissions suivant les prochains engagements ;

Adoptent des mesures nationales ;

Communiquent l'inventaire qu'elles sont tenues de faire en vertu de la Convention et se soumettent à l'évaluation technique de leur production de GES.

3. Fiche préparée par Clémence Mallatrait.

Toutes les parties [art. 9, 10] :

Élaborent des programmes nationaux d'adaptation et d'atténuation ;

Coopèrent en matière de transfert et de savoir-faire, de recherche, d'éducation et de formation,

Doivent inclure dans leurs communications nationales, les informations sur les actions entreprises pour le Protocole.

Les Parties de l'Annexe 2 [art. 11] : doivent veiller à fournir des ressources financières nouvelles et additionnelles afin de couvrir la totalité des coûts convenus encourus par les pays en développement pour progresser dans l'exécution des engagements, et fournir également aux pays en développement Parties, notamment aux fins de transferts de technologies, les ressources financières dont ils ont besoin pour couvrir la totalité des coûts supplémentaires convenus encourus pour progresser dans l'exécution des engagements énoncés.

Mécanismes de développement propre

L'objet du mécanisme pour un développement « propre » [art. 12] est d'aider les Parties ne figurant pas à l'annexe 1 à parvenir à un développement durable ainsi qu'à contribuer à l'objectif ultime de la Convention, et d'aider les Parties visées à l'annexe 1 à remplir leurs engagements chiffrés de limitation et de réduction de leurs émissions ;

Mise en œuvre conjointe [art. 6] : les Parties peuvent céder à toute autre Partie des unités de réduction des émissions découlant de projets visant à réduire les émissions anthropiques ou à renforcer les absorptions anthropiques par les puits de gaz à effet de serre dans tout secteur de l'économie ;

Échange de droit d'émissions [art. 17] : les Parties visées à l'annexe B peuvent participer à des échanges de droits d'émission aux fins de remplir leurs engagements. Tout échange de ce type vient en complément des mesures prises au niveau national pour remplir les engagements chiffrés de limitation et de réduction des émissions.

Institutions identiques à celles de la Convention :

Conférence des Parties [art. 13] : agit comme Réunion des Parties au titre du Protocole en tant qu'organe suprême ;

Secrétariat [art. 14] : le secrétariat créé en application de l'article 8 de la Convention assure le secrétariat du Protocole ;

OSAST et OSMO [art. 15] : l'Organe subsidiaire de conseil scientifique et technologique et l'Organe subsidiaire de mise en œuvre de la Convention créés par les articles 9 et 10 de la Convention font office d'Organe subsidiaire de conseil scientifique et technologique et d'Organe subsidiaire de mise en œuvre du présent Protocole.

Dispositions :

Application du processus consultatif multilatéral [art. 16] ;

Validation des procédures et mécanismes appropriés pour déterminer les cas de non-respect des dispositions du présent Protocole, notamment en dressant une liste indicative des conséquences [art. 17] ;

Règlement des différends : les dispositions de l'article 14 de la Convention s'appliquent *mutatis mutandis* au présent Protocole [art. 19].

Amendements au Protocole : articles 15 et 16 de la Convention [art. 20 et 21]

Droit de vote : chaque Partie dispose d'une voix [art. 22].

Signatures, ratification et entrée en vigueur [art. 24 et 25]

Dépositaires, réserves, dénonciation et texte faisant foi [art. 23, 26, 27 et 28]

Annexes :

A : liste des 6 GES à réduire et des secteurs et catégories de sources

B : liste des 39 Parties.

CHAPITRE 8

LES NÉGOCIATIONS SUR LES CHANGEMENTS CLIMATIQUES : PRINCIPES, ACTEURS ET ENJEUX DE RIO À COPENHAGUE

Clémence Mallatrait

LES PRINCIPES DE LA CCNUCC

Depuis sa formulation lors du Sommet de la Terre de Rio de Janeiro en 1992, la Convention Nations Unies sur les changements climatiques (CCNUCC) entend encadrer les efforts des Parties visant à réduire leurs émissions des gaz à effet de serre (GES) et à lutter contre les effets négatifs des changements climatiques. Les conclusions des rapports du Groupe d'experts intergouvernemental sur l'évolution du climat (GIEC) servent de base scientifique aux négociations sur le climat. Ainsi, la CCNUCC reconnaît une origine anthropique à l'accélération des variations climatiques, liée aux émissions de GES et à la pollution atmosphérique. Le système climatique est considéré comme une ressource commune dont la responsabilité de la protection incombe aux États.

Aussi la Convention recommande-t-elle aux gouvernements de mettre en commun leurs informations, des données scientifiques aux mesures d'application nationale, et d'instaurer des stratégies de réduction des émissions de GES et de lutte nationale contre les effets néfastes de l'évolution du climat. Elle est régie par trois principes fondamentaux :

- *Le principe de précaution* – il stipule que l'absence de certitude scientifique quant aux causes du changement climatique ne peut justifier l'inaction et préconise l'application de mesures de prévention des effets néfastes envisagés.

- *Le principe de responsabilité commune mais différenciée* – « les pays développés admettent la responsabilité qui leur incombe dans l'effort international en faveur du développement durable, compte tenu des pressions que leurs sociétés exercent sur l'environnement mondial et des techniques et des ressources financières dont ils disposent » (Principe 7, Déclaration de Rio, 1992).
- *Le principe du droit au développement* – « Le droit au développement doit être réalisé de façon à satisfaire équitablement les besoins relatifs au développement et à l'environnement des générations présentes et futures » (Principe 3, Déclaration de Rio).

Ces principes, liés aux obligations pour chacun des États Parties d'adopter une politique nationale, ont pour objectif ultime de limiter les conséquences néfastes des changements climatiques et de faire de la protection de l'environnement un enjeu à la fois individuel et commun. De plus, ils visent à mettre en place un système économique international soutenable. La CCNUCC ne contient aucun objectif juridiquement contraignant, laissant aux Parties la libre appréciation des mesures à appliquer au plan national.

LE PROTOCOLE DE KYOTO

Signé lors de la 3e conférence des Parties (Kyoto, 1997), le protocole de Kyoto partage les objectifs, les institutions et les principes de la CCNUCC, à la différence qu'il engage les États Parties de l'Annexe I à effectuer de réductions quantifiables en respectant un échéancier. Cependant, seuls les États Parties à la Convention et qui sont devenus Parties au Protocole ont des obligations vis-à-vis de son application. Suite à l'échec de la conférence de La Haye en 2000, les négociations lors de la conférence extraordinaire de Bonn de 2001 furent un succès, concrétisé par les accords de Marrakech en novembre 2001. La ratification du Protocole par la Russie en 2004 a permis son entrée en vigueur le 16 février 2005. Il comprend maintenant 190 Parties, mais non les États-Unis qui, dès 2001, ont refusé de soumettre le Protocole à une procédure de ratification, contrairement à l'Australie, qui l'a finalement ratifié en décembre 2007.

Conformément au principe de responsabilités communes mais différenciées, le protocole de Kyoto distingue deux groupes d'États : ceux dont la responsabilité historique des émissions polluantes a été reconnue et ceux qui subissent les conséquences liées à l'activité des premiers, sans avoir contribué à la production de ces émissions. Selon les termes de la Déclaration de Rio,

> les États doivent coopérer dans un esprit de partenariat mondial en vue de conserver, de protéger et de rétablir la santé et l'intégrité de l'écosystème terrestre. Étant donné la diversité des rôles joués dans la dégradation de l'environnement mondial, les États ont des responsabilités communes mais différenciées. Les pays développés admettent la responsabilité qui leur incombe dans l'effort international en faveur du développement durable, compte tenu des pressions que leurs sociétés exercent sur l'environnement mondial et des techniques et des ressources financières dont ils disposent[1].

Selon les prévisions du GIEC, l'augmentation moyenne des températures d'ici à 2050 devrait être limitée à 2°C par rapport à la situation préindustrielle, afin d'éviter une évolution imprévisible et dangereuse du système. Le protocole de Kyoto visait à engager les États dans cette voie en posant une réduction moyenne de 5,2 pour cent au cours d'une première période d'engagement allant de 2008-2012 par rapport à 1990. Ces Parties, dites « Pays de l'annexe B », rassemblent les pays développés et les pays en transition vers une économie de marché. Plus spécifiquement, ce sont les États mentionnés dans l'Annexe B du Protocole qui se verront imposer des engagements chiffrés à observer pour la période 2008-2012.

Les accords de Bonn (2001) marquent un tournant décisif dans l'application du protocole de Kyoto, non seulement parce qu'ils représentaient une volonté d'aller de l'avant en dépit du retrait des États-Unis au début de 2001, mais aussi à travers l'adoption de mesures concrètes. Les 180 pays présents se sont accordés sur les mesures de mise en œuvre et ont entériné le plan d'action adopté à Buenos Aires en 1998 visant à opérationnaliser les mécanismes du protocole de Kyoto, tels que :

- *Mécanismes de flexibilité* – Les mécanismes de flexibilité du Protocole complètent les politiques de réduction prises au niveau national et visent à faciliter le respect des engagements des Parties. Ils sont au nombre de trois : 1. le mécanisme d'échange des permis d'émission est le principal mécanisme du Protocole et vise le commerce de crédits d'émissions ; 2. le mécanisme de mise en œuvre conjointe (MOC) est un système de financement des projets voués à la réduc-

1. Conférence des Nations Unies sur l'environnement et le Développement, « Déclaration de Rio sur l'Environnement et le Développement », Rio de Janeiro, Brésil, 3-14 juin 1992. www.un.org/french/events/rio92/rio-fp.htm

tion des émissions de GES ; 3. le mécanisme de développement propre (MDP) permet aux pays industrialisés d'acquérir des unités de réduction d'émissions à travers des investissements dans des projets visant la réduction des émissions de GES dans les pays en développement.

– *Puits de carbone* – Les puits de carbone sont des réservoirs naturels ou artificiels de gaz carbonique. Au titre du Protocole, les pays industrialisés peuvent calculer les variations de leurs émissions en soustrayant les absorptions de CO^2 liées à certaines activités d'affectation des terres et à la foresterie.
– *Fonds de financement* – Lors de la CP-6 bis (Bonn, 2001), trois fonds de financement additionnels ont été créés : le fonds spécial pour les changements climatiques, un fonds pour aider les pays les moins avancés à s'adapter aux effets néfastes des changements climatiques, à se procurer des technologies propres et à limiter l'augmentation des émissions de gaz à effet de serre (sous la CCNUCC) ; et le fonds d'adaptation prenant en charge les programmes et projets spécifiques d'adaptation (sous le protocole de Kyoto)[2] ;
– *Système d'observance* – Il s'agit du mécanisme de surveillance et de respect des engagements de réduction des émissions de gaz à effet de serre. Ainsi, un pays qui dépasserait ses engagements de réduction serait triplement sanctionné : obligation reportée et augmentée de 30 pour cent sur la période suivante d'engagements, élaboration obligatoire d'un plan d'action, et interdiction d'accéder au marché des permis négociables.

Suite à la conférence de Bonn dont les décisions furent formellement adoptées à Marrakech, la même année, l'événement marquant de la mise en œuvre du protocole de Kyoto est la 11e Conférence des Parties de Montréal (décembre 2005), qui suivait l'entrée en vigueur du Protocole et représentait aussi la première réunion des Parties au Protocole (RP1). Suite à la CP-11/RP-1 de Montréal, la communauté internationale a décidé d'enclencher un nouveau cycle de négociations pour une deuxième période d'engagement post-2012.

Les Parties engagèrent ainsi les négociations sur la base de deux dialogues parallèles qui furent formalisés en 2007 par l'adoption de la « Feuille de

2. D'autres fonds ont été créés par la suite (notamment en 2005 puis en 2009), si bien que, selon le PNUE, il en existerait environ une cinquantaine à présent, que ce soit au sein ou en dehors de la convention. La plupart, cependant, demeurent largement fantômes…

route de Bali». Celle-ci créait deux groupes de travail: le *Groupe de travail spécial sur les nouveaux engagements pour les Parties visées à l'Annexe I au titre du Protocole de Kyoto* (GTPK) rassemble les Parties au Protocole et a pour mandat de négocier la nature de leurs engagements pour la période post-2012. Le *Groupe de travail spécial sur l'Action concertée à long terme* (GTALCT), quant à lui, réunit les Parties à la Convention et vise à faciliter le dialogue sur les quatre composantes d'un futur mandat de négociations (atténuation des émissions, adaptation aux changements climatiques, enjeux technologiques et financiers) et, surtout, à inciter les États-Unis à adopter des cibles de réduction contraignantes et les pays émergents à adopter des politiques et des mesures visant à ralentir la croissance de leurs émissions.

À la veille de la conférence de Copenhague (décembre 2009), l'entente sur la nature d'un nouveau régime demeurait élusive. Au sein du GTPK, le débat sur les quotas de réduction des émissions de GES et sur le soutien financier et technologique à fournir aux Parties non visées à l'Annexe I du Protocole progressait peu. Quant au GTALCT, les discussions sur une vision commune de l'action concertée à long terme n'avaient pas abouti à l'adoption d'un objectif global à long terme. Les avancées de la 14e CP (Poznan, 2008) ont été modestes et portèrent sur l'opérationnalisation du Conseil du Fonds pour l'adaptation (via l'adoption d'un règlement intérieur du conseil par la CP-14/RP-4), chargé d'apporter un soutien financier pour des projets d'adaptation des pays les plus vulnérables aux effets des changements climatiques. Suite à l'instauration du *Cadre de Nairobi*, et à l'identification du problème de l'inégalité de la répartition des projets MDP, les Parties ont également conclu à la nécessité de renouveler leurs efforts pour promouvoir une répartition régionale plus efficace des projets MDP.

La CP-15 de Copenhague (décembre 2009) ne sut fournir le socle d'un nouveau régime climatique. Son résultat principal, du moins le plus médiatisé, soit «L'accord de Copenhague» a été doublement critiqué sur la base de son processus de négociation et de son contenu.

Au 31 janvier 2010, 56 pays avaient transmis leurs engagements volontaires au secrétariat de la Convention-cadre des Nations unies sur les changements climatiques (CCNUCC), ce nombre augmentant petit à petit pour atteindre 72: 13 pays développés, plus l'Union européenne (au nom des vingt-sept), ont inscrit leurs cibles volontaires à l'appendice I; 32 pays en développement – dont la Chine, l'Inde, le Brésil et l'Afrique du Sud – ont inscrit leurs Mesures d'atténuation nationales appropriées (NAMA) à l'appendice II; et 36 autres pays ont fait part au secrétariat de leur souhait d'être associés à l'Accord de Copenhague, sans s'engager pour autant à réduire leurs émissions.

L'Accord de Copenhague est un accord politique qui présente un cadre général pouvant éventuellement former la base d'un régime climatique global. Toutefois, comme la Conférence des Parties a simplement « pris note » de l'Accord de Copenhague, ses dispositions n'ont aucune valeur juridique au sein de la CCNUCC, même si certaines Parties décident d'y être associées. Les thèmes principaux et mesures-clés de cet Accord sont :

- Limiter le réchauffement en dessous de 2°C ;
- Accorder priorité à l'aide à l'adaptation des pays vulnérables ;
- Évaluer la mise en œuvre de l'accord d'ici à 2015 ;
- Les pays développés s'engagent à réduire leurs émissions de GES pour 2020 et les pays Parties au protocole de Kyoto à renforcer les objectifs auxquels le Protocole les soumet.
- Mise en place d'un système de mesure, rapport, et vérification (MRV) des réductions et du financement ;
- Les pays en développement s'engagent à mener des actions d'atténuation de leurs émissions de gaz à effet de serre d'ici à 2020 et à en faire rapport tous les deux ans ;
- Mise en place d'un mécanisme pour le développement et le transfert de technologies.
- Mise en place d'un mécanisme pour lutter contre la déforestation et la dégradation des forêts (REDD+).

Concernant le financement, cinq mesures ont été prises : tout d'abord l'engagement de fournir des ressources nouvelles et additionnelles par les pays développés de 30 milliards $ US sur la période 2010-2012 avec équilibre de répartition entre adaptation et atténuation. Ensuite, les objectifs collectifs des pays développés sont de mobiliser 100 milliards USD par an d'ici 2020 pour les pays en développement « dans le contexte d'actions crédibles dans le domaine d'atténuation et de la transparence » avec de multiples sources de financement (publique, privée, bilatérale, multilatérale y compris financement « alternatif »). Enfin, les trois autres mesures concernent le financement pour l'adaptation à travers des arrangements avec gouvernance paritaire entre pays développés et pays en développement, la création d'un Fonds vert pour le climat et la mise en place d'un panel à haut niveau pour étudier les sources potentielles de revenus, dont les sources alternatives.

Enfin, l'Accord envisage la création de quatre nouveaux organes : un mécanisme sur la REDD-plus, un Groupe de haut niveau au titre de la CP en vue d'étudier l'application des dispositions de financement, le Fonds vert pour le climat de Copenhague et d'un Mécanisme sur la technologie.

RÉFÉRENCES

Bressol, E. (2006), « Les enjeux de l'après-Kyoto », Avis et rapport du Conseil économique et social.

CCNUCC (2009), *Décisions de la CP15/RP-5*, [en ligne], http://unfccc.int/meetings/cop_15/items/5257.php, consulté le 18 septembre 2010.

CCNUCC (2009), *Accord de Copenhague*, [en ligne] http://unfccc.int/files/meetings/cop_15/application/pdf/cop15_cph_auv.pdf, consulté le 18 septembre 2010.

CCNUCC (2009), *Information soumise par les Parties*, [en ligne], http://unfccc.int/home/items/5262.php, consulté le 18 septembre 2010.

CCNUCC (2009) *Notification aux Parties*, [en ligne], http://unfccc.int/files/parties_and_observers/notifications/application/pdf/100125_noti_clarification.pdf, consulté le 18 septembre 2010.

De Perthius, C. (2005), « Protocole de Kyoto – Les enjeux post-2012 », *Revue Internationale et Stratégique*, No 60, 2005/4, pp. 127-138.

International Institute for Sustainable Development (IISD) (2009), 'Summary of the Copenhagen Climate Change Conference 7-19 December 2009', *Bulletin des négociations de la Terre*, Vol.12 (459), 22 décembre 2009.

Le Prestre, P. (2007), « Climat : quel après Kyoto ? », *Objectif Terre*, Vol. 9 (3), octobre 2007.

Maljean-Dubois, S. (dir.) (2007), *Changements climatiques, les enjeux du contrôle international* La Documentation Française, CERIC, Paris.

OCDE (2000), *Contre le changement climatique – Bilan et perspectives du protocole de Kyoto*, OCDE, Paris.

Organisation internationale de la francophonie (2009), *Guide des négociations, Convention-cadre des Nations Unies sur les changements climatiques CdP-15 et CdP/RdP-5*, Institut de l'énergie et de l'environnement de la Francophonie, Québec.

Secrétariat pour les changements climatiques (1998), *Protocole de Kyoto*, [en ligne], http://unfccc.int/resource/docs/convkp/kpfrench.pdf, consulté le 2 mai 2009.

Yamin, F. et Depledge, J. (2004), *The International Climate Change Regime – A Guide to Rules, Institutions and Procedures*, Cambridge University Press, Cambridge.

CHAPITRE 9

LE CHANGEMENT CLIMATIQUE, LE PROTOCOLE DE KYOTO ET L'AVENIR DES NÉGOCIATIONS SUR LE CLIMAT

Urs Luterbacher

CARACTÉRISTIQUES PRINCIPALES DU CHANGEMENT CLIMATIQUE

Comme l'a établi le scientifique suédois Svante Arrhenius en 1896, le changement climatique est essentiellement causé par les variations de l'énergie solaire qui atteint la Terre, par les légers changements de l'orbite de la Terre autour du Soleil, et par les variations de la quantité de ce qu'on appelle communément les gaz à effet de serre (GES) dans l'atmosphère. Ces gaz, comme du verre dans une serre, ont la propriété de retenir dans l'atmosphère une certaine quantité des radiations solaires qui frappent la planète. En ce sens, une concentration trop faible de GES conduit au refroidissement, mais des quantités excessives de ces derniers conduisent au réchauffement. L'un des principaux gaz à effet de serre est le dioxyde de carbone (CO_2) qui est produit à chaque fois que des combustibles fossiles sont brûlés. D'autres gaz sont aussi importants, tels que la vapeur d'eau[1] et le méthane (CH_4) qui résulte de la décomposition des plantes (spécialement dans l'eau), ou de l'élevage du bétail[2].

1. La vapeur d'eau est le gaz à effet de serre le plus puissant, mais comme elle s'élève sous forme d'évaporation pour tomber sous forme de pluie ou de neige, son influence est considérée plus ou moins stable à long terme.

2. Outre le dioxyde de carbone (CO^2), la vapeur d'eau et le le méthane (CH^4), les gaz à effet de serre (GES) présents dans l'atmosphère terrestre comprennent l'oxyde nitreux ($N2^O$) dégagé par la déforestation, la combustion de biomasse et l'usage d'engrais azotés; le monoxyde de carbone (CO) dégagé lors du brûlage des savanes herbeuses; les oxydes d'azote (NO^x), l'ozone (O^3) et les chlorofluorocarbones (CFC) qui proviennent notamment de l'industrie chimique (FAO, 1997).

On estime l'augmentation des concentrations de CO_2 dans l'atmosphère de 280 à 368 parties par million et l'augmentation des concentrations de méthane de 700 à 750 parties par milliard, depuis le début de l'ère industrielle. L'augmentation des concentrations de GES s'est accompagnée d'une élévation de la température moyenne d'environ 0,6 pour cent degré Celsius au cours du 20e siècle. De plus, les années quatre-vingt-dix furent la décennie la plus chaude du millénaire. Les conséquences de tels développements sont de mauvais augure pour la sécurité face aux catastrophes naturelles : la brusque augmentation des températures[3] aura probablement un effet sur la stabilité du régime climatique et la fréquence des événements extrêmes, tels que tempêtes, ouragans, tornades, inondations ou sécheresses. Les étés devraient devenir plus chauds et les hivers plus doux. Les étés chauds, tels que celui qu'a subi l'Europe en 2003, pourraient se répéter avec des températures encore plus élevées. Ces températures en hausse vont aussi probablement entraîner l'expansion des eaux océaniques à laquelle contribuera également la fonte des glaciers du Groënland et éventuellement des plaques glaciaires de l'Antarctique. Cette hausse du niveau de la mer menacera les zones côtières, entraînant le départ de leurs habitants.

Les effets indirects sur les activités liées au climat, comme l'agriculture ou sur la santé humaine pourraient également être importants. Les pays en développement sont particulièrement menacés car leur production agricole n'est pas aussi flexible que celle des pays industrialisés et, de plus, une large partie de leur population en dépend. Par ailleurs, on s'attend à ce que des conditions climatiques défavorables soient de plus en plus fréquentes dans les zones tropicales et sous-tropicales. La situation sanitaire globale pourrait également se détériorer car des micro-organismes auparavant confinés dans les zones tropicales pourraient s'étendre à d'autres zones géographiques. Des développements similaires sont probables en ce qui concerne les pesticides affectant l'agriculture.

En plus d'être exposée à davantage de désastres naturels, la communauté internationale pourrait également affronter des mouvements de population sur une plus grande échelle, en majorité du Sud vers le Nord, dans des proportions jamais vues. Enfin, l'éventualité de catastrophes globales jusqu'ici peu probables, telles qu'un bouleversement majeur des courants océaniques (comme le Gulf Stream) qui provoquerait des changements climatiques

3. Michael Mann (2003a, 2003b) compare la courbe d'augmentation à une crosse de hockey, presque plate jusqu'à la dernière partie du 20e siècle, lorsque a lieu une forte augmentation.

brutaux pour des régions entières, ou une accélération soudaine de l'effet de serre due à un dégagement massif de méthane du pergélisol, augmentera également.

Deux conclusions émergent de ce bref aperçu sur le changement climatique, de ses causes et de ses conséquences probables.

1) D'un point de vue politique, il convient de prévenir le changement climatique, par exemple de prendre des mesures pour réduire les émissions de GES, soit par la diminution de la consommation de combustibles fossiles, soit par la réduction de méthane en utilisant des techniques agricoles différentes, ou en abandonnant dans quelques régions la production agricole une fois pour toute. Compter sur des mécanismes compensatoires naturels qui favorisent la séquestration du carbone, est probablement illusoire (Haering et Koerner 2004).
2) Les niveaux actuels de concentration des GES dans l'atmosphère ont un effet d'inertie à long-terme. Même si des mesures de prévention radicales sont adoptées, une certaine augmentation des concentrations est inévitable. Par conséquent, des changements climatiques se mettront en place même si les réductions d'émission commencent immédiatement. Des stratégies d'adaptation sont aussi nécessaires.

LE RÉGIME INTERNATIONAL DU CHANGEMENT CLIMATIQUE

Le changement climatique est à l'agenda international depuis la fin des années 1980. Le problème a gagné en visibilité avec la création en 1988 du Groupe d'experts intergouvernemental sur l'évolution du climat (GIEC) par le Programme des Nations unies pour l'Environnement (PNUE) et l'Organisation Météorologique Mondiale (OMM). Le GIEC est préoccupé en priorité par l'établissement d'un consensus scientifique large quant aux causes et à la probable évolution du changement climatique. Les mesures gouvernementales ou politiques pour aborder les impacts du climat sont examinées au sein de la convention-cadre des Nations unies sur les changements climatiques (CCNUCC), adoptée à la Conférences des Nations unies pour l'environnement et le développement de Rio de Janeiro en 1992, et qui s'est ensuite traduite par des engagements contraignants à travers la signature du protocole de Kyoto en 1997.

Conformément à ses propres règles, l'entrée en vigueur du Protocole fut assurée en 2004 par la ratification de la Russie. Le Protocole entra en vigueur le 16 février 2005, bien que d'importantes nations industrielles, telles que les Etats-Unis et l'Australie[4], aient refusé de le ratifier initialement. Cependant, malgré ces revers, le problème du changement climatique a tout de même généré, dans un laps de temps relativement court, une coopération internationale considérable. On peut ici tirer des parallèles avec l'institutionnalisation des relations commerciales internationales qui a débuté immédiatement après la Seconde Guerre Mondiale. À cette période, le Sénat américain refusa à l'origine de ratifier le traité de l'Organisation Internationale du Commerce. Près de 50 ans se sont écoulés entre la signature de l'Accord général sur les tarifs douaniers et le commerce (GATT) en 1947 et l'établissement de l'Organisation Mondiale du Commerce (OMC) en 1994. Par conséquent, nous pouvons dire que le développement d'un régime climatique, comme dans le cas de la mise en place d'une législation internationale pour contrôler l'utilisation de substances appauvrissant la couche d'ozone (le protocole de Montréal), constitue une instance où la recherche scientifique a eu un impact relativement rapide sur la gouvernance internationale. Il existe des raisons à cela, au premier rang desquelles les liens évidents qui existent entre le changement climatique et plusieurs problèmes de sécurité internationale qui concernent à la fois les catastrophes naturelles mais également les mouvements de population que pourrait entraîner le changement climatique.

Aspects historiques

Les politiques de lutte contre le changement climatique ont été débattues au niveau international depuis le début des années quatre-vingt-dix. Comme dans de nombreuses autres réponses aux problèmes d'environnement, la CCNUCC prend la forme d'une « convention-cadre », soit un document qui spécifie des principes généraux et des recommandations mais qui ne contient pratiquement pas d'actions de prévention juridiquement contraignantes. Ainsi, la CCNUCC ne fait qu'obliger les pays à faire des rapports sur leurs émissions de GES. Par ailleurs, les parties sont incitées à favoriser la dissémination des technologies réduisant les émissions de GES aux pays en développement. L'idée de base selon laquelle les pays industrialisés devraient effectuer l'effort initial majeur en matière de réductions fut confirmée lors de

---

4 Ce dernier l'ayant ratifié le 3 décembre 2007 à l'initiative du nouveau premier ministre travailliste, Kevin Rudd (Le Monde, 2007).

la première Conférence de Berlin des parties à la CCNUCC en 1995. En 1996 à Genève, il fut convenu que les pays industrialisés devraient se soumettre à des « objectifs de limitation et de réduction quantitatifs dans des cadres temporels définis, comme 2005, 2010 et 2020, pour leurs émissions dues à des activités humaines… ».

Cette proclamation, adoptée sous la forme d'une déclaration ministérielle, a préparé le terrain à l'élaboration du protocole de Kyoto en 1997. Cet accord a été mis sur pied après que la délégation américaine, par le biais de Timothy Wirth, alors Sous-secrétaire d'État aux Affaires étrangères, eut vigoureusement avalisé l'idée d'objectifs juridiquement contraignants lors de la Conférence de Genève. Cette proposition américaine fut offerte aux autres participants en échange du rejet d'autres mesures envisagées, telles que la mise en place de normes et de taxes sur l'énergie, et au profit de l'adoption d'approches plus souples, basées sur les mécanismes de marché, telles que les échanges de permis d'émissions similaires à ceux utilisés dans le cadre du *US Clean Air Act* qui visait à contrôler et à éliminer les rejets dans l'atmosphère de dioxyde de souffre (SO_2). Le système d'échange de permis d'émission avait, dans ce contexte, rencontré un succès spectaculaire.

Sans cette initiative américaine, incorporée par la suite dans l'accord, les fondements du protocole de Kyoto auraient pu être assez différents. Il faut donc souligner l'importance prépondérante des États-Unis dans l'élaboration de l'architecture du protocole de Kyoto. Il s'agit là d'un fait d'autant plus remarquable que les États-Unis ont ensuite refusé d'en faire partie et ne sont revenus que récemment à des propositions visant à accepter eux aussi des objectifs contraignants de réduction de gaz à effet de serre.

Le protocole de Kyoto repose sur une double fondation :

1) Des objectifs de réduction moyenne des émissions de gaz à effet de serre juridiquement contraignants (six gaz sont énumérés) pour chaque pays industrialisé ou groupe de pays (comme l'UE) par rapport à leurs niveaux de 1990, pour la période 2008-2012. Les objectifs de Kyoto visent globalement une diminution de 5,2 pour cent des émissions des pays industrialisés.
2) L'utilisation de « mécanismes flexibles » pour atteindre cet objectif. Ceux-ci peuvent prendre la forme d'échange ou de commerce de certificats de réduction d'émissions entre pays industrialisés ou de réductions mises en place conjointement par deux pays industrialisés. En outre, et surtout, les réductions peuvent être réalisées par le biais du Mécanisme de développement propre (MDP). Cet arrangement permet aux entreprises des pays industrialisés, ainsi qu'aux

pays eux-mêmes, de mettre en place des technologies réduisant les GES dans les pays en développement en vue de partager (avec le pays en question) le crédit pour ces réductions. Dans cette perspective, les pays en développement peuvent être incorporés au processus de réduction de Kyoto sans être soumis à des obligations de réduction. Les mécanismes flexibles définissent également le seul principe d'exclusion contenu dans le Protocole, à savoir l'interdiction faite aux non-membres ou aux entreprises de ceux-ci d'y participer. Cette exclusion peut devenir importante afin de motiver les non-membres à participer[5]. Les modalités d'application du Protocole, spécialement en ce qui concerne le MDP ont été définies par la 7e conférence des Parties à Marrakech en 2001. Celle-ci a notamment mis en place un comité exécutif chargé de vérifier l'effectivité et la faisabilité des projets présentés et a fixé des limites aux projets MDP, en particulier à ceux qui envisagent la création de puits de carbone par le biais de changements dans l'utilisation des sols. La prise en compte de la contribution des activités d'afforestation est ainsi limitée à un pour cent des émissions de l'année de base 1990.

La décision de choisir 1990 comme année de référence pour les réductions a d'importantes conséquences. En 1990, les pays de l'Europe de l'Est étaient encore gouvernés par le système politique et économique soviétique. Le démantèlement de l'industrie de type soviétique s'est traduit, dans les années suivantes, par une formidable réduction des émissions de GES (environ 30 pour cent), un changement qui ne devait rien à une politique de prévention. Cependant, la Russie et l'Ukraine, mais également tous les autres pays de l'Est Européen, peuvent jouir de marges substantielles dans le développement de leurs politiques de changement climatique. Ces réductions dues au changement de système économique aussi appelées « air chaud », peuvent soit être utilisées en tant que crédit pour leurs propres diminutions, soit être vendues à d'autres pays.

Malgré des limitations évidentes, le protocole de Kyoto apparaît à première vue comme un compromis relativement raisonnable. Appliqué de manière appropriée, il devrait à la fois diminuer en principe, ou du moins stabiliser, les émissions des pays industrialisés (à l'exception des États-Unis qui

5 Pour plus d'informations sur Kyoto et le régime du changement climatique, voir Luterbacher et Sprinz 2001.

n'en font pas partie) et, par le biais du MDP, engager les pays en développement.

Cependant, cet engagement n'est pas complet et de ce fait le Protocole est déficient en raison de deux facteurs essentiels : premièrement, les pays en développement, surtout les pays émergents comme la Chine et l'Inde, ne sont soumis à aucun objectif de réduction contraignant. Ils peuvent ainsi continuer à faire croître leurs émissions malgré leur participation au MDP. Leurs exportations, qui ont augmenté de manière spectaculaire dans les années 2000, ont aussi eu comme effet un accroissement inquiétant de leurs rejets de GES. Ceux-ci sont principalement dus à un taux d'augmentation de l'utilisation des ressources en charbon d'environ 5 pour cent par année, surtout pour produire de l'électricité bon marché pour les entreprises exportatrices, mais aussi afin de satisfaire les besoins accrus d'une population qui s'enrichit lentement.

Deuxièmement, les limites de un pour cent d'émissions posées par les règles de Marrakech à l'acceptabilité de projets d'afforestation dans le cadre du MDP, empêchent bon nombre de pays en développement pauvres d'en bénéficier. Ceci a eu comme conséquence d'orienter majoritairement ces projets vers la Chine et l'Inde et de n'avoir eu peu ou pas d'effets sur un déboisement en augmentation. Celui-ci représente approximativement 20 pour cent des émissions globales et probablement bien davantage, si l'on y inclut toutes les émissions dues à l'agriculture[6]. De plus, le principe d'une compensation donnée aux pays en développement pour renoncer au déboisement a été initialement écarté pour réapparaître à travers l'éventuelle création d'un mécanisme REDD (réduction des émissions dues au déboisement et à la dégradation des forêts). Faut-il pour autant en déduire que le Protocole constitue une entreprise inutile et coûteuse ? Pas nécessairement. En effet le Protocole, malgré ses défauts et faiblesses, n'en constitue pas moins une expérience riche en enseignements sur la manière de mettre en œuvre des mécanismes de réduction d'émissions. Les résultats de cette phase expérimentale pourront être très utiles pour la mise en place d'un futur régime, beaucoup plus global et effectif, de diminution réelle des GES.

---

6 Souvent, le déboisement résulte de la volonté d'étendre des surfaces agricoles ou de plantations. À titre de comparaison, les transports, souvent montrés du doigt, ne contribuent qu'à raison de 13.5 %.

PERSPECTIVES FUTURES

Le protocole de Kyoto n'a pas réussi à faire diminuer de manière significative les émissions de GES au niveau mondial, même si, d'un point de vue strictement juridique, ses objectifs sont atteints. En effet, celles-ci ont eu plutôt tendance à augmenter bien davantage pendant les années 2000 que durant les années quatre-vingt-dix. Ce paradoxe apparent s'explique pour trois raisons: d'une part, le Protocole n'impose des objectifs de réduction qu'aux pays industrialisés et le plus important d'entre eux, les États-Unis n'en fait pas partie. D'autre part, parmi les pays industrialisés, seule l'Union Européenne a entamé des efforts sérieux de réduction et créé un marché de permis négociables de diminution de GES; d'autres États, comme le Japon et le Canada, restant à la traîne. Enfin, la quantité considérable d' «air chaud» de l'Europe de l'Est, pour ne pas mentionner celle de l'Ukraine et de la Russie, fait que le Protocole atteint ses objectifs non seulement en Europe mais également au niveau global par rapport à 1990.

Une telle situation n'est clairement pas soutenable. Elle exige des modifications considérables afin que les obligations juridiques d'un traité qui entend réduire les émissions de GES correspondent aussi à la réalité. C'est là la tâche qui attend maintenant les négociateurs internationaux. Leurs efforts sont rendus plus faciles par le fait que les États-Unis ont changé leur position et sont maintenant disposés à revenir à leur conception de départ. Le plan Américain consiste à vouloir mettre en place un marché interne de certificats de réduction d'émission similaire à celui qui existe déjà en Europe. Les institutions européennes sont prêtes à vouloir coordonner les deux systèmes afin de réaliser un plus grand marché de droits d'émissions. La difficulté majeure consistera à convaincre les pays émergents comme la Chine et l'Inde d'accepter des objectifs contraignants de limitation et de réduction d'émissions. Une telle entreprise n'est possible que dans la mesure où des incitations suffisantes peuvent être mises en place par les pays occidentaux, Union européenne et États-Unis, afin d'amener les pays émergents à prendre des engagements. Cela suppose des transferts massifs de technologie et de capitaux. C'est là une proposition indispensable mais particulièrement difficile à réaliser dans des conditions de crise financière et industrielle.

CONCLUSION

Le changement climatique est le premier problème environnemental vraiment global auquel doit faire face la communauté internationale. C'est un phénomène complexe qui exige la mise en œuvre de plusieurs moyens. La coordination de ces politiques soulève de nombreux problèmes, dans la mesure où elle implique une nouvelle forme de coopération qui, comme toujours, s'oppose à une variété d'intérêts internes et transnationaux. Si l'on considère l'importance de ces oppositions, le développement d'un régime de contrôle et de prévention des changements climatiques constitue en soi un exercice remarquable et difficile. De gros efforts pour inciter les pays émergents et les pays en développement à participer à la lutte contre le changement climatique sont nécessaires, notamment par des transferts de technologie et de capitaux ainsi que par des mesures propres à empêcher le déboisement et à encourager de nouvelles pratiques agricoles. C'est seulement sous ces conditions que le changement climatique, ainsi que certaines de ses conséquences économiques sociales et sécuritaires potentiellement nuisibles, pourront être contrôlées.

RÉFÉRENCES

FAO, (1997), *Le changement climatique, les forêts et l'aménagement forestier: Aspects généraux*, Étude FAO: Forêts, No 126.

Luterbacher, U. and Sprinz, D. (2001), International *Relations and Global Climate Change*, MIT Press, Cambridge.

Le Monde (2010), *Le nouveau premier ministre australien ratifie le protocole de Kyoto*, 4 décembre 2007, [en ligne], www.lemonde.fr/planete/article/2007/12/04/le-nouveau-premier-ministre-australien-ratifie-le-protocole-de-kyoto_985608_3244.html, consulté le 18 septembre 2010.

CHAPITRE 10

ORIGINALITÉS ET FAIBLESSES DE LA PROCÉDURE DE CONTRÔLE DU RESPECT DU PROTOCOLE DE KYOTO

Sandrine Maljean-Dubois

Au rang des enjeux fondamentaux pour la mise en œuvre du droit international de l'environnement en général, et du protocole de Kyoto en particulier, figurent le contrôle du respect des engagements des parties signataires et la sanction en cas de non-respect de ceux-ci. Contrairement aux autres conventions internationales de protection de l'environnement, le protocole de Kyoto repose sur des outils économiques, régis par la « main invisible » du marché plus que par la puissance publique. Néanmoins, un contrôle efficace et une sanction des fraudes constituent des conditions indispensables à son bon fonctionnement et sont même particulièrement justifiés pour des raisons de concurrence économique.

Les négociateurs du Protocole avaient cela en tête dès l'origine. Mais lors de la conférence de Kyoto en 1997, aucun accord sur le contenu concret d'une procédure de non-respect n'a pu être trouvé. Cette épineuse question a été renvoyée à la première Réunion des parties (CP/RP). Particulièrement controversée, cette procédure a fait l'objet du *package deal* que représentent les accords de Bonn-Marrakech, adoptés par la Conférence des Parties (CP) à la Convention-cadre sur les changements climatiques en 2001. En décembre 2005 à Montréal, la première CP/RP n'a pas rouvert la discussion sur son contenu et a adopté *mutatis mutandis* le texte proposé par la CP[1]. La procédure de non-

1. Décision 27/CMP1, Procedures and mechanisms relating to *compliance* under the Kyoto Protocol, FCCC/KP/CMP/2005/L.1.

respect du protocole de Kyoto, dite de l'*observance* (*compliance*), se présente comme la plus élaborée et innovante de ces procédures, tandis que le Comité de contrôle du respect des dispositions est le plus puissant et indépendant des comités de ce type. Sa pratique n'en était que plus attendue.

LES CONTOURS DE LA PROCÉDURE DE NON-RESPECT

Le *Comité de contrôle du respect des dispositions* exerce ses fonctions dans le cadre d'une plénière, d'un bureau et de deux chambres, la *chambre de la facilitation* et la *chambre de l'exécution*. Composé de vingt membres, élus pour quatre ans à Montréal en 2005, il est opérationnel depuis mars 2006. Les membres du Comité siègent «*à titre personnel*». Ils ont «*une compétence avérée dans le domaine des changements climatiques et dans des domaines pertinents tels que les domaines scientifique, technique, socioéconomique ou juridique*». Les membres de la chambre de l'exécution doivent en outre avoir une «*expérience dans le domaine juridique*».

Les fonctions de la plénière sont essentiellement administratives et budgétaires. Ce sont les chambres qui traitent les cas de non-respect, et c'est le bureau du Comité qui renvoie les questions de mise en œuvre à celle des chambres compétentes.

La procédure peut être enclenchée par le secrétariat, sur la base de rapports de vérification fournis par des équipes d'experts, par «*toute partie à l'égard d'elle-même*», ou encore par une partie «*à l'égard d'une autre partie*». Le système est complexe, lourd, extrêmement élaboré et relativement intrusif, qu'il s'agisse du récolement de l'information (technique des registres, système des rapports) ou du traitement de l'information (vérification, compilation, communication). La procédure suivie, tout au moins devant la Chambre de l'exécution, est incontestablement hybride. Elle va au-delà d'une procédure diplomatique classique de type conciliation ou même médiation et présente certains traits juridictionnels[2]. De fait, par leur sophistication, les techniques de contrôle représentent un saut qualitatif important au regard des procédures éprouvées jusqu'alors en droit international de l'environnement, même si

2. L. Boisson de Chazournes & M. Mbengue, «À propos du caractère juridictionnel de la Procédure de non-respect du Protocole de Kyoto», in Changements climatiques. Les enjeux du contrôle international, p. 206.

demeurent de nombreuses faiblesses et insuffisances, le système présentant à certains égards l'image d'un colosse aux pieds d'argile[3].

La chambre de la facilitation (*facilitative branch*), pluridisciplinaire, a pour fonction de conseiller et de porter assistance sur le plan technique et financier aux États qui rencontrent des difficultés à remplir leurs engagements, avant même le début d'une période d'engagement. Elle doit, à cette fin, notamment tenir compte du «*principe des responsabilités communes mais différenciées et des capacités respectives*» des États. La démarche est avant tout pédagogique. La chambre peut faciliter l'octroi d'une aide hors de la sphère conventionnelle, mais aussi s'appuyer sur les fonds conventionnels.

La chambre de l'exécution répond à un esprit différent. La démarche est moins pédagogique et plus intrusive. Elle est en effet chargée d'établir si les parties visées à l'annexe I respectent ou non leurs engagements chiffrés en matière de limitation et de réduction des émissions, les dispositions prévues sur le plan méthodologique et en matière de communication d'informations (inventaires, communications) et les critères d'admissibilité aux mécanismes de flexibilité.

Parmi les «*mesures consécutives*» lorsqu'un non-respect est avéré, la chambre de l'exécution peut faire une déclaration de non-respect, ce qui constitue déjà une première «sanction». L'effet *blame and shame* est amplifié par la large médiatisation des Réunions des parties. Elle peut aussi demander à la partie concernée de présenter un plan analysant les causes et indiquant les mesures et le calendrier pour remédier à son non-respect, plan dont la mise en œuvre sera contrôlée à travers la remise régulière de rapports sur l'exécution. La chambre peut encore suspendre l'admissibilité aux mécanismes de flexibilité, si une partie ne remplit pas les critères fixés ou si ses émissions dépassent les montants assignés. Elle ne pourra plus alors participer aux mécanismes. En outre, pour le cas où une partie dépasse ses montants assignés, ceux de la période suivante seront réduits d'1,3 fois le montant en excès. La sanction peut donc être de taille et rares sont les conventions internationales à être allées aussi loin dans la définition d'un régime contraignant de réaction au manquement. Il est à noter que ces différentes «*mesures consécutives*» n'ont pas un caractère punitif; elles visent à «*rétablir le respect des dispositions pour assurer l'intégrité de l'environnement et doivent inciter à ce respect*». Le terme de sanction n'est d'ailleurs jamais employé.

---

3. V. Richard, «Le système de vérification: un colosse aux pieds d'argile?», in Changements climatiques. Les enjeux du contrôle international, p. 337.

Mais bien que très élaboré, le système n'est pas totalement verrouillé. D'abord, les sanctions ne sont théoriquement pas obligatoires, en l'absence d'une révision du Protocole (article 18). Un État en grande difficulté pourrait choisir de passer outre. Certes, il subirait l'exclusion des mécanismes de marché et serait mis « au ban » de la communauté des parties, mais il pourrait en contrepartie cumuler à l'infini les dettes environnementales. D'ailleurs, pas plus que les États ne sont contraints à entrer dans Kyoto, ils ne sont contraints à y rester. Ils conservent un droit de retrait (article 27). Ajoutons que les objectifs nationaux étant largement négociés par les États, un État pourrait toujours renégocier ses objectifs de réduction de la deuxième période en intégrant le poids d'éventuelles pénalités[4].

LA PRATIQUE DU COMITÉ

Installé en mars 2006, le Comité connaît une montée en puissance progressive. L'essentiel de son travail va en effet résider dans la vérification de la conformité aux engagements de réduction des émissions de gaz à effet de serre. Mais cette évaluation substantielle ne sera pas examinée avant la fin de la première période d'engagement, en 2012. Entre-temps, le Comité est chargé du contrôle de la mise en œuvre des nombreuses obligations procédurales ou administratives mises à la charge des États parties par le Protocole, tel que complété par plusieurs décisions importantes de la Réunion des Parties. Toutes procédurales qu'elles soient, ces obligations n'en sont pas moins essentielles. Elles doivent permettre d'établir la qualité, la fiabilité et le caractère comparable des inventaires nationaux des émissions ; par là elles sont par définition nécessaires pour évaluer par la suite les réductions intervenues. Le contrôle doit également permettre d'évaluer les politiques et mesures de lutte contre les changements climatiques et d'établir que la Partie a mis en place un système – et notamment un registre national – lui permettant de participer aux mécanismes d'échange. Les obligations sont « vérifiées » par des « équipes composées d'experts » coordonnées par le secrétariat, agissant selon des lignes directrices arrêtées par la Réunion des Parties. Le Comité a, d'ores et déjà, eu à traiter trois « affaires », renvoyées pour l'une devant la Chambre de la facilitation, pour les deux autres devant la Chambre de l'exécution. Considérant comme défaillant le système grec de comptabilisation des émissions de GES, la

4. Le Protocole de Kyoto ne prévoit en effet d'engagement que pour une première période, se terminant en 2012. La forme et le contenu du régime du *post-2012* sont en cours de négociations dans le cadre du Plan d'action adopté à Bali en décembre 2007.

Chambre de l'exécution a notamment suspendu pendant plusieurs mois l'éligibilité de la Grèce aux mécanismes de flexibilité du Protocole, la privant par là d'y participer.

S'il est encore trop tôt pour dresser le bilan du fonctionnement de la procédure d'observance, son avenir commence à être discuté durant les négociations actuelles sur le régime post-2012[5]. Les options sont pour l'instant ouvertes : la procédure de contrôle sera-t-elle conservée, voire améliorée ? Ou bien sera-t-elle affaiblie, voire supprimée au profit d'un contrôle décentralisé reposant sur les seuls États ? Affaire à suivre…

RÉFÉRENCES

Boisson de Chazournes, L. et Mbengue, M. (2007), « À propos du caractère juridictionnel de la Procédure de non-respect du Protocole de Kyoto », dans Maljean-Dubois, S. (dir.), *Changements climatiques. Les enjeux du contrôle international*, La Documentation française, Paris.

Décision 27/CMP1, Procedures and mechanisms relating to *compliance* under the Kyoto Protocol, FCCC/KP/CMP/2005/L.1.

Ideas and proposals on the elements contained in paragraph 1 of the Bali Action Plan. Submissions from Parties, FCCC/AWGLCA/2009/MISC.1/Add.3, 27 March 2009.

Maljean-Dubois, S. (dir.) (2007), *Changements climatiques. Les enjeux du contrôle international*, La Documentation française, Paris.

Maljean-Dubois, S. (2008), « Le Comité de contrôle du Protocole de Kyoto rend ses premières décisions », *Droit de l'environnement*, No 162, pp. 11-15.

Richard, V. (2007), « Le système de vérification : un colosse aux pieds d'argile ? », dans Maljean-Dubois, S. (dir.), *Changements climatiques. Les enjeux du contrôle international*, La Documentation française, Paris.

5. Voir *Ideas and proposals on the elements contained in paragraph 1 of the Bali Action Plan. Submissions from Parties*, FCCC/AWGLCA/2009/MISC.1/Add.3, 27 March 2009.

CHAPITRE 11

AU DELÀ DE KYOTO ET DE COPENHAGUE : VERS UNE ÉCONOMIE À FAIBLE TENEUR EN CARBONE ET UNE ADAPTATION APPROPRIÉE

Ali Agoumi

Depuis 1992, date de la signature de la CCNUCC au sommet de Rio, la problématique des changements climatiques s'est imposée progressivement au niveau mondial. Des avancées significatives ont été réalisées tant au niveau de la compréhension et de la prévision du réchauffement climatique et de ses impacts potentiels écologiques et socio-économiques qu'au niveau de la mise en place d'une gouvernance mondiale visant à y faire face :

- Les résultats des travaux scientifiques et techniques du GIEC, présentés dans ses quatre rapports publiés depuis 1990, ont confirmé au fur et à mesure la réalité des changements climatiques et la responsabilité de l'Homme dans cette déviation. Le 4e rapport du GIEC de 2007 a aussi présenté les défis nécessaires à relever, en particulier une réduction des émissions de GES d'au moins 50 pour cent d'ici à 2050 par rapport à 1990, correspondant à un réchauffement maximum de 2°C, afin d'éviter une perturbation dangereuse du système climatique et de permettre une adaptation progressive à ces conditions nouvelles.
- Les négociations internationales lancées autour de cette problématique, notamment dans le cadre de la CCNUCC depuis 1995, 15 Conférences des Parties et 31 réunions des organes subsidiaires ont abouti à :

- La réalisation régulière d'inventaires des émissions en GES par les parties à cette convention, permettant de suivre l'évolution des émissions mondiales ;
- L'établissement de rapports nationaux (communications nationales) permettant de présenter la situation des pays face aux changements climatiques et les politiques et actions menées de par le monde pour faire face à ce danger ;
- L'établissement de structures gouvernementales chargées de suivre les changements climatiques (points focaux de la CCNUCC) et les projets de réduction des émissions en GES (Autorités Nationales Désignées) ;
- La création d'un embryon de marché du carbone stimulé par le protocole de Kyoto et ses mécanismes de flexibilité. Une dimension nouvelle visant la réduction des émissions de GES a commencé à être intégrée aux projets et par la suite à l'économie mondiale ;
- Le lancement du concept d'adaptation aux effets des changements climatiques à travers des Plans d'adaptation établis dans le cadre de la CCNUCC pour les Pays les Moins Avancés, et la création de divers fonds, dont les ressources demeurent limitées, destinés à soutenir ces Plans.

En ce qui concerne la problématique des changements climatiques, la coopération internationale a connu de grandes innovations, au moins au niveau conceptuel, qui restent à consolider et à développer. Les relations Nord-Sud sont devenues autour de cet aspect moins axées sur l'aide publique au développement et plus sur des relations gagnants-gagnants : les pays du nord donnent un appui technologique et financier aux pays du Sud pour lutter contre les changements climatiques et ces derniers permettent aux pays du Nord de modifier en douceur leur empreinte carbonique.

De même, malgré l'image désastreuse donnée par la communauté politico-scientifique à la Conférence des Parties de Copenhague en décembre 2009, il est évident que les négociations internationales sur le climat ont permis à l'humanité depuis 1992 de faire des progrès non négligeables. Malheureusement, ces progrès demeurent trop limités face à ce qui serait nécessaire pour faire face à ce défi sans précédent. Deux points clés illustrent le retard énorme que nous enregistrons en la matière :

– L'outil le plus concret de ces négociations, le protocole de Kyoto, prévoit une réduction des émissions des GES des pays industrialisés d'en moyenne 5,2 pour cent en 2008-2012 par rapport à 1990. C'est très peu devant les besoins de réductions définis par le GIEC, soit une réduction des émissions des pays industrialisés de 80 pour cent en 2050, s'ils agissent seuls, par rapport à celles de 1990. Le plus dur reste donc à venir, surtout lorsqu'on voit les résultats réels attendus en 2012 des engagements pris dans le cadre du Protocole par certains pays tel que le Canada, l'Italie ou l'Espagne !

– Les moyens financiers nécessaires pour aider les pays en voie de développement à faire face aux changements climatiques et à s'y adapter ont été estimés par les Nations unies et d'autres organes de prospective en dizaines, voire centaines de milliards de dollars par an. Or,
  - l'outil mis en place dans le cadre du Protocole, le Fonds d'Adaptation, alimenté par deux pour cent des crédits de carbone de projets liés au mécanisme de développement propre (MDP) n'est doté que de 80 millions $, et pourrait passer au plus à 300 millions $ annuels en 2012. Cela représente 0.3 milliards $ sur les dizaines nécessaires !
  - même si l'accord non contraignant de Copenhague a apporté un plus en matière de financement de la lutte contre les changements climatiques des pays les plus vulnérables (30 milliards $ d'ici fin 2012 ont été promis…), cet espoir ne serait significatif que vers 2020 où il est prévu que l'ampleur des financements de l'adaptation par les pays riches atteindrait les 100 milliards $/an[1].

L'ATTÉNUATION DES ÉMISSIONS EN GES A ÉTÉ LANCÉE APRÈS KYOTO

L'investissement dans les projets de réduction des émissions en GES a commencé au début des années quatre-vingt-dix, après la signature de la CCNUCC en 1992. Ces investissements furent d'abord volontaires. Depuis 2000, le plus important des trois mécanismes de flexibilité créé par le procotole, le MDP, s'est imposé. Les projets MDP ont été autorisés à créer des crédits de carbone qui peuvent être utilisés pour se conformer aux objectifs de réduc-

1. *Nouvelles Francophones du marché du Carbone et du MDP,* No. 175, 21 décembre 2009 : http ://www.iepf.org/docs_prog05/pol_envir05/ifp-mdp2.htm ; *Nouvelles Francophones du marché du Carbone et du MDP*, No. 176, 16 avril 2010 : www.iepf.org/docs_prog05/pol_envir05/ifp-mdp2.htm

tion d'émissions fixés par le Protocole. L'activité du marché, initialement timide, s'est considérablement accélérée à partir de 2005, avec l'entrée en vigueur du Protocole et la mise en place par l'Union européenne d'un premier marché du carbone. Dès 2007, les deux autres mécanismes de flexibilité du Protocole (mise en œuvre conjointe et échange de crédits d'émissions) ont commencé aussi à alimenter le marché du carbone; un marché volontaire ambitieux a ainsi émergé, en particulier aux États Unis.

Aujourd'hui, le marché du carbone intègre le système d'échange des émissions européen lié au Protocole, le système d'échange des émissions du Canada, du Japon, celui de Chicago, de la Californie. Ce sont des marchés basés sur des engagements quantifiés contraignants ou volontaires. Ils ont tous la même monnaie d'échange qui est la Tonne $CO_2^{éq}$[2]. Ce sont des marchés ou les crédits de carbone se font sur des projets qui réduisent les émissions et qui sont additionnels. Tous ont besoin d'un système de validation et de vérification des émissions évitées. Il s'agit donc de marchés avec de très nombreux points communs et qui gagneraient à être regroupés dans un marché mondial du carbone: c'est l'étape suivante attendue pour l'après 2012.

Le volume des échanges dans le marché du carbone représentait 4,9 milliards de TCO_2^{eq} en 2008, enregistrant un nouveau rebond malgré le ralentissement économique mondial, soit une hausse de 83 pour cent par rapport à 2007 selon les analystes de Point Carbon[3]. La valeur de ces transactions était en 2008 de 92 milliards d'euros, soit plus du double des 40 milliards d'euros de 2007. Le Marché européen d'échange d'émissions a représenté en 2008 les 2/3 du volume total du marché du carbone et les 3/4 de sa valeur. Le marché des crédits MDP était aussi en hausse de 70 pour cent en 2008 par rapport à 2007, avec un doublement de sa valeur[4].

En 2009, la crise financière a limité les émissions de GES de plusieurs opérateurs économiques des pays de l'annexe I. Les besoins en crédits de carbone ont donc diminué, en particulier en Europe, et le marché en a logiquement souffert!

2. Tonne CO_2^{eq}: le nombre de tonnes de CO_2 émis dans l'atmosphère ou l'équivalent en tonnes de CO_2 s'il s'agit de gaz a effets de serre autres que le CO_2. Il s'agit d'équivalence du niveau potentiel de réchauffement pouvant résulter de ces émissions.

3. *Nouvelles Francophones du marché du Carbone et du MDP*, No. 141, 17 janvier 2009: www.iepf.org/docs_prog05/pol_envir05/ifp-mdp2.htm

4 Ibid.

MDP : DE BONNES RÉALISATIONS MAIS AUSSI DE GRANDES ILLUSIONS

Le MDP est le mécanisme de flexibilité du protocole de Kyoto qui s'est le plus imposé sur le marché du carbone. Au 4 mai 2010, le portefeuille de projets MDP était composé de plus de 4 200 projets avec 2,9 milliards de TCO_2^{eq} attendues avant 2012[5]. Sur ces projets, 2 184 étaient enregistrés, correspondant à une réduction des émissions de 358 884 135 TCO_2^{eq}/an. Les crédits MDP émis étaient de 407 035 912 TCO_2^{eq}.

L'un des problèmes clefs de ce MDP est sa distribution géographique qui reste limitée principalement à l'Asie (1664 projets) et l'Amérique du sud (467 projets). Au 4 mai 2010, la Chine et l'Inde représentaient, à elles seules plus de 60 pour cent des crédits de carbone attendus du MDP. Seulement 41 projets sur les 1597 enregistrés sont situés en Afrique (moins de deux %). Dans l'ensemble de l'espace francophone, et malgré un effort important et soutenu en matière de sensibilisation, d'information et de renforcement des capacités sur le MDP dans le cadre de l'Initiative Francophone de Partenariat pour le MDP lancée en 2005, seuls 52 projets MDP ont été enregistrés à ce jour dans dix des 55 pays de la Francophonie.

Grâce au MDP, des méthodologies d'estimation des émissions en carbone évitées par projets ont été développées dans des secteurs divers, des critères d'additionnalité ont été testés, des aspects pratiques concernant la validation des projets mais surtout leur monitoring et la certification des crédits de carbone ont été précisés. L'ingénierie du carbone s'est formée. Il s'agit là d'acquis pour le futur. Toutefois, le MDP sous sa forme actuelle demeure une source de frustration et de déception pour un grand nombre de pays en développement qui y ont cru et qui se retrouvent avec quelques projets enregistrés et de nombreux projets qualifiés de non éligibles. Ces pays ont l'impression d'avoir travaillé en vain, voire au profit des gros pays émetteurs que sont la Chine, l'Inde et le Brésil qui accaparent les projets MDP.

Si l'Afrique reste le continent profitant le moins du MDP, c'est à cause de la faible consommation d'énergie fossile de ce continent qui ne permet guère d'envisager de grands projets de réduction des émissions, comme c'est le cas en Chine, mais c'est surtout en raison de la complexité du processus de montage des projets MDP, tel que défini par les Nations unies, et du manque

5. Site de la CCNUCC, [en ligne] http://unfccc.int/2860.php, consulté le 4 mai 2010.

de moyens humains et financiers nécessaires[6]. La solution pour l'après 2012, serait pour ces pays, de soutenir directement leurs politiques d'atténuation en compensant leurs efforts de réduction, en particulier par le biais des Actions Nationales d'Atténuation Appropriées (ANAAs) et la REDD+.

APRÈS COPENHAGUE: UNE ÉCONOMIE À FAIBLE TENEUR EN CARBONE ET UNE ADAPTATION APPROPRIÉE.

Après cette période d'initiation du monde entier - scientifiques, sociologues, économistes, financiers, et politiques - aux changements climatiques et aux exigences de cette problématique tant au niveau de l'atténuation des émissions en GES et de la maîtrise du carbone qu'au niveau de l'adaptation aux effets néfastes de ces changements, l'Humanité affronte aujourd'hui un nouveau défi, celui de s'entendre sur un nouveau traité climat, attendu à Copenhague mais qui, après l'échec de la CDP15 , mettra du temps avant de voir le jour .

La période 1992-2012 a été une période d'apprentissage où le monde découvrait une nouvelle problématique et où les acteurs concernés ont agi par itération (apprentissage par l'action). Après 2012, riche de ces expériences, la communauté internationale devra être prête à agir de façon ferme, soutenue et durable, car le climat lui n'attend pas: il change. Le futur traité sur le climat devrait apporter des réponses précises à au moins deux types de préoccupations:

– La nécessité et l'urgence de réduire de façon importante les émissions en GES:
    - Comment va-t-on arriver en 2050 à réduire de 50 pour cent les émissions mondiales en GES par rapport à 1990?
    - Quels seront les acteurs (parties, industries,...) qui seront engagés dans cette dynamique d'atténuation et de quelle façon?
    - Les pays en développement seront-ils incités, cette fois-ci, à contribuer à cet effort, même de façon limitée? Comment?

6. Le coût du montage d'un projet MDP (identification, document descriptif du projet, validation, enregistrement, vérification) se situe entre 40 000 et 200 000 € dans le contexte du marché africain.

- Quelles sont les perspectives d'un développement économique à faible teneur en carbone (efficacité énergétique, énergies renouvelables, ...) ?
- De quelle manière les pays en développement pourraient-ils accéder à cette nouvelle économie à faible teneur en carbone qui se dessine ?
- Quelles perspectives pour le marché du carbone dans cette nouvelle phase ?

– Le besoin de se donner les moyens pour s'adapter aux changements climatiques :
  - Comment allons-nous nous adapter aux impacts incontournables des changements climatiques ?
  - Quelles approches devra-t-on adopter au niveau global, régional et national pour faire face aux effets des changements climatiques ?
  - Quels moyens (ressources financières, technologies, expertise) devraient être mobilisés au profit des pays en développement et dans quelles conditions, afin de pouvoir relever ce défi ?

Il est important que le futur traité sur le climat tienne compte de la position des pays en voie de développement peu émetteurs de GES, mais très vulnérables aux changements climatiques. C'est le cas d'un très grand nombre de pays d'Afrique. Il s'agit là d'un enjeu humain majeur, au delà de considérations financières, technologiques ou politiques. L'Afrique a besoin de moyens et de soutien pour garantir aux populations locales une vie décente. Faute de quoi, l'émigration vers le Nord se poursuivra mais à un rythme d'une autre nature que ce que nous connaissons aujourd'hui.

CHAPITRE 12

TÉMOIGNAGE

DE RED À REDD+ : LA PLACE DU DÉBOISEMENT DANS L'ACCORD MONDIAL SUR LE CLIMAT[1]

CATHERINE POTVIN

D'objet litigieux ayant failli causer la mort du protocole de Kyoto lors des négociations de Montréal en 2005, la forêt s'est retrouvée au cœur du régime climatique à Bali, en 2007. Cette fois il était bien clair que ce serait uniquement le déboisement des pays en développement (PED) qui allait faire partie des négociations. En effet, la perception des émissions d'un pays varie beaucoup selon qu'on y calcule ou pas le déboisement. Dans le cas des pays industrialisés, qui dépendent économiquement peu de leurs forêts et dont la couverture forestière a tendance à augmenter, cette prise en compte réduirait le total des émissions. Alors que pour un pays comme le Brésil, le total des émissions augmente lorsqu'on tient compte du déboisement.

Issues d'une initiative présentée par la Papouasie-Nouvelle Guinée et le Costa Rica, les négociations sur la « réduction des émissions dues à la déforestation » (RED) ont débuté à la conférence des parties de Montréal en 2005. L'agenda a été ouvert sous le titre « Réduire les émissions dues à la déforestation dans les PED : une approche pour stimuler l'action ». Contrairement à l'approche de contrôle adoptée par le protocole de Kyoto, cette stratégie est basée sur des incitations, ce qui constitue peut-être la raison de son succès exceptionnel auprès des PED. En effet, entre 2005 et 2007, 70 pour cent des

1. Texte transcrit par Liliana Diaz, d'après une conférence prononcée au Service canadien des forêts, Centre de foresterie des Laurentides, Québec, 25 mars 2010.

soumissions (38 sur 54) transmises au Secrétariat afin d'orienter les négociations ont été présentées par des PED, ce qui constitue une exception à la règle dans les négociations internationales où ce sont généralement les plus gros PED qui participent à la définition des questions en jeu.

La RED a été initialement négociée, en 2005, en tant qu'outil technique d'atténuation, c'est-à-dire un mécanisme intégré au sein d'un marché du carbone visant à permettre aux pays développés d'acheter des crédits de carbone afin de rencontrer leurs obligations de réduction d'émissions. Deux ans plus tard, à Bali, en revanche, de nombreux PED présentèrent la RED comme une mesure d'atténuation pour eux-mêmes et obtinrent une décision historique leur permettant de débuter des activités de démonstration avec l'appui technique et financier des pays industrialisés. C'est ainsi que, pour la première fois, la forêt a été considérée comme faisant partie du régime climatique et que la RED s'est retrouvée au cœur de l'enjeu climatique.

L'évolution de son acronyme, de RED à REDD+, reflète une deuxième transformation de cette approche. Suite aux propositions récurrentes de l'Afrique, l'aspect de la dégradation a été ajouté à la RED, si bien qu'une des mesures d'atténuation mentionnée dans le Plan d'action de Bali est la « Réduction des émissions dues au déboisement et à la dégradation des forêts » (REDD). Par la suite, les efforts de la Chine et de l'Inde conduisirent à une nouvelle modification à Poznan, en 2008, afin d'y intégrer la conservation des forêts et la gestion durable des stocks de carbone, symbolisée par un signe « + ». Depuis, on ne parle plus de « flux » mais de « réservoirs » de carbone. L'élargissement de ce concept entraîne une modification des méthodes de calcul et des mécanismes à adopter, ce qui conduit certains pays, tels que le Brésil, à préférer une approche centrée uniquement sur le déboisement.

DE COPENHAGUE À CANCUN : ENJEUX ET PERSPECTIVES DE LA REDD+

Un des principaux enjeux est celui de la définition du type de mécanisme financier de la REDD : marché ou fonds ? S'agira-t-il d'un mécanisme de marché, comme la vente de crédits d'émissions, ou d'une mesure d'atténuation nationalement appropriée, ce que désire le Brésil, par exemple ? Plusieurs pays industrialisés comptent faire appel à l'achat de crédits de carbone forestier provenant de la REDD (35 pour cent des possibles réductions de l'Europe, 60 pour cent pour la Norvège, 20 pour cent pour les États-Unis). Le déboisement est donc devenu un enjeu central des stratégies de réduction d'émissions des pays industrialisés. Or, l'option du marché pose plusieurs problèmes. L'énorme quantité de crédits de carbone que pourrait engendrer la REDD risquerait d'annuler les autres marchés de technologies propres (électricité, énergies propres, traitement des eaux usées), ce qui préoccupe les PED qui ont investi dans ces domaines. De plus, les évaluations de l'accès au Mécanisme de développement propre montrent qu'il demeure dominé par quelques pays émergents (Brésil, Inde et Chine), ce qui pose un problème d'équité. En outre, un mécanisme de marché ne stimule pas nécessairement la transformation des pratiques productrices d'émissions des pays développés. Enfin, l'absence de données fiables sur les stocks de carbone dans la plupart des PED complique la mise en œuvre d'un mécanisme de marché.

Si l'option d'un fonds est retenue, il faudra tenir compte, entre autres, du calcul réalisé par la Norvège qui estime à 14 milliards par an le montant nécessaire pour diminuer de moitié le déboisement dans les tropiques. Cette cible de 50 pour cent, suggérée dans le rapport Stern et proposée par l'Europe comme objectif pour 2020, constitue le deuxième enjeu des négociations sur la REDD avant la conférence des Parties de Cancun, en 2010. Alors que l'Europe considère cette cible globale comme essentielle pour motiver les gouvernements à financer la réduction du déboisement, les PED, soumis à une frontière agricole en expansion sous le poids d'une démographie croissante, ne sont pas en mesure d'assumer les coûts sociaux d'une telle cible.

D'autres aspects à surveiller concernent ce qu'on appelle la « mise en œuvre de sauvegarde », qui implique la prise en compte des effets sociaux et environnementaux de mesures adoptées. C'est le cas de la conservation de la biodiversité, qui doit être prise en compte en évitant la généralisation des monocultures ou l'adoption d'autres mesures qui ne tiendraient compte que des bénéfices liés au climat. De même, les droits territoriaux et communautaires des peuples autochtones pourraient être affectés par la valorisation des forêts pour la REDD. Enfin, le déboisement ne peut pas uniquement être considéré comme une source de GES, mais avant tout comme une stratégie liée à la pauvreté rurale. Pour être efficace, la REDD devra tenir compte de la disponibilité de moyens de subsistance de remplacement durables pour les populations les plus vulnérables.

CHAPITRE 13

EXEMPLE DE RÉALISATION

LE BRÉSIL, UN RÔLE CROISSANT DANS LA GOUVERNANCE DU CLIMAT?

Ana Flávia Barros-Platiau

Le Brésil joue un rôle croissant dans le développement du régime international du changement climatique pour au moins quatre grandes raisons. Les trois premières correspondent au profil brésilien, tandis que la dernière est plutôt systémique.

En premier lieu, il y a la volonté de la diplomatie brésilienne, affichée et durable, depuis 1995, de jouer un rôle important dans les pourparlers multilatéraux (Viola, Barros-Platiau et Leis 2008). En effet, depuis les réunions préparatoires du Sommet de la Terre de Rio, en 1992, la diplomatie brésilienne aspire à jouer un rôle plus important dans les négociations liées aux questions environnementales, avec, notamment, pour objectif de souligner l'importance du droit au développement. C'est pourquoi le Brésil met systématiquement en avant la lutte contre la pauvreté et le développement durable comme conditions *sine qua non* d'un régime international juste et efficace, comme ce fut le cas à Bonn en juin 2009[1].

Pendant les négociations du protocole de Kyoto, certains pays du Sud, dont l'Inde et le Brésil, ont souligné que les pays développés, en général, n'avaient pas respecté leurs engagements d'atténuation de GES ni ceux concernant le transfert de technologies et de ressources. En conséquence, depuis 1990, les émissions de GES ont augmenté de 35 pour cent (Jacquet, Pachauri

---

1. Voir le texte présenté par 36 pays en développement lors de la séance plénière de l'AWG-LCA, dans la 30e Session des organes subsidiaires de la CCNUCC à Bonn. FCCC/KP/CMP/2009/7 du 15 juin 2009.

et Tubiana 2009: 16), malgré tous les efforts politiques et scientifiques mondiaux en faveur de mesures d'atténuation. De ce fait, le Brésil entend faire respecter le principe des responsabilités communes mais différenciées (principe 7 de la Déclaration de Rio).

Deuxièmement, le Brésil peut s'enorgueillir du succès des politiques énergétiques ayant permis au pays de se doter d'une des matrices énergétiques les plus propres au monde et de se présenter comme modèle. En fait, le grand problème du Brésil, dans le régime du climat, n'est pas l'énergie, ni l'industrie et encore moins les transports, mais le déboisement, dont le rythme est encore très élevé (INPE 2008), et qui correspond à environ 75 pour cent des émissions de GES nationales[2]. En ce sens, le rôle du Brésil, en tant que pays ayant beaucoup investi dans les sources alternatives d'énergie, telles que les biocombustibles et l'hydroélectricité (88 pour cent de sa matrice), s'en trouve renforcé. En revanche, le problème du déboisement est encore loin d'être résolu, ce qui révèle à la fois sa complexité et l'insuffisance des politiques publiques nationales actuelles. Ceci explique, dans une certaine mesure, pourquoi le Plan national contre les changements climatiques de 2008 a été si modeste.

Enfin, et découlant des deux raisons précédentes, le Brésil jouit d'une image enviable sur l'échiquier international comme pays d'avenir, non seulement grâce à un marché interne, stable et résilient, mais surtout parce que les coûts d'atténuation des gaz à effet de serre sont parmi les plus bas du monde. Selon Viola[3], une réduction de deux tiers du déboisement coûterait moins de trois pour cent du PIB et aurait pour conséquence une réduction d'environ 50 pour cent des émissions de GES. Par ailleurs, la transition vers une économie moins intensive en carbone est plus faisable au Brésil que dans les autres pays émergents.

À ces trois raisons, il convient d'en rajouter une dernière, que relève l'appel de la communauté internationale au Brésil pour qu'il assume ses responsabilités internationales. En d'autres termes, les pays en développement dits «émergents» sont les grands émetteurs de l'avenir. La Chine, l'Inde et le Brésil ont un rôle à jouer avant 2050, en fonction de leur croissance économique[4]. Ainsi, ils participent activement à la prolifération d'initiatives multilatérales, comme le G5+1, le Forum des économies majeures (FEM), le

2. Plano Nacional de Mudança do Clima, Ministério da Ciência e Tecnologia, dezembro 2008.

3. Colóquio Internacional sobre Aquecimento Global /*International Colloquium on Global Warming*, Rio de Janeiro, le 21 mai 2007.

4. Selon Tancrède Voituriez (IDDRI), séminaire franco-brésilien sur les changements climatiques, Brasilia, UnB, 25/11/2008.

groupe des pays émergents composé du Brésil, de la Russie, de l'Inde et de la Chine (« BRIC ») ou le bloc IBSA (Inde, Brésil et Afrique du Sud). De plus, il est fort probable que le G8 fusionne avec le G5+1 vers 2011 pour traiter des questions énergétiques et climatiques, avec le soutien brésilien.

Face à un contexte international caractérisé par un clivage persistant entre pays développés et en développement, à l'absence de changements notables des comportements et des modes de production et de consommation, à des mesures politiques qui se font attendre, au lent développement du droit international et d'autres institutions de gouvernance du climat, et à la nécessité de renforcer les mécanismes de contrôle et surveillance, il convient de se demander quelle stratégie poursuit le Brésil.

Le Brésil veut, d'une part, que les pays du Nord montrent l'exemple et respectent leurs engagements avant de prôner la nécessité d'un nouvel accord global post-2012 et, d'autre part, que les pays riches reconnaissent l'urgence de politiques d'atténuation effectives avant 2020. Aussi a-t-il critiqué la déclaration du G8 au sommet de l'Aquila (2009), qui a repoussé l'échéance des promesses d'atténuation à 2050, faute d'un accord sur le court terme. Une autre exigence est l'adoption de mesures vérifiables (MRV) permettant de comparer les efforts et les performances de chacun. Enfin, il reste à savoir si le Brésil avancera aussi dans le cadre de la gouvernance régionale (Le Prestre 2008) du climat. Malheureusement, l'analyse des pourparlers régionaux des dernières années ne nous permet pas de prévoir des avancées immédiates en matière de gouvernance régionale sud-américaine.

Finalement, les minces résultats de la coopération internationale conduisent le Brésil à adopter une position très conservatrice dans le cadre des négociations à propos de la suite à donner au protocole de Kyoto, puisque la période de mise en œuvre 2008-2012 arrive à sa fin. Le Brésil joue donc le rôle de demandeur et de défenseur des engagements internationaux, sans pour autant accepter lui-même d'obligations d'atténuation chiffrées.

RÉFÉRENCES

Barros-Platiau, A.F. (2008), 'Atores, interesses e prospectivas das negociações multilaterais sobre aquecimento global : que governança ?', dans Daibert, Arlindo (dir.) *Direito ambiental comparado*, Belo Horizonte : forum : 189-206.

Barros-Platiau, A., Varella, M., Schleicher, R. (2004), 'Meio ambiente e relações internacionais : perspectivas teóricas, respostas institucionais e novas dimensões de debate', *Revista brasileira de política internacional*, 2/2004, pp. 2-32.

Barros-Platiau, A.F. (2006), 'A política externa ambiental : do desenvolvimentismo ao desenvolvimento sustentável', dans Altemani, H. de O., Lessa, A. C. (dir.), *Relações internacionais do brasil, temas e agendas*, São Paulo, Saraiva, vol.2, pp. 251-282.

Drummond, J. A., Barros-Platiau, A.F. (2006), 'Brazilian environmental laws and policies, 1934-2002 : a critical overview', *Law and policy*, Vol.28 (1), pp. 83-108.

Instituto Nacional de Pesquisas Espaciais (INPE) (2008), *Monitoramento da cobertura florestal da amazônia*, [en ligne], www.inpe.br, consulté le 18 septembre 2010.

Jacquet, P., Pachauri, R.et Tubiana, L. (dir.) (2009), *Regards sur la terre*, Presses de Sciences Po, Paris.

Le Prestre, P. (2008), Séminaire franco-brésilien sur les changements climatiques, Brasilia, UNB, 25/11/2008.

Ministério da ciência e tecnología (2008), *Plano nacional de mudança do clima*, Brazil.

Viola, E., Barros-Platiau, A.F., Leis, H.R. (2008), *Governança e segurança climática na américa do sul. Uma nova agenda econômica e social para a américa latina*, [en ligne], www.plataformademocratica.org/publicacoes/publicacao_788_em_15_07_2008_12_06_54.pdf

Voituriez, T. (2008), séminaire franco-brésilien sur les changements climatiques, Brasilia, UNB, 25/11/2008.

SECTION IV

LA CONVENTION SUR LA LUTTE CONTRE LA DÉSERTIFICATION

CHRONOLOGIE[1]

CONVENTION SUR LA LUTTE CONTRE LA DÉSERTIFICATION

2010 Décennie des Nations unies pour les déserts et la lutte contre la désertification (2010-2010)

2009 CP 9 – Buenos Aires, Argentine (21 septembre au 2 octobre)

CRIC 8 – Le CRIC obtient le statut d'organe subsidiaire

2008 Plan-cadre décennal stratégique (2008-2018)

CRIC 7– Istanbul, Turquie (3 au 14 novembre)

Première année de mise en œuvre du Plan-cadre décennal stratégique 2008-2018

2007 CP 8 – Madrid, Espagne (3 au 14 septembre)

Adoption du Plan-cadre décennal stratégique 2008-2018 (3/COP.8)

CRIC 6 – Madrid, Espagne (5 au 14 septembre)

Revue des politiques, des modalités opérationnelles, des activités et de l'exécution de la fonction du Mécanisme mondial

CRIC 5 – Buenos Aires, Argentine (12 au 21 mars)

2006 Année internationale des déserts et de la désertification

2005 CP 7 – Nairobi, Kenya (17 au 28 octobre)

Création d'un Groupe de travail spécial chargé de se pencher sur la question de l'amélioration des procédures de communication d'informations ainsi que de la qualité et de la présentation des rapports (8/COP.7)

Création d'un groupe de travail intersessions intergouvernemental spécial dont le principal mandat est d'élaborer un projet de Plan-cadre décennal stratégique pour la Convention (3/COP.7)

CRIC 4 – Nairobi, Kenya (18 au 21 octobre)

1. Chronologie préparée par Anaïz Parfait.

Évaluation du Mécanisme mondial

Examen des données relatives au financement de la CLD

CRIC 3 – Bonn, Allemagne (2 au 11 mai)

2003 CP 6 – La Havane, Cuba (25 août au 5 septembre)

Suivi du Sommet mondial sur le développement durable (2/COP.6)

Examen de l'évaluation indépendante du Mécanisme mondial (5/COP.6)

Désignation du Fonds pour l'environnement mondial (FEM) comme nouveau mécanisme de financement de la CLD (6/COP.6)

CRIC 2 – La Havane, Cuba (26 au 29 août)

Évaluation de la mise en œuvre de la CLD et de ses arrangements institutionnels

Revue des données concernant le financement de la mise en œuvre de la CLD par les agences et les institutions multilatérales

2002 CRIC 1 – Rome, Italie (11 au 22 novembre)

Examen des mécanismes financiers supportant la mise en œuvre de la CLD

2001 CP 5 – Genève, Suisse (1er au 12 octobre)

Création du Comité chargé de l'examen de la mise en œuvre de la Convention CRIC (1/COP.5)

Création d'un « Groupe d'experts de la lutte contre la désertification et de l'atténuation des effets de la sécheresse » sous l'autorité du CST (18/COP.5)

2000 CP 4 – Bonn, Allemagne (11 au 22 décembre)

Adoption de la Déclaration sur les engagements visant à renforcer l'exécution des obligations énoncées dans la CLD (Déclaration de Bonn) (8/COP.4)

Désignation d'un groupe spécial sur les systèmes d'alerte précoce (14/COP.4)

1999 CP 3 – Recife, Brésil (15 au 26 novembre)

Dépôt de la « stratégie à moyen terme » du Secrétariat (2/COP.3)

Formation d'un Groupe de travail spécial chargé de l'évaluation et de l'analyse approfondie des rapports sur les programmes d'action nationaux, sous-régionaux et régionaux (6/COP.3)

Adoption d'une décision concernant le renforcement du rôle des ONG dans la mise en œuvre de la CLD (18/COP.3)

1998 CP 2 – Dakar, Sénégal (30 novembre au 11 décembre)

Établissement d'un groupe spécial concernant les connaissances traditionnelles (14/COP.2)

Adoption du cadre méthodologique concernant l'étude d'impact (16/COP.2)

Création du Mécanisme mondial (18/COP.2)

1997 CP 1 – Rome, Italie (29 septembre au 15 octobre)

Organisation et établissement du programme de travail de la CP et de ses règles de gestion financière (1/COP.1, 2/COP.1, 3/COP.1, 4/COP.1, 6/COP.1, 7/COP.1, 8/COP.1, 9/COP.1)

Désignation de Bonn (Allemagne) comme lieu d'établissement du Secrétariat permanent (5/COP.1)

1996 Entrée en vigueur de la CLD (26 décembre)

1994 Adoption du texte de la Convention (17 juin)

1992 Inclusion de la désertification et de la sécheresse à l'ordre du jour de la Conférence des Nations unies sur l'environnement et le développement de 1992 à Rio (3 au 14 juin)

1991 Le PNUE conclut à l'aggravation de la situation malgré l'adoption du Plan d'action de Nairobi

1989 Résolution 44/228 de l'Assemblée générale des Nations unies qui demande qu'une attention spéciale soit portée au sujet de la désertification et de la sécheresse dans le cadre de la Convention des Nations unies sur l'environnement et le développement (22 décembre).

1977 Plan d'action pour lutter contre la désertification lors de la Conférence des Nations unies sur la désertification à Nairobi (29 août au 9 septembre).

FICHE TECHNIQUE[2]

CONVENTION DES NATIONS UNIES SUR LA LUTTE CONTRE LA DÉSERTIFICATION (CLD)

Date d'adoption du texte: 17 juin 1994

Date d'ouverture à la signature: 14 et 15 octobre 1994

Date d'entrée en vigueur: 26 décembre 1996

Statut de ratification: Tous les États membres de l'ONU sont Parties à la Convention, à l'exception de l'Estonie, de l'Irak, de la République du Monténégro et de la Serbie. Les Îles Cook et Nioué, non-membres de l'ONU, sont également Parties à la Convention.

Contenu: 40 articles et cinq annexes

Objectifs [art. 2]: 1) lutter contre la désertification et atténuer les effets de la sécheresse dans les pays gravement touchés par la sécheresse et/ou la désertification, en particulier en Afrique; 2) mettre en œuvre une approche intégrée compatible avec le programme Action 21; 3) contribuer à l'instauration d'un développement durable dans les zones touchées; 4) appliquer des stratégies intégrées à long terme axées sur l'amélioration de la productivité des terres ainsi que sur la remise en état, la conservation et une gestion durable des ressources en terres et en eau, et aboutissant à l'amélioration des conditions de vie, en particulier au niveau des collectivités.

Principes [art. 3]: Les Parties doivent favoriser la participation des populations, des collectivités locales et des organisations non gouvernementales (ONG) et instituer une coopération avec celles-ci. Elles doivent également améliorer la coopération et la coordination aux niveaux sous-régional, régional et international, et prendre pleinement en considération la situation et les besoins particuliers des pays en développement touchés Parties.

2. Fiche préparée par Anaïz Parfait.

Dispositions générales [art. 4 à 8] : La Convention prévoit des obligations générales applicables à tous les pays Parties, des obligations spécifiques pour les pays touchés et d'autres pour les pays développés et encourage la coordination entre les activités menées en vertu de la CLD et celles en lien avec la Convention sur la diversité biologique (CDB) et la Convention-cadre des Nations unies sur les changements climatiques (CCNUCC).

Programmes d'action [art. 9 à 15] : Les pays en développement touchés Parties élaborent, rendent publics et exécutent des programmes d'action nationaux et des programmes d'action sous-régionaux et régionaux, pour en faire l'élément central de la stratégie de lutte contre la désertification et d'atténuation des effets de la sécheresse. Les pays développés Parties accordent un appui à ces programmes d'action et l'ensemble des Parties encouragent les organes, fonds et programmes du système des Nations unies et les autres organisations pertinentes à appuyer l'élaboration, la mise en œuvre et le suivi des programmes d'action.

Coopération scientifique et technique [art. 16, 17, 18] : Les Parties conviennent d'intégrer et de coordonner la collecte, l'analyse et l'échange de données et d'informations pour assurer l'observation systématique de la dégradation des terres dans les zones touchées et mieux comprendre et évaluer les phénomènes et les effets de la sécheresse et de la désertification. Elles s'engagent également à favoriser la coopération technique et scientifique par l'intermédiaire des institutions compétentes aux niveaux national, sous-régional, régional et international et à promouvoir, financer et/ou faciliter le financement du transfert, de l'acquisition, de l'adaptation et de la mise au point de technologies écologiquement rationnelles, économiquement viables et socialement acceptables.

Mesures d'appui [art. 19, 20, 21] : Les Parties s'emploient à promouvoir le renforcement des capacités et à faire en sorte que des ressources financières adéquates soient dégagées en faveur de programmes de lutte contre la désertification et d'atténuation des effets de la sécheresse. Elles favorisent la disponibilité de mécanismes financiers et encouragent ces mécanismes à veiller à ce que les pays en développement touchés Parties disposent de fonds pour mettre en œuvre la Convention. Le Mécanisme mondial (MM), qui fonctionne sous l'autorité et la conduite de la Conférence des Parties (CP), est établi afin d'encourager les actions conduisant à la mobilisation et à l'acheminement de ressources financières importantes, notamment pour le transfert de technologie au profit des pays en développement touchés Parties.

Organes créés par la Convention [art. 22 à 25 et décisions des CP 2, 5 et 9] :

Conférence des parties: organe suprême de la Convention qui chapeaute sa mise en œuvre, établit la fréquence des communications à présenter et adopte le budget de chaque exercice financier.

Secrétariat permanent: organe administratif de la CNULD qui assiste la Conférence des Parties dans l'exercice de ses fonctions en organisant les sessions de la CP et de ses organes subsidiaires et en compilant et transmettant les rapports qu'il reçoit.

Comité de la science et de la technologie (CST): organe subsidiaire voué à fournir des informations et des avis à la CP sur des questions technologiques relatives à la lutte contre la désertification et l'atténuation de la sécheresse. Il est également chargé, sous le contrôle de la CP, de constituer un réseau d'institutions, d'organismes et d'organes qui devra concourir à la mise en œuvre de la Convention.

Le Comité chargé de l'examen de la mise en œuvre de la Convention (CRIC) : créé en 2001, le Comité chargé de l'examen de la mise en œuvre de la Convention a obtenu le statut d'organe subsidiaire en 2009. Son mandat consiste à examiner la mise en œuvre de la CLD selon l'expérience acquise aux niveaux national, sous-régional, régional et international et à faciliter l'échange d'informations relatives aux mesures de mise en œuvre établies par les Parties.

Le Mécanisme mondial (MM) : Mis sur pied en 1998 afin d'accroître l'efficacité des mécanismes financiers visant la mise en œuvre de la Convention, le Mécanisme mondial veille à promouvoir les actions permettant de mobiliser et d'acheminer des ressources financières aux pays en développement touchés Parties.

Annexes: Les cinq annexes de la CLD fournissent des détails sur les programmes d'action nationaux, sous-régionaux et régionaux pour chacune des régions de l'Afrique, de l'Asie, de l'Amérique latine et des Caraïbes, de la Méditerranée septentrionale ainsi que de l'Europe centrale et orientale.

CHAPITRE 14

LA CLD : ACTEURS, STRUCTURE ET ENJEUX

Anaïz Parfait

LE FINANCEMENT DE LA MISE EN ŒUVRE

Le financement de la mise en œuvre de la CLD représente un véritable défi depuis sa création. En effet, la CLD n'a pas été dotée d'un mécanisme financier apte à soutenir ses ambitions. Portée par le G77, la proposition de créer un Fonds dédié à la lutte contre la désertification lors des négociations de la Convention a échoué. Le Mécanisme mondial, organe subsidiaire de la CP, qui vise à promouvoir la mobilisation et l'acheminement des ressources financières aux pays en développement touchés, ne constitue pas un fonds. En ce sens, les Parties touchées par la désertification sont les premières responsables du financement de la mise en œuvre de la Convention dans leur pays.

Même si plusieurs mécanismes de financement ou de mise à disposition de ressources ont été mis en place (aide bilatérale, fonds international de développement agricole, banques régionales, banque mondiale, FEM, PNUD-FEM, PNUE-FEM…), les ressources nécessaires à la mise en œuvre, évaluées au minimum à dix milliards de dollars par an, sont très insuffisantes. Le rapport du Corps commun d'inspection des Nations unies (UIC), publié en 2005, note d'ailleurs que les ressources mobilisées à ce jour aux fins de la Convention ne sauraient être considérées comme « importantes », « adéquates », « prévisibles » ou fournies « en temps voulu ».

La problématique du financement de la mise en œuvre de la CLD est toujours au centre des préoccupations. Lors de sa huitième session, la CP a demandé à l'UIC d'effectuer une évaluation du Mécanisme mondial qui lui a été soumise lors de sa neuvième session. Il s'agit de la troisième évaluation du

Mécanisme mondial depuis 2005[1]. Pour pallier aux problèmes de coopération entre le MM et le Secrétariat, l'UIC a proposé trois solutions : 1) apporter des améliorations dans le contexte actuel ; 2) fusionner les deux organisations ; ou 3) convertir le MM en un fonds. En l'absence d'avis juridiques sur les conséquences de ces scénarios, notamment sur la nécessité de modifier le texte de la CLD, la décision a été reportée [6/COP.9][2].

En outre, le quatrième objectif stratégique du Plan-cadre décennal stratégique 2008-2018 vise, notamment, la mobilisation de « ressources en faveur de la mise en œuvre de la Convention »[3] et son cinquième objectif opérationnel est « l'accroissement des ressources financières et technologiques aux niveaux national, bilatéral et multilatéral, et l'amélioration de leurs impacts »[4].

L'APPROCHE PARTICIPATIVE

La CLD se démarque des autres accords multilatéraux environnementaux en plaçant la société civile au centre du processus de recherche et de mise en œuvre de solutions pour lutter contre la désertification (Johnson, Mayrand et Paquin 2006, pp. 89 et suivantes). En effet, le texte de la Convention prévoit expressément la participation des communautés locales, des populations affectées, et particulièrement des femmes, des exploitants des terres et des organisations non gouvernementales dans la mise en œuvre de la Convention en reconnaissant que leur implication facilite l'évaluation des zones visées par la Convention et que leurs expériences et stratégies d'adaptation favorisent la formulation de solutions pertinentes. Ainsi, l'article 3 de la Convention fait de la participation de ces acteurs un principe sous-jacent à l'atteinte des objectifs de la Convention par les Parties, et la CP a réitéré à plusieurs reprises l'importance de cette participation tant au niveau de la conception que de la mise en œuvre des programmes d'action. L'article 22 de la CLD stipule également que « tout organe ou organisme, national ou international, gouvernemental ou non gouvernemental, qui est compétent dans les domaines visés par la Convention et qui a fait savoir au Secrétariat permanent qu'il souhaitait être représenté à une session de la Conférence des Parties en qualité d'observateur, peut y être

1. Unisféra et IEPF. (2008), Fiche technique sur le Plan-cadre décennal stratégique 2008-2018 [en ligne] www.terres.iepf.org/fileadmin/fichier/Plan-cadre_decennal_strategique_2008-2018.pdf, consulté le 20 décembre 2008.

2. Objectif Terre, vol. 11, numéro 4, décembre 2009, p. 20.

3. Secrétariat de la CLD. 2007. *Rapport de la CP 8.* [en ligne], www.unccd.int/cop/cop8/menu.php, consulté le 16 décembre 2008.

4. Idem.

admis en cette qualité, à moins qu'un tiers au moins des Parties présentes n'y fasse objection »[5]. Par ailleurs, les points de vue des différents acteurs doivent être pris en compte dans le cadre de l'élaboration des rapports nationaux[6] et les programmes d'action doivent préciser le rôle dévolu à chacun des acteurs engagés et prévoir leur participation effective[7].

Jusqu'à présent, près de 800 ONG ont été accréditées à titre d'observateurs[8]. Cependant, en 2005, le Corps commun d'inspection a rapporté le manque de transparence dans le processus de sélection des organisations non gouvernementales pour la participation aux travaux de la CP et a recommandé l'instauration de critères de sélection précis et d'un mécanisme assurant la répartition équilibrée des différentes régions[9].

LES CONNAISSANCES TRADITIONNELLES, LA RECHERCHE ET LE DÉVELOPPEMENT DE TECHNOLOGIES

La question des connaissances traditionnelles est au cœur des travaux de la CLD. En effet, la Convention appuie la sauvegarde, l'intégration et la valorisation des connaissances et des pratiques locales et traditionnelles[10]. Ses articles 16, 17 et 18 appellent au développement et au renforcement des capacités de recherche et de développement de technologies et à leur intégration aux connaissances traditionnelles[11]. En outre, les Parties s'engagent à s'assurer que les populations locales profitent directement, et de façon équitable, de toute exploitation commerciale éventuelle de leurs connaissances[12].

Plusieurs groupes de travail ont été établis sur le thème des connaissances traditionnelles. En 1998, une synthèse des connaissances traditionnelles fondamentales a été réalisée[13], et les plus importants succès ont été répertoriés[14] par le premier groupe de travail sur les connaissances traditionnelles.

5. Convention [...], *op. cit.*, art. 22 par. 7.
6. ICCD/CRIC(3)/INF.3, par. 25.
7. Unisféra et IEPF (2007), *op. cit.*, p. 51.
8. CLD. Site Internet, [en ligne], www.unccd.int/ngo/menu.php, consulté le 24 décembre 2008.
9. ICCD/COP(7)/4, par. 20 et recommandation 9.
10. Unisféra et IEPF (2007), *op. cit.*, p. 52-53.
11. Convention [...], *op. cit.*, art 16, 17 et 18.
12. Convention [...], *op. cit.*, art. 18 par. 2.
13. ICCD/COP(3)/CST/2.
14. ICCD/COP(3)/CST/3.

Dans son rapport soumis à la CP-3, ce groupe de travail a également défini le terme « connaissances traditionnelles »[15].

Un second groupe spécial sur les connaissances traditionnelles, mis en place en 1999, a établi des critères permettant notamment d'évaluer les relations de réciprocité entre les connaissances traditionnelles et les connaissances modernes, ainsi que l'intérêt des connaissances traditionnelles, à la fois sur les plans socio-économique et écologique, relatives aux modifications de l'environnement. Ce groupe spécial a recommandé la création d'un réseau d'experts, d'institutions, d'organisations et d'organismes œuvrant dans le domaine des connaissances traditionnelles[16]. La CP a donc prié le Mécanisme mondial et l'Italie, pays déjà actif en la matière, d'étudier les possibilités de partenariat en vue de créer un tel réseau[17].

Enfin, la CP-7 a encouragé le développement d'initiatives relatives aux connaissances traditionnelles et invité les Parties à sauvegarder, promouvoir et exploiter les connaissances traditionnelles (en engageant les communautés et les experts locaux) et à favoriser l'intégration des connaissances, tant traditionnelles que modernes dans la lutte contre la désertification[18].

LE RENFORCEMENT DES CAPACITÉS

L'importance du renforcement des capacités, qui a pour principaux objectifs de permettre aux Parties de mieux suivre le processus de la CLD, de combler les lacunes en matière d'information et de recherche, de recueillir des données statistiques et de soumettre leur rapport national dans les délais, est reconnue dans l'article 19 de la Convention. Les pays touchés doivent procéder à un examen pluridisciplinaire des capacités et installations disponibles aux niveaux local et national et des possibilités de les renforcer[19]. Les Parties

15. « [elles] consistent en un savoir concret (opérationnel) et normatif (habilitant) concernant l'environnement écologique, économique et culturel. Les connaissances traditionnelles sont centrées sur la population (produites et transmises par des individus en tant qu'acteurs avisés compétents et autorisés) ; elles sont systémiques (intersectorielles et holistiques), expérimentales (empiriques et pratiques), transmises d'une génération à l'autre et culturellement valorisées. Ce type de connaissances favorise la diversité ; il valorise et reproduit les ressources locales (internes) » (Unisféra et IEPF (2007), *op. cit.*, p. 53).

16. ICCD/COP(4)/CST/2.

17. Décisions 12/COP.4, (ICCD/COP(4)/11/Add.1) et 12/COP.5, (ICCD/COP(5)/11/ Add.1).

18. Décision 16/COP.7, (ICCD/COP(7)/16/Add.1).

19. Unisféra et IEPF (2007), *op. cit.*, p. 55.

coopèrent également entre elles pour la sensibilisation et l'éducation du public[20].

Lors de la CP-7, les Parties et organisations internationales ont été priées de prendre des mesures en matière de renforcement des capacités, particulièrement dans les domaines de la gestion des ressources agricoles, environnementales et naturelles[21]. Les États africains ont été invités à décentraliser certains pouvoirs de gestion des ressources naturelles aux échelons locaux, à renforcer leurs organismes de coordination nationaux, à promouvoir les démarches faisant appel à la participation de la société civile, à renforcer les capacités des pouvoirs publics et de la société civile ainsi qu'à appuyer la formulation, l'exécution et l'évaluation de programmes de développement locaux de type participatif dans le cadre des programmes d'action nationaux[22].

La question du renforcement des capacités est toujours d'actualité puisque le quatrième objectif opérationnel du Plan-cadre décennal stratégique 2008-2018 est de renforcer les « capacités pour prévenir et enrayer la désertification et la dégradation des terres, et les effets néfastes de la sécheresse »[23].

LES SYNERGIES ENTRE LES CONVENTIONS DE RIO

La CLD encourage la coordination entre les activités menées par les conventions de Rio (CLD, CDB et CCNUCC). Ainsi, l'article 8 de la CLD suggère l'établissement de programmes communs dans les domaines de la recherche, de la formation et de l'observation systématique, de même que la collecte et l'échange d'informations pour favoriser les synergies.

La CP-6 a encouragé le Groupe de liaison mixte (GLM), un forum informel chargé d'améliorer la coordination entre les conventions de Rio[24], à « recenser les domaines qui se prêteraient à la mise au point d'activités communes, y compris la facilitation des initiatives à l'échelon local »[25]. Un rapport du GLM de 2005 répertoriant les mesures permettant d'améliorer la coopération entre les trois Conventions de Rio, a identifié comme prioritaires (i) la promotion de la complémentarité entre les stratégies et plans d'action nationaux de la CDB, les programmes d'action nationaux de la CLD et les

20. Convention [...], *op. cit.*, Art. 19 par. 2 et 3.
21. Décision 1/COP.7, (ICCD/COP(7)/16/Add.1).
22. Décision 1/COP.7, (ICCD/COP(7)/16/Add.1).
23. CLD. Site Internet, [en ligne], www.unccd.int/cop/cop8/menu.php, consulté le 24 décembre 2008.
24. CNULD. Site Internet, www.unccd.int/, consultée le 24 décembre 2008.
25. Décision 12/COP.6.

programmes d'action nationaux d'adaptation de la CCNUCC ; (ii) la collaboration entre les points focaux des conventions ; (iii) la collaboration entre leurs organes scientifiques subsidiaires ; (iv) le développement conjoint de programmes ou plans de travail, d'ateliers internationaux et d'activités de renforcement des capacités ; (v) la réalisation d'études de cas sur les liens entre la désertification, les changements climatiques et la perte de biodiversité ; (vi) le partage d'information et d'expériences ; (vii) la coopération en lien avec la communication, l'éducation et la sensibilisation du public ; et (viii) la coopération dans le développement d'avis, de méthodologies et d'outils[26].

Quelques initiatives communes ont été développées, telles que le programme de travail conjoint établi par la CLD et la CDB relatif à la diversité biologique des terres arides et subhumides[27], l'Atelier régional pour l'Afrique sur les synergies à établir pour mettre en œuvre les programmes de travail relatifs aux terres sèches et subhumides et à la biodiversité agricole de 2004 et TEMATEA[28]. Mais les collaborations demeurent limitées.

En 2007, le CRIC a identifié plusieurs contraintes entravant les synergies entre les trois Conventions de Rio, notamment l'absence de synchronisation entre les politiques nationales, le manque de ressources financières, ainsi que l'instabilité politique, et a appelé à une mise en œuvre intégrée des mandats de toutes les conventions par les gouvernements nationaux[29].

LA MISE EN ŒUVRE DE LA CONVENTION

Le Plan-cadre décennal stratégique 2008-2018 est le véritable fer de lance du renouvellement de la Convention. Visant une réforme de la Convention, son objectif est d'assurer une vision commune et cohérente de la mise en œuvre de la CLD et d'en améliorer l'efficacité en préconisant une approche axée sur les résultats. Il prévoit des objectifs stratégiques qui serviront de guide

26. Joint Liaison Group (2005), *Draft report of the sixth meeting of the Joint liaison group of the CBD, UNFCCC and UNCDD*, [en ligne] www.unccd.int/publicinfo/jlg/JLG_report6.pdf, consulté le 9 octobre 2010.

27. Décision 12/COP.6

28. L'initiativeTEMATEA est « un guide pour une mise en œuvre cohérente des obligations résultantes des accords liés à la biodiversité, ainsi que des autres accords pertinents dans cette problématique ». Cette initiative vise à optimiser les ressources humaines et financières tout en éliminant les dédoublements (TEMATEA, 2007).

29. Unisféra et IEPF (2007), *op. cit.*, p. 59. IISD (2007), « Summary of the Fifth Session of the Committee for the Review of Implementation of the UNCCD », *Earth Negotiations Bulletin*, Vol. 4, No. 195, [en ligne], www.iisd.ca/vol04/enb04195e.html, consulté le 20 décembre 2008.

à l'action des institutions de la CLD et de ses Parties, et des objectifs opérationnels délimitant le plan d'action pour les dix prochaines années, afin de relever les principaux défis en matière de mise en œuvre : un apport scientifique aux travaux de la Conférence des Parties limité, des faiblesses institutionnelles, un financement insuffisant, l'absence de consensus entre les Parties, et une faible sensibilisation des décideurs politiques. Le plan tente de faire de la CLD le véritable pivot des initiatives synergiques sur les problématiques du changement climatique, de la biodiversité et de la lutte contre la pauvreté[30].

La CP-9, première Conférence des Parties à avoir lieu depuis l'adoption du Plan-cadre stratégique décennal a confirmé l'importance accordée à l'évaluation de la mise en œuvre et de la gestion axée sur les résultats en attribuant le statut d'organe subsidiaire au Comité chargé de l'examen de la mise en œuvre (CRIC) [décision 11/COP.9].

RÉFÉRENCES

Assemblée générale des Nations unies (1989), *Résolution 44/228 - la Conférence des Nations unies sur l'environnement et le développement*, [en ligne] http ://dacces-sdds.un.org/doc/RESOLUTION/GEN/NR0/549/87/IMG/NR054987.pdf?OpenElement, consulté le 25 décembre 2008.

UNCCD (1994), *Convention des Nations unies sur la lutte contre la désertification dans les pays gravement touchés par la sécheresse et/ou la désertification, en particulier en Afrique*, [en ligne] www.unccd.int/convention/text/convention.php, consulté le 16 décembre 2008.

Convention sur la diversité biologique (1992), *Joint Liaison Group*, [en ligne] www.cbd.int/cooperation/liaison.shtml, consulté le 22 décembre 2008.

UNCCD (1994), *Convention des Nations unies sur la lutte contre la désertification dans les pays gravement touchés par la sécheresse et/ou la désertification, en particulier en Afrique*, [en ligne], www.unccd.int/, consulté le 24 décembre 2008.

IISD (2005), « Compte rendu de la CP 7 de la CNULD », *Bulletin des négociations de la terre*, Vol. 4 (186).

IISD. (2007), « Summary of the Fifth Session of the Committee for the Review of Implementation of the UNCCD », *Bulletin des négociations de la terre*, vol. 4 (195).

30. Unisféra et IEPF (2008), Note de synthèse « Convention des Nations unies sur la lutte contre la désertification – Plan-cadre décennal stratégique 2008-2018 » [en ligne], www.terres.iepf.org/fileadmin/fichier/Plan-cadre_decennal_strategique_2008-2018.pdf, consulté le 20 décembre 2008.

Johnson, P.M., K. Mayrand et Paquin, M. (2006), *Governing Global Desertification: Linking Environmental Degradation, Poverty and Participation*, Ashgate, Aldershot.

Observatoire de l'écopolitique internationale (2008), *Objectif Terre – Rubrique désertification*, [en ligne], www.oei.ihqeds.ulaval.ca/desertification.html, consulté le 25 décembre 2008.

Observatoire de l'écopolitique internationale (2009), *Objectif Terre*, Vol. 11 (4), p.20, www.oei.ihqeds.ulaval.ca/fileadmin/fichiers/fichiersOEI/Objectif Terre/vol11n4.pdf

PNUE (1991), *States of Desertification and Implementation of the United Nations Plan of Action to Combat Desertification*, [en ligne] www.na.unep.net/des/uncedtoc.php3, consultée le 25 décembre 2008.

Secrétariat de la CNULD (2008), *Décision*, [en ligne] www.unccd.int/cop/menu.php, consulté le 16 décembre 2008.

TEMATEA (2007), *Modules thématiques pour une application cohérente des conventions sur la diversité biologique*, [en ligne], www.tematea.org/french, consulté le 18 octobre 2010.

Unisféra et IEPF (2007), « Guide des négociations – Convention des Nations unies sur la lutte contre la désertification », *Publications de l'IEPF*, [en ligne] www.terres.iepf.org/fileadmin/fichier/GuideCLD.pdf, consulté le 15 décembre 2008.

Unisféra et IEPF (2008), *Convention des Nations unies sur la lutte contre la désertification – Plan-cadre décennal stratégique 2008-2018*, [en ligne] www.terres.iepf.org/fileadmin/fichier/Plan-cadre decennal strategique 2008-2018.pdf, consulté le 20 décembre 2008.

CHAPITRE 15

LA CLD : PROMESSES ET DÉFIS

Bo Kjellén

La Convention sur la lutte contre la désertification (CLD) fait partie intégrante de l'ensemble des produits de la Conférence de Rio. Avec les traités jumeaux sur les changements climatiques et la biodiversité, elle représente un effort pour capturer, dans des documents juridiquement contraignants, le concept général de développement durable. Le cadre normatif de ce concept ayant été formulé à la Conférence des Nations unies sur l'environnement et le développement (CNUED) en 1992, le suivi de sa mise en œuvre s'effectue à travers la Commission du développement durable et le Sommet mondial sur le développement durable de Johannesburg en 2002. Étant donné que la durabilité ne concerne pas uniquement l'environnement, mais également des enjeux sociaux et économiques, les Objectifs du Millénaire pour le développement, adoptés en 2000, devraient être considérés comme faisant partie de cet effort multilatéral sans précédent structuré autour des Nations unies.

Pour analyser la situation actuelle de la CLD il est essentiel de remonter à ses origines, aux négociations du chapitre 12 de l'Agenda 21 à Rio et à celles de la CLD elle-même. J'ai été étroitement impliqué dans ces deux processus de négociations, tout d'abord en tant que président du groupe de travail I de la plénière du Comité préparatoire de la CNUED et ensuite en tant que président du Comité international de négociation de la CLD.

Les débats initiaux dans le groupe de travail de la CNUED révélèrent clairement la déception des pays africains face à la mise en œuvre du Plan d'action pour combattre la désertification, qui avait été adopté suite à la terrible sécheresse sahélienne des années soixante-dix. Ses résultats étaient considérés comme très limités, principalement à cause d'un financement insuffisant. Au-delà de ces considérations s'affirmait un sentiment d'abandon par la communauté internationale, suggérant la nécessité d'une approche nouvelle.

Vers la fin des négociations, il était clair que des actions spécifiques devaient être entreprises pour s'assurer que la CNUED satisfasse les pays africains. Au début de 1992, j'ai d'ailleurs mené des consultations en Mauritanie et au Mali en compagnie d'Hama Arba Diallo, qui était, à l'époque, responsable pour l'Afrique au Secrétariat de Rio. J'ai entendu parler, à Bamako, de la proposition d'une convention régionale de lutte contre la désertification, formulée par les ministres africains de l'Environnement quelques semaines auparavant dans une réunion à Abidjan. Nous avons pensé que cela pourrait permettre des négociations plus constructives du chapitre 12.

Lors de la dernière session du Comité préparatoire de la CNUED, l'Afrique présenta une proposition de nouvelle version du chapitre 12. Préparée par Bolong Sonko de la Gambie, elle jouit d'un consensus quasi général. Cependant, certains pays industrialisés, notamment l'Union européenne, voyaient d'un mauvais œil cette proposition de convention. Parallèlement, le G77 en entier exprimait son appui pour une convention globale et non pas uniquement africaine. Le Comité préparatoire convint d'un texte pour le chapitre 12, tout en laissant entre crochets, pour des négociations futures, les questions relatives à une convention.

Le Président du Comité préparatoire et du Comité principal de la CNUED, Tommy Koh de Singapore, prit l'initiative de démarrer des consultations sur la convention. Et il réussit finalement à décrocher un accord au terme de négociations ardues. Le texte de l'article 12.40 de l'Agenda 21 était très clair : l'Assemblée générale devrait créer « un comité intergouvernemental de négociation [CIN] pour l'élaboration d'une convention internationale sur la lutte contre la désertification, dans les pays gravement touchés par la sécheresse et/ou la désertification, en particulier en Afrique »[1]. La conférence a également statué que les négociations devraient être conduites « en vue de mettre au point cette convention d'ici à juin 1994 »[2].

L'Assemblée générale prit sa décision à la fin de l'automne 1992 et la première session organisationnelle du CIN eut lieu en janvier 1993. C'est alors que je fus élu président. Les négociations du contenu commencèrent en mai de la même année et le processus se conclut en juin 1994, par une session finale à Paris, après des négociations très longues et difficiles. Cette dernière session se tint en présence de plusieurs ministres qui revinrent à Paris quelques mois plus tard pour signer solennellement la convention aujourd'hui connue comme la CLD.

1. Voir le texte d'Agenda 21 : www.agora21.org/rio92/A21_html/A21fr/a21_12.html
2. *Ibidem*

Le processus refléta l'importance que le G77, en particulier les pays d'Afrique, attribuait à la Convention. En fait, je crois que plusieurs pays en développement considèrent cette Convention comme étant le résultat le plus important de la CNUED. Il y eut, en effet, une satisfaction généralisée face à la progression assez rapide du processus de ratification, ce qui permit à la CLD d'entrer en vigueur dès 1996, la première Conférence des Parties se tenant à Rome à l'automne 1997.

Cependant, en regardant vers l'avenir, quelques mois après la neuvième Conférence des Parties (CP-9) tenue à Buenos Aires[3], nous devons reconnaître que l'impact et la mise en œuvre de la Convention n'ont pas été satisfaisants. Sans doute, la CLD est reconnue comme un traité international viable, et le produit de plusieurs années de dur labeur des différents organes de la Convention n'est pas négligeable. Mais les attentes élevées des négociateurs de la CLD n'ont pas été atteintes, puisque l'objectif principal de la Convention, soit mettre en œuvre des actions qui changeraient et amélioreraient les conditions de vie des habitants des zones arides, semble toujours inaccessible. La mise en œuvre n'est pas à la hauteur des attentes et on perçoit une déception similaire à celle causée par l'échec relatif du Plan d'action du PNUE.

Ce furent les motifs de l'adoption à la CP-8, tenue à Madrid en septembre 2007, d'un plan stratégique décennal, 2008-2018. La CP-8 fut la première occasion d'examiner les progrès accomplis, examen qui ne semble pas avoir été concluant. Je présenterai ainsi quelques réflexions sur certaines questions centrales qu'affrontent les travaux futurs de la CLD, avec comme point de départ ma propre perception des fondements de la Convention. Qu'est-ce qui fait que cette Convention est unique ?

Les principaux éléments, selon moi, sont les suivants :

- L'approche du bas vers le haut ;
- L'approche régionale ;
- L'approche horizontale.

À plusieurs occasions pendant les négociations, je soulignai que l'objectif de la Convention devrait être de créer les conditions d'une amélioration des conditions de vie des populations des zones arides, ce qui exigeait la pleine participation de ces populations dans la mise en œuvre du traité. Les négociations bénéficièrent ainsi de la présence de nombreuses ONG proches des populations, notamment d'Afrique, et le texte de la CLD reflète certainement

3. Neuvième Conférence des Parties (CP-9), Buenos Aires, Argentine, du 21 septembre au 2 octobre 2009, www.unccd.int/cop/cop9/menu.php.

cette ambition. Il est utile de signaler l'article 5 traitant des obligations des pays touchés Parties, qui stipule dans son alinéa d) que ces pays s'engagent « à sensibiliser les populations locales, en particulier les femmes et les jeunes, et à faciliter leur participation, avec l'appui des organisations non gouvernementales, à l'action menée pour lutter contre la désertification et atténuer les effets de la sécheresse »[4]. Dans l'élaboration de plusieurs programmes d'action nationaux, de telles consultations ont aussi joué un rôle constructif. Cependant, il semble que le plein potentiel de cette approche n'ait pas été exploité et face à l'impératif d'accentuer les efforts pour lutter contre la pauvreté afin d'atteindre les Objectifs du Millénaire pour le développement, la communauté internationale devrait renforcer la participation de toutes les parties-prenantes. En ce sens, je crois que la stratégie décennale aurait pu être plus explicite. La mise en œuvre de cette stratégie profiterait certainement d'une participation efficiente des populations touchées, ce qui permettrait également d'établir une norme de référence pour les efforts d'adaptation aux changements climatiques.

Les idées sous-tendant la Convention furent d'abord mises de l'avant par les pays africains, dans leur proposition d'un traité régional. Tout au long des négociations, les vulnérabilités particulières de l'Afrique ont été reconnues et clairement reflétées dans l'article 7, « Priorité à l'Afrique ». Cependant, il s'est rapidement révélé que d'autres régions avaient aussi leurs problèmes spécifiques de désertification et de sécheresse, ce qui a conduit à la décision d'élaborer des annexes pour une mise en œuvre régionale, qui, selon l'article 29, seraient partie intégrante de la Convention. Il s'agit là d'une deuxième caractéristique unique de la Convention : elle comprend maintenant cinq annexes régionales, couvrant aussi bien les pays en développement qu'industrialisés. Cet aspect vise à relier les échelons global et régional, tout en offrant l'occasion d'adapter la Convention à diverses situations. Une fois de plus, le parallèle devrait être fait avec l'adaptation aux changements climatiques, puisque les conditions varient énormément entre les pays. De plus, la nécessité de porter une attention particulière à l'Afrique est maintenant reconnue dans plusieurs réunions et régimes internationaux.

L'approche horizontale est un des éléments clés du développement durable, qui ne peut être mise en œuvre qu'en reconnaissant le besoin de lier plusieurs domaines politiques et d'engager tous les secteurs de la société dans l'effort vers la viabilité. C'est ce qui est clairement énoncé dans l'article 2 de la Convention : « La présente Convention a pour objectif de lutter contre la

4. Voir texte de la convention : www.unccd.int/convention/text/convention.php?annexNo=-2#art5.

désertification et d'atténuer les effets de la sécheresse ... grâce à des mesures efficaces à tous les niveaux ... dans le cadre d'une approche intégrée compatible avec le programme Action 21, en vue de contribuer à l'instauration d'un développement durable dans les zones touchées »[5]. Le sentiment à cette époque, qui est encore plus pertinent aujourd'hui, était qu'une action effective ne peut être réalisée à travers des mesures isolées, mais que l'adaptation, que ce soit au changement climatique ou aux conditions arides en général, résulte d'un éventail plus large d'actions fondées sur des objectifs cohérents. À nouveau, la stratégie décennale offrirait d'excellentes occasions d'action, notamment en élargissant la portée de la Convention afin de mettre davantage l'accent sur des questions plus larges, telles que la dégradation des terres et la sécurité alimentaire.

Pour transformer ces différentes approches et stratégies en réalités, le Sommet de Rio lança le concept de moyens d'exécution,[6] en mettant l'accent sur la science, la recherche et le transfert de ressources financières. Si la CLD a innové en promouvant les trois approches précédemment énumérées, force est de reconnaître que la Convention a eu moins de succès en ce qui concerne ces moyens d'exécution.

Sur le financement, le seul compromis possible au cours de la dernière nuit cruciale des négociations de juin 1994 fut la création du Mécanisme Mondial (MM). Ce n'était pas une solution optimale, puisqu'elle impliquait que la complexité de la gouvernance des ressources financières, qui accapare actuellement une part significative des négociations climatiques ainsi que d'autres traités internationaux, étaient amplifiée au sein de la CLD, par la concurrence entre le Secrétariat et le MM. Des efforts majeurs et louables ont été fournis dans les deux camps pour développer une coopération efficace, ce qui n'a pas été facile. Et la dernière CP a démontré que ces problèmes sont encore très polémiques et les positions des Parties, divergentes. Aucune solution consensuelle n'a été trouvée et les conditions politiques pour un accord qui changerait le *statu quo* semblent absentes. Des efforts majeurs devraient être déployés dans le cadre de la stratégie décennale de manière à ce que la CLD ait une structure financière semblable à celle des autres principales conventions, soit un correspondant unique assurant la relation entre la Conférence des Parties et le mécanisme financier. À cet effet, le MM devrait être intégré au Secrétariat d'une manière ou d'une autre. J'ajouterais une autre réflexion : je crois que des efforts supplémentaires devraient être faits pour

5. www.unccd.int/convention/text/convention.php?annexNo=-1#art2.
6. www.agora21.org/rio92/A21 html/A21fr/a21_33.html.

renforcer l'engagement national dans la structure de financement. Les négociations actuelles sur le financement de l'adaptation climatique ont montré un intérêt renouvelé pour l'établissement de fonds nationaux autonomes alimentés par diverses sources, internationales et nationales. Ces fonds seraient plus proches des usagers et donc plus à même de renforcer l'approche du bas vers le haut. Mais au bout du compte, l'architecture financière n'est qu'une structure. Des efforts accrus devront être investis pour fournir des ressources financières aux pays pauvres dans des conditions favorables. La solidarité est la clé.

Enfin, CP-9 a vu la tenue d'une première conférence scientifique. Cette nouveauté offre des leçons et des occasions pour l'avenir. La Convention accorde beaucoup d'importance à la science et à la technologie, et le fait que son premier organe subsidiaire ait été le Comité de la science et de la technologie (CST) en est symptomatique. Il existait, à l'époque, une controverse sur le statut des délégués au CST, qui devaient être des représentants gouvernementaux. Cependant, des dispositions avaient aussi été prises pour l'établissement d'une liste d'experts indépendants, qui pouvaient former des panels spéciaux. Cette liste contient actuellement un grand nombre d'experts scientifiques. La conférence scientifique de Buenos Aires – qui pourrait devenir une composante habituelle de la vie de la Convention dans l'avenir – dénote la nécessité d'investir des efforts supplémentaires dans les domaines scientifiques et technologiques, ainsi que le potentiel de tels efforts. La stratégie décennale contient plusieurs recommandations utiles à cet égard.

J'exprimais ici ma vision personnelle, fondée sur un attachement fort à la Convention et sur la conviction qu'elle constitue une partie importante de l'effort mondial visant à résoudre les problèmes d'un monde interdépendant à une époque où l'humanité exerce une influence majeure et sans précédent sur les vastes systèmes naturels planétaires. Tel que l'a signalé, entre autres, Paul Crutzen, nous vivons aujourd'hui dans l'ère de l'anthropocène. C'est une époque où les changements globaux créent d'immenses problèmes pour les sociétés et les populations vulnérables. Dans cette perspective, la Convention sur la lutte contre la désertification a un rôle majeur à jouer, en soulignant les dimensions humaines de cette problématique et en créant les conditions favorables pour l'amélioration des conditions de vie de centaines de millions de personnes.

CHAPITRE 16

TÉMOIGNAGES

LA CLD : LA NÉCESSITÉ D'UN NOUVEL ÉLAN

YOUBA SOKONA

Il ne fait aucun doute que d'importants acquis ont été réalisés par la Convention sur la Lutte contre la Désertification (CLD) depuis son adoption. La CLD a notamment marqué un changement de paradigme dans la lutte contre ce fléau. En effet, dans les années 1970, lors de la conférence de Nairobi, la désertification était majoritairement comprise — ou plutôt mal comprise — comme l'avancée du désert. La lutte contre la désertification s'organisait principalement autour d'actions de reboisement dans les zones arides, semi-arides et subhumides sèches.

Le processus de négociation a été l'occasion d'un vaste débat notamment sur la définition de la désertification et sur son caractère global ou non. Le processus a également donné lieu à des efforts visant à sensibiliser les politiques, les communautés et les acteurs de développement au fait que les déserts n'avancent pas, mais qu'ils se créent partout où les pressions anthropiques mettent à mal des ressources naturelles fragiles dans un contexte de stress hydrique. Par ailleurs, elle a d'emblée posé comme principes de base de la convention, la participation, le partenariat et la décentralisation ou la subsidiarité. En dépit de cette avancée conceptuelle notable, beaucoup reste à faire pour atténuer les souffrances des populations dans les zones touchées par le phénomène.

Aujourd'hui, un nombre grandissant de spécialistes s'accordent à dire que les négociations prennent le pas sur la mise en œuvre de la CLD et ce, à l'instar des deux autres conventions issues du processus de Rio. Conscient de cette perception de plus en plus courante, la Conférence des Parties de la CLD a lancé le Plan-Cadre Stratégique Décennal pour la période 2008-2018 ; un programme ambitieux qui vise à donner un nouvel élan à la mise en œuvre de la convention.

Parallèlement, la conscience mondiale se réveille lentement sur la réalité hideuse de la désertification et de son lien très étroit avec la pauvreté. Phénomène sournois, dont l'atténuation nécessite des actions soutenues et multiformes, la désertification n'intéresse que peu de monde et n'apparaît que rarement à la une des médias. Pourtant, sa force destructrice dépasse de loin celle des tsunamis ou des tremblements de terre, des phénomènes qui accaparent invariablement l'attention des médias ou des populations. Le phénomène prend de nos jours des allures alarmantes et touche près de 40 pour cent de la superficie des terres de la planète d'après les experts. Selon les Nations unies, en 2020, à défaut d'actions appropriées et conséquentes, près de 60 millions d'Africains quitteront les zones arides subsahariennes ravagées par la désertification, pour tenter de gagner l'Europe.

Malgré des mises en garde répétées et de plus en plus documentées sur l'ampleur grandissante du problème et son exacerbation par les changements climatiques, la communauté internationale ne traite malheureusement pas la question avec l'attention et la vigueur qu'elle requiert. Les Africains, qui étaient pourtant les instigateurs de la CLD, ne l'abordent que par prétérition. La mobilisation se fait donc attendre, à un moment où la disparition de centaines de millions d'hectares de terres cultivables présage famine, misère, conflits et migrations forcées.

La question de la participation des populations affectées est essentielle, si l'on veut changer les attitudes et susciter de nouveaux types de partenariats pour une lutte plus efficace contre la désertification et ses conséquences. L'un des mérites de la CLD est d'avoir inscrit la lutte contre la désertification dans une approche holistique qui la conçoit comme un élément intégrateur des différents secteurs du développement (agriculture, élevage, tourisme, industrie, énergie, etc.).

Tous les pays Parties touchés ont élaboré leur programme national de lutte contre la désertification et ont tant bien que mal essayé de mobiliser des ressources pour sa mise en œuvre. La démarche entreprise pour son élaboration est plus intéressante que le document lui-même, car elle a permis d'engager une réflexion sur le développement de régions souvent marginalisées par les plans de développement. L'élaboration des programmes nationaux a également enclenché un processus participatif engageant tous les acteurs, y compris les partenaires pour le développement.

Les institutions nationales et les organisations scientifiques et techniques internationales se sont beaucoup investies dans des travaux sur les indicateurs, les repères, la surveillance et le suivi des phénomènes de dégradation des terres dans les zones arides, semi-arides et subhumides sèches. Les acquis, notamment dans la compréhension des mécanismes et des effets du fléau, ne sauraient cependant occulter les lacunes et les difficultés qui entravent une véritable intégration de la lutte contre la désertification dans les programmes de développement. Le décalage entre le discours politique et les actions sur le terrain ne fait qu'exacerber le cloisonnement de la lutte contre la désertification et la recherche visant à atténuer ses impacts. Ainsi, au lieu d'être un facteur d'intégration des différents secteurs de développement, elle est assimilée à un secteur à part entière.

Les décideurs, quant à eux, ne disposent que de très peu d'informations pertinentes qui leur permettent d'accorder à la lutte contre la désertification la priorité qu'elle mérite parmi d'autres préoccupations de développement qui s'imposent d'une manière plus impérieuse (sécurité alimentaire, santé, éducation...). Le cloisonnement institutionnel dont souffrent les Organes Nationaux de Coordination de la mise en œuvre de la CLD ne leur permet pas d'agir pour inscrire la lutte contre la désertification dans les priorités nationales. Traditionnellement rattachés aux ministères de l'environnement, ces structures peinent à jouer un quelconque rôle de coordination. Faute d'avoir ce rôle de chef d'orchestre capable de favoriser la synergie entre les différents acteurs, ils vivotent tant bien que mal au gré des projets et des financements bilatéraux ou multilatéraux.

De leur côté, des organisations sous-régionales, créées pour répondre à une situation de crise à l'heure des grandes sécheresses catastrophiques, n'ont pas pu s'affranchir de leur dépendance des financements internationaux ou revoir leur mandat et leurs pratiques afin d'agir plus en aval. Elles ne se sont pas appropriées la Convention afin d'accroître leur impact dans les pays membres.

Sur le plan scientifique et technique, les réalisations sont également insuffisantes. Malgré les efforts consentis, les travaux sur les repères et les indicateurs demeurent à une échelle trop globale. Faute de traditions établies en matière de collecte de données nationales sur le long terme, peu d'indicateurs sont calculés d'une manière systématique et périodique aux échelles nationales et locales, là où ils seraient le plus utiles pour éclairer la prise de décision.

Les pays gravement touchés n'ont pas encore les moyens nécessaires à la mise en place de réseaux d'observation et de suivi environnemental. La collecte de données se fait généralement dans le cadre exclusif de projets circonscrits dans le temps et dans l'espace. Obtenues, le plus souvent, par des méthodologies variées et d'une manière fragmentaire et mal documentée, les données ne sauraient donner lieu à des études synchroniques ou diachroniques qui permettraient d'appréhender les changements survenus ou de prévoir les évolutions possibles.

En outre, les techniques de télédétection, dont l'utilité n'est plus à démontrer — notamment en tant que complément à l'observation locale pour une vision synoptique du phénomène de la dégradation des terres —, n'ont pas pu évoluer du stade démonstratif pour s'opérationnaliser en un véritable processus de production d'information utile à la prise de décision.

En conclusion, il faudra retenir que la réussite de la lutte contre la désertification tient surtout à une forte volonté politique de l'intégrer dans l'œuvre de développement. Il s'agit de l'inscrire dans une vision programmatique à long terme, basée sur des connaissances solides du phénomène, de son évolution et de ses impacts sur les populations et le milieu. La concertation, qui devrait être au cœur de cette vision, doit s'étendre à tous les intervenants, y compris les partenaires du développement.

LA TROISIÈME CONVENTION DE RIO[1]

Hama Arba Diallo

Objectif Terre – *La Convention des Nations unies sur la lutte contre la désertification (CLD) a été adoptée à Paris en 1994. Quel a été le processus menant à ce résultat?*

Hama Arba Diallo – Dans les années soixante, lorsque nous avons eu les premières vagues de sécheresse dans les pays du Sahel, nous avons cru qu'il s'agissait de phénomènes cycliques, qui allaient passer. Mais à la fin de la décennie, la situation ne s'était pas rétablie. Par conséquent, il y avait lieu d'attirer l'attention de la communauté internationale sur ces phénomènes, à savoir la sécheresse récurrente, la dégradation de la qualité des sols et leurs impacts sur le niveau de vie des populations. C'est ce qui a poussé des États à créer le Comité inter-États de lutte contre la sécheresse dans le Sahel (CILSS) en 1973, puis à entreprendre des démarches en direction de la communauté internationale qui a répondu en créant, l'année suivante, le Bureau des Nations unies pour la région soudano-sahélienne (BNUS). Malgré tout, on considérait toujours que ces phénomènes avaient un caractère local, temporaire, et que la responsabilité incombait aux pays directement affectés.

En 1975, nous avons proposé l'organisation d'une conférence sur la désertification au niveau de l'Assemblée générale des Nations unies. Cette conférence à eu lieu deux ans plus tard, à Nairobi (Kenya), mais c'est encore l'attitude selon laquelle la désertification est un phénomène local ayant des causes locales, à savoir une agriculture non durable, l'élevage et le surpâturage, et le déboisement massif, qui a prévalu. Ce sont les trois causes que l'on considérait comme fondamentales. Et s'il y avait des causes externes, elles étaient tout au plus considérées comme des épiphénomènes.

1. Propos recueillis par Yan Turgeon.

Malgré tout ce que nous en disions, on nous répondait que, le problème étant local, s'il y avait des mesures à prendre, ce devait être des mesures locales avec des moyens locaux. Et c'est ce qui est ressorti du Plan d'action pour lutter contre la désertification, adopté à Nairobi en 1977.

Puis les efforts ont continué. Les pays ont adopté des programmes d'action nationaux pour lutter contre la désertification. Il y en a même qui avaient deux, voire trois ou cinq plans en fonction des *desiderata* des partenaires techniques et financiers. Mais les mécanismes d'accompagnement qui avaient été créés n'ont pas porté fruits. D'ailleurs, le fonds spécial qui avait été créé par le Programme des Nations unies pour l'Environnement (PNUE) pour accompagner la mise en œuvre du plan a même été fermé parce qu'aucune ressource n'y avait été injectée.

C'est cette approche qui a prévalu jusqu'au Sommet de Rio, en 1992, où les pays africains ont demandé la négociation et la conclusion d'une convention sur la lutte contre la désertification.

OT – *Qu'est-ce qui a changé depuis l'adoption de la Convention?*

HAD – D'abord, le principe qui a été adopté n'était pas une convention pour l'Afrique, mais une convention globale. Parce que les pays d'Amérique latine, d'Asie et même certains pays d'Europe, ont affirmé qu'ils étaient eux aussi affectés, ce qui est incontestable. C'est ainsi que les négociations ont commencé en 1993. Elles ont été conclues en juin 1994 par l'adoption de la Convention sur la lutte contre la désertification (CLD). Nous avions alors un instrument qui visait essentiellement à identifier les causes. C'est ainsi qu'aux causes anthropiques, on a ajouté les changements climatiques dont on a reconnu le rôle dans la progression des déserts. Un autre élément était l'accent mis sur l'apport de la communauté internationale pour aider ces pays. Dans un premier temps, nous avons demandé un mécanisme financier similaire à ceux des deux autres conventions de Rio. Mais ça n'a pas été le cas. Le mécanisme financier qui a été créé n'en était pas un. Les pays, particulièrement les pays africains, ont alors insisté pour qu'il y ait un lien entre le Fonds pour l'environnement mondial (FEM) et le mécanisme financier, ce qui a été rejeté sur le principe que seule la dimension de la convention touchant l'environnement au niveau global était compatible avec les objectifs du FEM. Encore une fois, nous étions confrontés à une vision étriquée du problème.

Il a fallu attendre le Sommet de Johannesbourg, en 2002, pour que son application soit appuyée par le FEM. C'est à partir de cette date que la mise en œuvre a véritablement commencé grâce à l'instauration de mécanismes mettant à la disposition des pays africains des fonds catalytiques qui leur permirent de mobiliser d'autres ressources en provenance des mécanismes multilatéraux existants.

OT – *À Copenhague, les Parties à la Convention-cadre des Nations unies sur les changements climatiques (CCNUCC) ont avancé vers l'adoption de mécanismes – tels que la REDD – qui auraient pu relever de la CLD. La CCNUCC fait-elle de l'ombre aux autres conventions ?*

HAD – Non, pas du tout. Les changements climatiques sont le symptôme, mais la désertification reflète mieux la réalité. Car qui dit désertification dit dégradation des terres, ce qui signifie une perte de la matière organique indispensable aux puits de carbone. Par conséquent, nous ne pouvons pas lutter efficacement contre le réchauffement climatique sans coupler notre effort de réduction des émissions à la création de réceptacles de gaz à effet de serre. Or, pour emmagasiner ces GES, nous n'avons pas encore trouvé de meilleures options que les sols et les forêts. C'est en cela que nous croyons qu'il y a convergence entre les objectifs de la CLD et ceux des deux autres conventions de Rio.

OT – *Les Conférences des Parties des trois conventions ont toutes soulevé le problème du manque de coopération entre elles. Est-ce toujours le cas aujourd'hui ?*

HAD – La coopération est la responsabilité des États. Les conventions sont mises en œuvre par leurs secrétariats respectifs, mais si un pays, comme le Canada, veut mettre en œuvre une convention en ignorant les autres, il peut le faire en toute souveraineté. Par contre, si un pays se rend compte du fait que pour protéger ses sols, il peut le faire non seulement pour les sols en tant que tel, mais également les préserver en tant que puits de carbone, il y aura conjonction.

Un bon exemple de convergence des actions est le projet de Grande Muraille que les pays africains sont en train d'initier. Cette mosaïque d'actions au niveau national, qui doit aller du Sénégal à Djibouti, vise non seulement à arrêter la désertification, mais à le faire par le reboisement, ce qui va permettre à ces pays de répondre à leur besoin en bois de chauffe, va favoriser l'agroforesterie et créer des milliers d'emplois. De telles actions permettent non seulement de faire face à leurs obligations en matière d'atténuation des changements climatiques, mais également de restaurer la biodiversité et de protéger les sols.

OT – *Un projet comme la Grande Muraille – qui est un bon exemple de coopération au niveau régional – nécessite-t-il la collaboration de la communauté internationale ou ne démontre-t-il pas, au contraire, que les pays africains ont la capacité de lutter efficacement contre la désertification ?*

HAD – On peut tout faire au niveau d'un pays. Mais si les pays africains luttent seuls contre la désertification, ils vont le faire à leur rythme, qui sera lent. Nous avons besoin de la participation pleine et entière de la communauté internationale, parce que ce que nous faisons aura un impact, non seulement sur les conditions qui prévalent en Afrique, mais également sur la qualité de l'environnement mondial.

OT – *Quels sont les défis de l'Afrique que vous laisserez aux générations futures?*

HAD – Les conditions en Afrique sont plus difficiles qu'elles ne l'étaient quand j'y ai grandi. Quand on voit toutes les crises auxquels ces pays sont confrontés, qu'on se rend compte qu'elles frappent un des continents les plus vulnérables qui sera l'un des plus affectés par les changements climatiques, on comprend aisément que plus le temps passe et plus il y a à faire. Ce que je vois me donne l'impression que les années qui se trouvent devant nous seront encore plus difficiles à gérer que celles qui sont derrière.

Il y a eu des avancées importantes de la démocratie en Afrique. Il y a encore quelques problèmes comme partout dans le monde, mais ils peuvent être surmontés pour que les pays africains consacrent le meilleur d'eux-mêmes à la résolution, non seulement des problèmes actuels, mais également de ceux qui vont survenir dans le futur, et qui seront encore plus redoutables que ce que nous avions connu dans les années soixante, soixante-dix et quatre-vingt.

CHAPITRE 17

EXEMPLES DE RÉALISATIONS

PLAN D'ACTION NATIONAL DU BURKINA FASO ET MISE EN ŒUVRE DE LA CLD AUX NIVEAUX RÉGIONAL ET SOUS RÉGIONAL EN AFRIQUE

Anaïz Parfait

Les programmes d'action nationaux sont développés dans le cadre d'une approche participative engageant les communautés locales. Ils définissent les mesures et les dispositions pratiques à prendre pour lutter contre la désertification dans des écosystèmes spécifiques[1].

Il est très difficile de faire un lien direct entre la mise en œuvre d'une politique et les changements environnementaux. En outre, alors même que certains États n'ont pas encore présenté de PAN au secrétariat de CLD, les études de cas relatives à leur mise en œuvre sont rares.

Le Burkina Faso a présenté son Plan d'action national (PAN) au secrétariat de la CLD dès 2000. Le PAN burkinabé, qui répond à toutes les exigences formelles prévues par la CLD, affirme que son succès sera lié aux partenariats entre le gouvernement national et les acteurs locaux[2]. Cependant, ce document, assez vague et répétitif, ne contient aucun objectif stratégique opérationnel et ne répertorie pas de manière exhaustive les moyens nécessaires à sa réalisation (Bruyninckx 2004 : 116).

1. Secrétariat de la CLD. *Programmes nationaux, régionaux et sous-régionaux*, [en ligne], www.unccd.int/actionprogrammes/menu.php, consulté le 27 mars 2009.

2. Burkina Faso (2000), *Programme d'action national de lutte contre la désertification*, [en ligne], www.unccd.int/actionprogrammes/africa/national/2000/burkina_faso-fre.pdf, consulté le 27 mars 2009, p. 2-3.

ÉLABORATION DU PAN ET PARTICIPATION

D'après le Programme des Nations unies pour le développement (PNUD), plus de 50 000 personnes ont participé à l'élaboration du PAN burkinabé. En outre, la nécessaire participation de la population locale dans les processus de programmation, de prise de décision et de mise en œuvre est un élément très présent dans le PAN[3]. Plusieurs commissions et comités, comme le *Comité de pilotage des ONG sur la désertification*, ont été établis en ce sens (Bruyninckx 2004 : 118). De plus, le *Conseil national pour la gestion de l'environnement du Burkina Faso* (COGANESE) a créé un réseau de comités de pilotage, qui pendant deux ans (1997-1999) ont organisé, au niveau du pays, des régions, des provinces, des départements et des villages, des discussions sur la manière de lutter contre la désertification (PNUD 2000 : 37). Ainsi, la population burkinabé a participé à l'élaboration du PAN.

INTÉGRATION DU PAN AU CADRE STRATÉGIQUE DE LUTTE CONTRE LA PAUVRETÉ

Le Cadre stratégique de lutte contre la pauvreté (CSLP), qui a permis au Burkina Faso de bénéficier de l'initiative du Fonds monétaire international (FMI), a été adopté en novembre 2000 (CRIC 2005 : 33). Le gouvernement burkinabé a décidé d'intégrer le PAN au CSLP afin d'augmenter les ressources du PAN issues des partenaires techniques et financiers. Cette intégration est trop récente pour en tirer des conclusions définitives, mais il est néanmoins possible d'effectuer une première analyse. D'après le Comité chargé de l'examen de la mise en œuvre de la CLD (CRIC), cette intégration a entre autres permis de réduire les incertitudes face au financement et les barrières institutionnelles qui constituaient des entraves à la coordination (CRIC 2005 : 36).

Le CRIC ne dispose pas encore d'exemples concrets montrant l'avancée des activités de mise en œuvre du PAN suite à l'adoption de cette nouvelle approche. Néanmoins, il considère que « le fait qu'un consensus ait été atteint entre le gouvernement et la communauté des bailleurs de fonds sur son mérite représente déjà un grand succès » (CRIC 2005 : 38).

3. Burkina Faso (2000), *op. cit.*, note 115. Le terme « participation » est cité 37 fois.

MISE EN ŒUVRE LOCALE DU PAN : LE CAS DE OUAHIGOUYA DANS LA PROVINCE DE YATENGA[4]

Ouahigouya, 4e ville la plus importante du Burkina Faso, qui compte près de 60 000 habitants, est située à la lisière du Sahel. Alors que 73 pour cent de la population dépend des revenus issus de l'agriculture, la région manque cruellement d'eau et connaît un processus sérieux de désertification.

Le gouvernement burkinabé a mis en place, dès 1990 (donc avant la négociation de la Convention), le *Projet des dix villes moyennes* afin de soutenir ces villes dans leur développement économique et social, et particulièrement dans la gestion de leurs ressources naturelles. La municipalité d'Ouahigouya, quant à elle, a élaboré le projet « 8000 villages — 8000 forêts ».

Toutefois, malgré la mise en œuvre de plusieurs actions, le processus de décentralisation annoncé dans le PAN ne semble en être qu'à ses prémisses à Ouahigouya, puisqu'aucun transfert adéquat de ressources n'a encore eu lieu. Ainsi, alors que le PAN lui a donné plus de responsabilités, la municipalité n'a pas plus de moyens. Les actions mises en œuvre sont donc principalement financées par les acteurs externes. En outre, les organisations non gouvernementales internationales et locales, la population locale et les groupes locaux jouent un rôle important dans la lutte contre la désertification, parallèlement aux initiatives étatiques et municipales. Ces acteurs sont particulièrement actifs dans trois domaines : les techniques pour éviter les pertes de terres arables, la reforestation, et la sensibilisation environnementale des populations. Leurs actions, même si elles restent marginales comparées à l'étendue des problèmes liés à la désertification, ont des résultats assez positifs, compte tenu de leurs moyens et de leurs ressources limités. Qui plus est, les récentes études scientifiques effectuées dans la région concluent à une amélioration notable de la situation, puisque la végétation est de retour dans plusieurs zones, pourtant perdues depuis des décennies au profit du Sahara (New Scientist 2002)[5]. Ces améliorations sont liées aux campagnes de sensibilisation et aux activités mises en place dans le cadre du PAN et sont donc directement dues à la mise en œuvre nationale de la CLD (Bruyninckx 2004 : 122).

Toutefois, les actions sont très souvent mises en œuvre à très petites échelles, et semblent mal coordonnées. De la même manière, ce manque de coordination touche les interventions effectuées par la municipalité et les

4. D'après Bruyninckx 2004 : 120-124.

5. Nous noterons toutefois que le lien entre l'amélioration de la situation et la mise en œuvre de certaines initiatives ne peut être établi.

autres acteurs. Les recherches sur le sujet affirment que les problèmes principaux résident dans le manque de confiance de la population envers les gouvernements et les bureaucraties municipales et étatiques, et dans la compétition entre municipalités et organisations locales pour l'établissement de rapports privilégiés avec les acteurs internationaux, souvent dotés de ressources plus importantes (Bruyninckx 2004 : 123).

LA MISE EN ŒUVRE DE LA CLD AUX NIVEAUX RÉGIONAL ET SOUS RÉGIONAL EN AFRIQUE

Le développement de plans d'action régional et sous-régional vient de commencer. Ces programmes ont pour objectif de compléter les PAN, notamment pour la gestion des ressources transfrontalières et les enjeux transectoriels, comme la collecte d'informations ou le renforcement des capacités.

La mise en œuvre de la CLD au niveau régional est prévue par l'annexe I de la convention. Le *Plan d'action régional africain*, développé sous l'égide du *Groupe de coordination régionale* relevant de la *Banque africaine de développement*, comporte six réseaux thématiques : (1) la gestion intégrée des bassins fluviaux, lacustres et hydrogéologiques internationaux, (2) l'agroforesterie et la conservation des sols, (3) l'utilisation rationnelle des parcours et le développement des cultures fourragères, (4) les systèmes de surveillance écologique, de cartographie des ressources naturelles, de télédétection et d'alerte précoce, (5) la promotion des sources d'énergie nouvelles et renouvelables et des technologies connexes, (6) les systèmes d'exploitations agricoles durables[6].

En outre, cinq Plans d'action sous régionaux, développés sous les auspices d'institutions sous-régionales existantes entre 2000 et 2007, ont été mis en place (Holtz 2005) : (1) Afrique de l'Ouest et Tchad, (2) Maghreb, (3) Afrique du sud, (4) corne de l'Afrique, (5) Afrique centrale.

Aucune étude indépendante n'a évalué la mise en œuvre du plan d'action régional africain ou des plans d'action sous-régionaux, ni leurs aspects innovateurs ou les apprentissages à tirer de leur élaboration. Cependant, les rapports soumis au CRIC par les sous-régions contiennent des informations permettant de tirer des conclusions préliminaires, concernant notamment les difficultés rencontrées.

6. Secrétariat de la CNULD. *Programmes d'action.* [en ligne], www.unccd.int/actionprogrammes/africa/africa.php#regional, consulté le 28 mars 2009.

Par exemple, d'après son dernier rapport daté de 2004, l'Union du Maghreb arabe (UMA) fait face à plusieurs lacunes dans la lutte contre la désertification : « l'absence d'approches participatives intégrant les composantes socio-économiques et techniques, la multitude des intervenants aggravée par un déficit de coordination et de concertation, le manque de systèmes performants de suivi-évaluation, et la faiblesse des systèmes de vulgarisation, de formation et d'information », mais surtout « l'absence d'une vision stratégique à long terme qui s'appuie sur une approche globale et cohérente basée sur les articulations entre les activités locales, nationales et sous régionales et leur intégration dans la stratégie du développement social et économique durable pour l'ensemble des populations des pays du Maghreb » (Union du Maghreb arabe 2004).

En plus des problèmes liés à la participation ou au processus de décentralisation qu'elle rencontre, la mise en œuvre de la CLD souffre d'un manque de ressources financières. En effet, puisqu'ils sont généralement peu touchés par la désertification, les pays développés se sentent peu concernés par ce problème.

Dans ce contexte, même si les différents plans d'action constituent des outils de planification stratégique bien conçus, le peu de fonds mobilisés par l'ensemble de la communauté internationale pour lutter contre la désertification représente une entrave à leur mise en œuvre. Plus spécifiquement, les plans d'action nationaux ne suscitent que très peu d'intérêt auprès des investisseurs, qui leur reprochent un manque de vision à long terme et l'absence de mécanismes permettant de tirer profit des expériences passées (Johnson, Mayrand et Paquin 2006 : 147-150).

RÉFÉRENCES

Bruyninckx, H. (2004), 'The Convention to Combat Desertification and the Role of Innovative Policy-Making Discourses : The Case of Burkina Faso', *Global Environmental Politics*, Vol. 4 (3).

Burkina Faso (2000), *Programme d'action national de lutte contre la désertification*, [en ligne] www.unccd.int/actionprogrammes/africa/national/2000/burkina faso-fre.pdf, consulté le 27 mars 2009.

CRIC (2005), *L'intégration des programmes d'action nationaux et leur contribution à l'élimination de la pauvreté en général*, [en ligne] www.unccd.int/cop/officialdocs/cric3/pdf/misc1fre.pdf, consulté le 26 mars 2009.

Holtz, U. (2005), *Important outcomes of the previous five Round Tables of Members of Parliament on the United Nations Convention to Combat Desertification*. [en ligne] www.unccd.int/cop/cop7/docs/report5parl-eng.pdf, consultée le 29 mars 2009.

Johnson, P.M., K.Mayrand et Paquin, M. (2006), Governing *Global Desertification: Linking Environmental Degradation, Poverty and Participation*, Ashgate, Aldershot.

New Scientist (2002) *Africa's Deserts are in Spectacular Retreat*, [en ligne] www.newscientist.com/article/dn2811-africas-deserts-are-in-spectacular-retreat.html, consultée le 1er avril 2009.

PNUD (2000), *Rapport annuel – Renforcement des capacités humaines et institutionnelles pour un développement durable.*

Secrétariat de la CNULD (2009), *Programmes d'action,* [en ligne], www.unccd.int/actionprogrammes/africa/africa.php#regional, consultée le 28 mars 2009.

Secrétariat de la CNULD (2009), *Programmes nationaux, régionaux et sous-régionaux.* [en ligne], www.unccd.int/actionprogrammes/menu.php, consulté le 27 mars 2009.

Secrétariat général de l'Union du Maghreb arabe (2004), *Rapport d'activité du Secrétariat général de l'UMA sur la mise en œuvre de la Convention des Nations unies sur la lutte contre la désertification*, [en ligne], www.unccd.int/cop/reports/africa/africa.php#sregional, consulté le 20 mars 2009.

Unisféra et IEPF (2007), « Guide des négociations – Convention des Nations unies sur la lutte contre la désertification », *Publications de l'IEPF*, [en ligne], www.terres.iepf.org/fileadmin/fichier/GuideCLD.pdf, consultée le 2 avril 2009.

SECTION V

GESTION INTERNATIONALESDES FORÊTS

CHRONOLOGIE[1]

GESTION INTERNATIONALE DES FORÊTS

2009 FNUF-9 Adoption, en séance spéciale, du texte sur les moyens de mise en oeuvre d'une gestion durable des forêts qui instaure deux nouveaux instruments : 1) un groupe intergouvernemental spécial d'experts à composition non limitée chargé d'analyser tous les aspects du financement de la gestion durable des forêts ; et 2) un processus de facilitation dont le mandat consistera à aider les pays à mobiliser des fonds.

FNUF-8 Adoption d'une résolution sur « les forêts dans un environnement en mutation », comprenant les forêts et les changements climatiques, la réversion de la perte du couvert forestier et de la dégradation et la conservation des forêts et de la biodiversité, ainsi que les moyens de mise en œuvre pour la gestion durable des forêts (GDF). Ce dernier point étant non consensuel, son débat a été reporté à la prochaine session en 2011.

COFO-19 Recommande à la FAO de préparer un rapport sur l'état des ressources génétiques dans les forêts du monde pour 2013.

CIBT 45 Report de l'entrée en vigueur de l'AIBT, d'abord prévue pour 2008, à 2010.

2008 Lancement du Programme ONU-REDD, une initiative conjointe de la FAO, du PNUE et du PNUD, en réponse à l'inclusion de la Réduction des émissions dues au déboisement et à la dégradation des forêts (REDD) dans le Plan d'action de Bali (CP-13 ; déc. 2007). Ce programme vise à aider les PED à se préparer à sa mise en œuvre.

2007 FNUF-7 : Adoption d'un instrument juridique non contraignant qui reprend en bonne partie les travaux antérieurs et garde le cap sur les quatre principaux objectifs à atteindre d'ici à 2015, soit inverser la perte de couvert forestier, accroître les avantages apportés par les forêts, augmenter significativement le réseau d'aires protégées à

1. Cette chronologie, préparée par Carl Patenaude-Levasseur, ne reprend que les actions menées dans le cadre de l'ONU.

l'échelle mondiale ainsi que la proportion de produits provenant d'une gestion durable des forêts, et augmenter l'aide publique au développement pour une gestion durable des forêts.

Entente sur un nouveau plan de travail pluriannuel qui fixe dorénavant les futures séances du FNUF sur une base bisannuelle.

2006 CIBT 40-41 Proposition de formation d'un comité sur le trafic international de la faune. Programme de renforcement des capacités des États membres pour l'inscription d'espèces de bois tropicaux aux annexes de la CITES. Adoption d'un nouvel Accord international sur les bois tropicaux (AIBT) devant entrer en vigueur en 2008.

2005 FNUF-5 : Aucun consensus sur le renforcement de l'Accord international sur les forêts. Les délégués se sont entendus sur l'importance d'accroître les aires forestières protégées ; de gérer les forêts de façon durable ; d'inverser le déclin enregistré dans l'aide publique pour le développement destiné à la gestion durable des forêts et de lutter contre l'érosion du couvert forestier.

Conférence pour la négociation d'un accord succédant à l'AIBT : Un nouvel Accord est signé pour succéder à l'AIBT en vigueur depuis 1994.

CIBT 38-39 Le CIBT est chargé de la mise en œuvre et du suivi des objectifs de l'AIBT.

2004 FNUF-4 : Adoption de cinq résolutions sur les aspects sociaux et culturels des forêts, les connaissances scientifiques liées aux forêts, le suivi et l'évaluation de critères et indicateurs, le financement et le transfert des technologies environnementales et la revue de l'efficacité des ententes internationales sur les forêts.

CIBT-37.

2003 FNUF-3 : Accord sur six résolutions visant à améliorer la coopération sur les programmes et politiques, la santé des forêts et la productivité, les aspects économiques des forêts, le maintien du couvert forestier pour les besoins futurs et l'augmentation des fonctions du secrétariat du FNUF.

2002 FNUF-2 : Adoption de plusieurs décisions visant à combattre le déboisement, conserver les forêts à caractère unique et les écosystèmes fragiles, établir des stratégies de conservation et de réhabilitation des forêts pour les pays à faible couvert forestier et à restaurer les terres dégradées.

CIBT-32 : Création d'un groupe Consultatif de la société civile qui sera présent dès le CIBT-33.

2001 Création du Partenariat de collaboration sur les forêts (PCF).

2000 Le FIF n'ayant pas réussi à obtenir de consensus sur la nature de futurs arrangements et mécanismes internationaux, la décision est reportée et le FNUF est créé par le Conseil économique et social des Nations unies (ECOSOC). Les principaux objectifs du FNUF sont de promouvoir l'aménagement, la conservation et le développement durable des forêts en visant la conclusion de conventions internationales

CIBT- 31 : application des législations forestières ; élaboration d'un plan de travail pour les écosystèmes forestiers des palétuviers ; établissement d'une base de données statistiques sur le commerce du bambou et du rotin ; et assistance devant être apportée aux pays dans l'élaboration des systèmes d'audit applicable à la mise en œuvre des critères et indicateurs nécessaires à la gestion forestière durable (GFD).

1999 Adoption, par les chefs d'États d'Afrique centrale de la Déclaration de Yaoundé sur la conservation et la gestion durable des forêts tropicales ayant pour objectif l'harmonisation des politiques forestières nationales dans la sous-région.

1997 Adoption du Programme pour les forêts (PROFOR) du PNUD, à l'issue des travaux du GIF.

Création du Forum intergouvernemental sur les forêts (FIF).

Le FIF fait suite au dialogue du GIF ayant pour but de fournir de nouvelles propositions et d'atteindre un consensus pour une future convention.**1995** Création du Groupe de travail interorganisations sur les forêts (*Interagency Task force on Forest -ITFF-).*

1995 Création du Panel intergouvernemental sur les forêts (PIF).

Créé par la Commission sur le développement durable (CDD) avec un mandat de deux ans pour poursuivre le dialogue intergouvernemental et amener de nouvelles propositions pour une future entente sur une convention forestière.

Renouvellement de l'AIBT.

CNUED : Adoption d'une déclaration de principes non contraignante appelant à un consensus général sur la gestion, la conservation et le développement durable de tous les types de forêts, aussi appelé « Principes forestiers ». Les États réunis n'ont cependant pas réussi à s'entendre pour la signature d'une convention internationale sur la forêt.

Inclusion des forêts dans un chapitre portant sur la déforestation dans l'Agenda 21.

1990 Le Comité des forêts de la FAO encourage la mise en place d'une convention générale sur la conservation et la mise en valeur des forêts à être adoptée lors de la CNUED, en 1992.

1985 Création de l'Organisation internationale des bois tropicaux (OIBT).

Il s'agit d'un forum de discussion sur le commerce de bois tropicaux qui vise également à soutenir les objectifs de l'AIBT.

Le Conseil international des bois tropicaux (CIBT) préside l'OIBT.

1983 Signature de l'Accord international sur les bois tropicaux (AIBT).

Faciliter la coopération entre les pays consommateurs et producteurs de bois tropicaux.

Promouvoir l'instauration de politiques nationales qui visent l'aménagement durable et la conservation de la ressource.

1971 Première séance du Comité des forêts de la FAO (COFO).

L'objectif du Comité des forêts est d'examiner périodiquement les problèmes forestiers de caractère international et de donner des avis au Directeur général sur le programme de travail de l'Organisation dans le domaine de la foresterie.

RÉFÉRENCES

IIDD (2007), « 43e session du Conseil international des bois tropicaux et sessions connexes des quatre comités », *Bulletin des négociations de la Terre*, Vol. 24 (78), [en ligne], www.iisd.ca/vol24/enb2478f.html, consulté le 12 octobre 2010.

IISD, (2009), 'Summary of the 19th Session of the FAO Committee on Forestry', *Earth negotiations bulletin*, Vol. 13 (163), [en ligne], www.iisd.ca/vol13/enb13163e.html.

Mekouar, M. (2003), « Les forêts de Rio à Johannesburg et la perspective d'une convention forestière mondiale », In. M. Prieur (dir), Vers un nouveau droit de l'environnement? Réunion mondiale des juristes et associations de droit de l'environnement, CIDCE. Centre international de droit comparé de l'environnement. Limoges. France.

CHAPITRE 18

SYNTHÈSE DES ENJEUX ET DE L'ÉVOLUTION DE LA GESTION FORESTIÈRE INTERNATIONALE

Carl Patenaude-Levasseur

MISE EN CONTEXTE

Pour bien comprendre l'évolution de la gestion forestière internationale des dix dernières années, il est utile de remonter un peu plus loin dans le temps. En effet, cette période est principalement influencée par trois forums de discussions qui ont des origines plus éloignées. Il s'agit du Comité des forêts de l'Organisation des Nations Unies pour l'alimentation et l'agriculture (COFO), le Conseil International des bois tropicaux (CIBT) et le Forum des Nations Unies sur les forêts (FNUF).

D'une manière ou d'une autre, ces trois forums de discussion traitent de l'aménagement durable des forêts et visent à améliorer la coopération entre les différents pays. Ils tentent ainsi d'harmoniser les efforts pour favoriser une gestion saine et une conservation de la ressource. Ces forums demeurent le cadre privilégié des efforts visant l'atteinte d'un consensus et le changement des pratiques sur le terrain.

LA DERNIÈRE DÉCENNIE

Plusieurs déclarations ou ententes de principes ont été adoptées par les trois principaux forums sur les forêts. Toutefois, peu de discussions ont abouti à la signature de conventions juridiquement contraignantes. En particulier, la conclusion d'une convention globale sur les forêts demeure élusive. C'est pourquoi certaines critiques remettent en question l'efficacité de ces différents forums. Toutefois, sans atteindre tous leurs objectifs, ils ont considérablement fait avancer la cause de l'aménagement durable et de la conservation des forêts. De plus, ils ont permis d'établir un dialogue continu entre les différents pays sur des thèmes litigieux, tels que la gestion des forêts tropicales. Enfin, quinze ans après Rio, le FNUF est parvenu à produire un outil juridiquement non contraignant en 2007.

Certains enjeux importants traités dans les différents forums depuis une décennie occupent toujours les États et les parties-prenantes. Quatre grands thèmes ressortent : l'aménagement durable et la conservation des forêts, forêts et changements climatiques, le commerce des bois tropicaux et la certification.

Il est certain que chaque intervention découlant d'un consensus international sur les forêts a souvent un impact positif du côté de l'aménagement durable et de la conservation. Toutefois, certains forums ont eu des retombées particulièrement importantes à ce niveau. En 2002, le FNUF-2 a dégagé plusieurs consensus sur la lutte contre le déboisement, la conservation des forêts à caractère unique et les écosystèmes fragiles, l'adoption de stratégies de conservation et de réhabilitation des forêts pour les pays à faible couvert forestier et sur la restauration des terres dégradées. Ces décisions ont influencé les opérations forestières dans les pays concernés à des degrés divers. En 2003, le FNUF-3 adoptait six résolutions sur la coopération internationale et le maintien du couvert forestier à l'échelle internationale. La même année, les membres du COFO-16 de la FAO s'efforçaient de développer de nouveaux outils pour évaluer ces programmes en tant que mécanismes de mise en œuvre des principaux résultats du Sommet Mondial pour le Développement Durable (SMDD). Le FNUF-4 de 2004 a porté, lui aussi, une attention particulière à l'évaluation des ententes antérieures et les délégués, pour la première fois, ont pris en compte les retombées et les contraintes socio-culturelles de l'exploitation et de la protection des forêts.

Au FNUF-5 (2005), les délégués se sont entendus sur quatre nouveaux objectifs qui devriendront prioritaires par la suite. Il s'agit de l'importance d'accroître les aires forestières protégées, de gérer les forêts de façon durable, d'inverser le déclin de l'aide publique au développement destinée à la gestion durable des forêts et de lutter contre l'érosion du couvert forestier. Ces quatre objectifs sont au cœur de l'outil juridiquement non contraignant signé lors du FNUF-7 de 2007. Le FNUF s'attend à des résultats tangibles d'ici à 2015 pour ces différents objectifs. Cette entente, survenue dans les derniers instants du

FNUF-7, a suscité un optimisme renouvelé quant à l'avenir des négociations internationales sur les forêts. En effet, il s'agissait d'un des premiers résultats tangibles, après des années d'efforts, visant à améliorer la conservation et l'aménagement durable des forêts.

Le rôle des forêts dans la lutte contre les changements climatiques est un des enjeux appelé à prendre plus de place dans les prochaines années. Cette question a été traitée dès 2001 à la COFO-15, où les participants firent des propositions sur le rôle des forêts dans l'atteinte des objectifs du protocole de Kyoto. En parallèle, le CIBT-36 discuta des conclusions du Groupe d'experts intergouvernemental sur l'évolution du climat (GIEC) à propos des enjeux forestiers de lutte contre les changements climatiques. Puis, en 2007, les discussions du COFO-18 s'orientèrent vers les nouvelles perspectives liées aux changements climatiques s'offrant au secteur forestier. De nombreuses innovations sont possibles, notamment au niveau de la production d'énergie ou des puits de carbone.

Alors que certains experts et observateurs vont jusqu'à douter de la contribution réelle que le bois peut apporter à la lutte contre les changements climatiques, les partisans de cette filière reconnaissent aussi que des interrogations demeurent quant aux moyens à privilégier. Si le bois est un excellent matériau de substitution aux produits du béton et de l'aluminium dans la construction, il faut tenter de fixer la période de récolte optimale pour la captation du carbone dans la vie d'un peuplement forestier. La biomasse forestière peut aussi être utilisée à titre de biocarburant, mais l'impact du retrait de biomasse, comme les branches et les racines des arbres, sur les écosystèmes forestiers et sur leur capacité d'évolution face aux changements de l'environnement est mal connu. Plusieurs enjeux liés aux changements climatiques identifient les forêts comme des pistes de solutions, mais la nature des interactions entre le carbone et les écosystèmes forestiers nécessitent davantage de recherches. Ainsi, bien que le rôle des forêts dans la lutte contre les changements climatiques ait été abordé dans les différentes conférences, ces discussions n'ont pas entraîné de consensus forts.

Dans le cas des bois tropicaux, le CIBT, qui gouverne l'OIBT depuis plus de vingt ans, a contribué à améliorer la coopération entre les pays producteurs et consommateurs de bois tropicaux. À cet effet, deux décisions importantes concernant la protection des forêts tropicales furent prises lors du CIBT-31 en 2001. D'une part, les participants décidèrent de mettre en place un système d'audit pour évaluer les critères et indicateurs de l'aménagement durable de l'OIBT. D'autre part, les pays qui en manifestent l'intérêt, pourront recevoir de l'aide pour renforcer leur cadre juridique national. De plus, la société civile participe pour la première fois à une séance du CIBT lors du CIBT-33 à travers le Groupe consultatif de la société civile (GCSC), ce qui donne un nouveau souffle aux discussions. Cependant, au CIBT-34, leur participation a été moins active.

En 2006, un nouvel accord est signé pour remplacer l'AIBT, en vigueur depuis 1994. Il s'agit d'un accomplissement majeur suite à près de quatre ans de négociations. Lors du CIBT-42 en 2007, les négociations portèrent sur les lignes directrices pour la réhabilitation, la restauration et l'aménagement de forêts tropicales dégradées. Plusieurs séances du CIBT, notamment le CIBT-37 et 38, ont abordé les questions touchant la certification forestière. Cette dernière, même si elle a été conçue à l'origine pour les forêts du Sud, est surtout implantée dans les forêts des pays développés. Néanmoins, elle demeure un outil prometteur pour améliorer les pratiques d'aménagement en forêt tropicale et permet d'éviter les coupes illégales lorsqu'elle est accompagnée d'une chaîne de traçabilité. La certification est désormais perçue comme un outil de gouvernance privée maintenant bien établi. Elle n'en affronte pas moins un certain nombre de problèmes liés à l'existence de systèmes concurrents, à ses impacts commerciaux ou à sa légitimité (Cashore 2002, Smouts 2001).

Près de quinze ans plus tard, force est cependant de constater qu'il est toujours difficile de dégager des consensus sur la gestion des forêts. Il n'existe toujours pas d'outil juridiquement contraignant au niveau international dans ce domaine. Dans ce contexte, la société civile se mobilise et cherche de nouveaux moyens de créer des mécanismes pour appliquer les nouvelles attentes envers les forêts, que ce soit au niveau de la conservation, de la production de bioénergie, de la captation de carbone ou simplement de promouvoir l'utilisation du bois. Il ne serait donc pas surprenant de voir émerger de nouveaux outils de gouvernance des forêts à l'échelle internationale dans les prochaines années (Agrawal et al. 2008).

RÉFÉRENCES

Agrawal, A., A. Chatre et Hardin, R. (2008), 'Changing Governance of the World's forests', *Science*, Vol. 320, pp. 1461-1462.

Cashore, B. (2002) 'Legitimacy and the Privatization of Environmental Governance: How Non-State Market-Driven (NSMD) Governance Systems Gain Rule-Making Authority', *Governance: An international journal of Policy, Administration and Institutions*, Vol. 15(4), pp. 503-529.

FNUF (2010), *Page officielle du FNUF*, [en ligne], www.un.org/esa/forests/, consulté le 12 octobre 2010.

IIDD (2010), *A Brief to Global Forest Policy*, [en ligne] www.iisd.ca/process/forest_desertification_land-forestintro.htm, consulté le 12 octobre 2010.

FAO (2010), *Page officielle de la FAO*, [en ligne], www.fao.org/forestry/home/fr/, consulté le 12 octobre 2010.

OIBT (2010), *Page officielle de l'OIBT*, [en ligne] www.itto.or.jp/live/PageDisplayHandler?pageId=20001, consulté le 12 octobre 2010.

Smouts, M.-C. (2001), *Forêts tropicales, jungle internationale*, FNSP : Paris.

CHAPITRE 19

LA GOUVERNANCE FORESTIÈRE MONDIALE

LUCIE VERREAULT

Les forêts abritent quelque 70 pour cent de la diversité biologique mondiale et contribuent au maintien de l'équilibre climatique tout en agissant comme réservoirs d'eau douce. Elles jouent, par conséquent, un rôle fondamental dans la préservation des écosystèmes. En plus de permettre la survie de près de 1,6 milliard de personnes qui en dépendent directement, elles remplissent aussi diverses fonctions sociales liées aux valeurs et aux cultures locales (Paulus 2008 :6). Face à un tel constat, il n'est pas étonnant que l'un des objectifs majeurs visés par la Conférence de Rio[1] et le programme Action 21 ait été l'encadrement de la gestion des forêts, de façon à freiner le déboisement et à promouvoir une gouvernance durable des territoires forestiers. C'est dans cette perspective que la gouvernance forestière mondiale (GFM), c'est-à-dire l'ensemble des normes internationales et institutions portant sur les forêts et auxquelles souscrivent les États et autres parties-prenantes, s'est considérablement développée au cours des dernières années.

Nous tenterons, dans un premier temps, de situer les résultats des négociations internationales sur les forêts dans le champ d'analyse du droit programmatoire (*soft law*) et tenter d'en identifier les caractéristiques et la portée. Dans un deuxième temps, l'évaluation de l'avancement des négociations entourant la GFM permet de mesurer l'influence décisive exercée par les spécificités liées à la nature et au statut des territoires forestiers sur le cadre légal privilégié par les États. En tant que ressources naturelles situées sur un territoire national délimité, les forêts relèvent de l'autorité exclusive des États,

1. Déclaration de Rio (1992), *Déclaration de principes, non juridiquement contraignante mais faisant autorité, pour un consensus mondial sur la gestion, la conservation et l'exploitation écologiquement viable de tous types de forêts*, Rio de Janeiro, Brésil, 1992, [en ligne], www.un.org/french/events/rio92/rio-fp.htm, consulté le 23 mars 2009.

au sein desquels elles assurent de nombreuses fonctions[2]. Aussi, l'évolution de la GFM est-elle caractérisée par l'aspect volontaire des progrès réalisés ; une situation qui traduit le désir des pays de conserver leur autonomie tout en souscrivant à certains principes communs. La troisième section de cet exercice met en perspective les défis inhérents au consensus international établi autour du concept de gestion forestière durable (GFD) et à ses modalités de mise en œuvre à travers l'adoption des programmes forestiers nationaux. Bien que la GFD constitue un pas timide vers une gestion forestière mondiale véritablement concertée, elle n'en demeure pas moins le fruit de près de vingt ans de négociations sur la GFM.

DES AVANCÉES S'INSCRIVANT DANS UNE PERSPECTIVE DE DROIT PROGRAMMATOIRE

Alors que dans d'autres secteurs de la gouvernance environnementale les États sont parvenus à mettre en place des instruments internationaux contraignants et à parfois adopter des protocoles de mise en œuvre, les tentatives similaires amorcées pour la GFM ont échoué. À l'heure actuelle, la GFM repose principalement sur des déclarations et des ententes de principes ne constituant pas des obligations juridiques au sens strict, mais plutôt des engagements politiques internationaux volontaires. Le droit programmatoire regroupe un ensemble de règles de droit non obligatoires, présentant des orientations plutôt que des règles de conduite formelles.

Ce genre d'outils offre plus de latitude aux États quant aux modalités et aux délais d'application de nouvelles normes que le droit des traités ou le droit coutumier, deux sources traditionnelles du droit international. En effet, il permet aux acteurs politiques et économiques nationaux d'envisager les changements à venir et de s'y adapter graduellement. Dans le cas spécifique de la GFM, le droit programmatoire se présente comme l'approche de prédilection. Elle paraît offrir la souplesse requise pour que puissent être conjuguées, du moins pour un temps, les volontés multiples et souvent divergentes des acteurs en présence, tant à l'échelle internationale que nationale. L'idée de négocier une convention sur la gestion des forêts n'a pas été abandonnée, mais les négociations entourant le développement d'un outil juridiquement contraignant sur la gestion des forêts ont été suspendues pour la durée du programme

2. Principe 21 (1972), *Déclaration de la Conférence des Nations unies sur l'environnement humain*, Stockholm, Suède, [en ligne] www.unep.org/Documents.Multilingual/Default.asp?DocumentID=97&ArticleID=1503, consulté le 27 avril 2009.

courant du Forum des Nations unies sur les forêts (FNUF), soit jusqu'en 2015[3].

Malgré son caractère volontaire, la GFM existe bel et bien et a considérablement progressé depuis le début des années 1990. Les pays sont parvenus à un consensus décisif autour d'un principe directeur qu'ils se sont engagés à mettre de l'avant : la GFD, un concept inspiré du développement durable et appliqué à la gestion des territoires forestiers. Cette dernière vise l'atteinte d'un certain équilibre entre les objectifs de production et de conservation par la prise en compte des fonctions économiques, sociales et environnementales des forêts[4].

LE DÉVELOPPEMENT DE LA GFM : UNE QUESTION ÉPINEUSE

La Commission du développement durable est un organe subsidiaire du Conseil économique et social des Nations unies (ECOSOC), chargé d'encadrer la GFM en assurant le suivi et en rendant compte, auprès de l'Assemblée générale des Nations unies, de la mise en œuvre d'Action 21 et des accords issus de la Conférence de Rio. Afin de fournir aux pays un forum de délibérations consacré aux politiques forestières, la Commission a créé, en 1995, le Panel intergouvernemental sur les forêts (PIF) pour une durée de deux ans. Par la suite, elle mit en place, pour trois ans, le Forum intergouvernemental sur les forêts (FIF). Les délibérations tenues dans le cadre du FIF avaient pour objectif de résoudre plusieurs problèmes sur lesquels le PIF n'avait pu arriver à un consensus, tels que les ressources financières, les transferts technologiques ainsi que les négociations portant sur les arrangements et les mécanismes internationaux de la gestion des forêts. Au cours de la même période, le Groupe de travail inter-organisations sur les forêts (ITFF) vit le jour. Créé en 1995, ce partenariat informel regroupant huit organisations internationales de haut niveau[5] avait pour mission de supporter les travaux du PIF/FIF et de porter

---

3. Pour plus d'information sur ce programme : Forum des Nations unies sur les forêts (FNUF), *Members and bureau* : www.un.org/esa/forests/gov.html, consulté le 19 septembre 2009.

4. Organisation des Nations unies pour l'alimentation et l'agriculture (FAO), *Situation des forêts du monde*, Rome, FAO, 2009, p. 73.

5. « *The Inter-Agency Task Force on Forests (ITFF) is composed of FAO, UNDP, World Bank, ITTO, UNEP, Secretariat of the CBD, and DPCSD. Its strategy for effective implementation of CSD-IPF proposals for action considers actions at global, regional and national levels, and existing strategies, mandates, policies and programmes of work of ITFF members and other relevant organizations.* », site Internet de l'Organisation des Nations unies pour l'alimentation et l'agriculture (FAO), SD Dimensions : www.fao.org/sd/epdirect/EPre0030.htm.

assistance aux gouvernements dans la mise en œuvre des propositions d'action[6].

Les résultats des travaux réalisés par le PIF/FIF de 1995 à 2000 ont été présentés dans un document de synthèse intitulé *IPF/IFF Proposals for Action*[7]. Ce dernier comprenait un grand nombre de propositions (plus de 270) visant à améliorer la gestion forestière opérée par les États, et ultimement la GFM. Ces propositions reprenaient les principaux concepts inhérents au développement durable déjà avancés dans le Rapport Brundtland, réaffirmés à Rio et consolidés en un programme d'action sur les forêts dans Action 21. Bien qu'à ce stade des négociations les parties ne purent s'entendre sur l'identification d'un plan précis visant la GFM, il existait déjà un certain consensus international sur les enjeux fondamentaux et les approches à privilégier dans une perspective de développement durable. Sans que ceci ne constitue une liste exhaustive, les divers textes adoptés jusque là présentent un certain nombre de points communs :

- La capacité du secteur forestier de répondre aux besoins actuels et futurs sans compromettre les dynamiques écosystémiques et la diversité biologique des forêts ;
- La prise en compte et la promotion des usages multiples des territoires forestiers pour que soit représenté un vaste éventail de valeurs environnementales, économiques et sociales ;
- Les transferts technologiques vers les pays en développement afin d'améliorer les inventaires et la planification ; et finalement,
- L'engagement accru de la société civile et de certains groupes en particulier, dont les populations autochtones, les femmes et les communautés locales.

En octobre de l'année qui marquait la fin du mandat du FIF, soit en 2000, ECOSOC mit en place, par la résolution 2000/35, un nouvel organe subsidiaire, le FNUF, destiné à encadrer la GFM et qui constitue toujours l'instance sous l'égide de laquelle se déroulent les délibérations internationales sur les forêts. Son mandat est de promouvoir la gestion, la conservation et le développement durable de tous les types de forêts et d'œuvrer au renforcement de l'engagement politique à long terme dans ce domaine[8]. De plus, la résolu-

---

6. *International Panel on Forest/International Forum on Forest* (IPF/IFF) *Proposals for Action :* www.un.org/esa/forests/ipf_iff.html, consulté le 12 juillet 2009.

7. Idem.

8. L'action du FNUF s'appuie sur : la Déclaration de Rio, la Déclaration de principes sur les forêts, le Chapitre 11 d'Action 21, ainsi sur les orientations suggérées par le PIF/FIF.

tion 2000/35 a jeté les bases d'un second regroupement interorganisations plus large que l'ITFF[9]. Le Partenariat de collaboration sur les forêts (PCF) a été lancé en 2001, avec pour mandat d'appuyer les travaux du FNUF et les actions des États membres, et d'améliorer la collaboration entre les organisations membres du Partenariat[10].

Sous l'égide du FNUF, des progrès modestes, mais non négligeables, ont été réalisés en matière de GFM. Depuis 2000, deux programmes de travail ont été adoptés, le premier s'échelonnant de 2000 à 2005 et le second, adopté au terme de longues négociations, couvrant la période allant de 2007 à 2015[11]. Au cours de la période 2000-2006, le FNUF a permis de développer et de solidifier la GFM en produisant un certain nombre de documents clés[12]. Toutefois, la contribution la plus décisive du FNUF réside dans l'atteinte d'un consensus international en ce qui concerne l'application du concept de GFD, ainsi que l'engagement des États à élaborer des programmes forestiers nationaux s'appuyant sur ce principe.

L'*Instrument juridique non contraignant concernant tous les types de forêts,* adopté le 28 avril 2007, est un instrument volontaire qui vise à « renforcer l'engagement politique et les actions entreprises à tous les niveaux pour la mise en œuvre effective d'une *gestion durable de tous les types de forêts* [nous soulignons] et la réalisation des objectifs d'ensemble relatifs aux forêts[13]. » Deux aspects sont ici déterminants : le concept de GFD et les objectifs d'ensemble relatifs aux forêts.

9. Créé en 1995, l'ITFF, un partenariat informel regroupant huit organisations internationales de haut niveau, avait pour mission de soutenir les travaux du PIF/FIF et de porter assistance aux gouvernements dans la mise en œuvre des propositions d'action.

10. Il compte 14 organisations internationales de haut niveau. Pour la liste, consulter le site Internet de l'Organisation des Nations unies pour l'alimentation et l'agriculture (FAO), Partenariat de collaboration sur les forêts : www.fao.org/forestry/cpf/fr, consulté le 12 septembre 2009.

11. Les programmes de travail du FNUF peuvent être consultés en ligne. Forum des Nations unies sur les forêts (FNUF), About UNFF : www.un.org/esa/forests/about.html, consulté le 12 septembre 2009.

12. Notamment, la *Ministerial declaration and message from the United Nations Forum on Forests to the World Summit on Sustainable Development,* 2002 [en ligne], www.un.org/esa/forests/about-history.html, consulté le 7 avril 2009.

13. Section 1, Forum des Nations unies sur les forêts (FNUF), *L'instrument juridique non contraignant concernant tous les types de forêts,* New York, 2007 [en ligne], www.un.org/esa/forests/pdf/ERes2007_40F.pdf, consulté le 11 avril 2009.

LA GESTION FORESTIÈRE DURABLE ET LES PROGRAMMES FORESTIERS NATIONAUX

Le texte adopté par le FNUF définit la GFD de la façon suivante : « La gestion durable des forêts, en tant que concept dynamique et en évolution, vise à maintenir et à renforcer les valeurs économiques, sociales et écologiques de tous les types de forêts, pour le bien des générations présentes et futures »[14]. Cette définition de la GFD fait consensus et a été adoptée par les États. Toutefois, il existe de nombreuses définitions semblables, parfois plus précises ou qui insistent plus spécifiquement sur certains aspects de la GFD. À titre d'exemple, le ministère des Ressources naturelles du Canada met davantage l'accent sur l'importance des valeurs et des aspects sociaux liés à la foresterie. La GFD y est définie en ces termes : « La gestion durable des forêts comprend la satisfaction des besoins de la société à partir des produits et autres bénéfices forestiers ainsi que le respect des valeurs de la population par rapport aux forêts et à la préservation de la santé et de la biodiversité de ces forêts »[15]. Le *Programme for the Endorsement of Forest Certification schemes* (PEFC), un organisme de certification forestière, propose quant à lui une définition plus attachée aux besoins et aux contraintes écologiques des milieux forestiers, dans laquelle la satisfaction des besoins du présent ne doit pas compromettre la capacité des générations futures à satisfaire les leurs : « Le partage et l'utilisation des forêts (...) sous un mode et à un niveau qui permette de maintenir la biodiversité, la productivité, la capacité de régénération, la vitalité et leur potentiel pour remplir au présent comme au futur des fonctions écologiques et économiques pertinentes »[16].

Le fait que la GFD soit un concept imprécis et adaptable a pu contribuer à son adoption par la communauté internationale à travers des instruments juridiques inspirés du concept de *droit programmatoire*. Néanmoins, même si ces définitions divergent, certaines idées maîtresses demeurent : la production de biens et de services, l'équité intergénérationnelle, les limites de la capacité du milieu et le respect des dynamiques écologiques, de même que la prise en

14. Section 3, Idem.

15. « *Sustainable forest management involves meeting society's need for forest products and other benefits, while respecting the values people attach to forests and preserving forest health and diversity* ». Gouvernement du Canada, ministère des Ressources naturelles du Canada : http ://foretscanada.rncan.gc.ca/articletopic/top_suj/4, consulté le 20 mai 2009.

16. « *The stewardship and use of forests (...) in a way and at a rate, that maintains their biodiversity, productivity, regeneration capacity, vitality and their potential to fulfil now and in the future, relevant ecological, economic and social functions...* » Programme for the Endorsement of Forest Certification schemes (PEFC), Promoting Sustainable Forest Management : www.pefc.org/internet/html/activities/4_1137_527.htm, consulté le 22 septembre 2009.

compte des diverses valeurs associées à la forêt. En ce sens, la GFD rassemble les principaux concepts avancés et réitérés dans les différents outils de gouvernance adoptés au cours des quinze dernières années. Aussi, sans être un concept univoque, elle fait référence néanmoins à un ensemble de normes ultérieurement adoptées par la communauté internationale et liées au développement durable[17]. Les paradoxes inhérents au concept de développement durable sont donc également présents au sein de la GFD ; l'arrimage entre les impératifs économiques, écologiques et sociaux s'avère difficile. Plutôt que de représenter une voie clairement tracée, la GFD est davantage un consensus opératoire complexe, fruit d'un processus de négociations ardu où des intérêts divergents se voient accorder une reconnaissance équivalente.

Comme la GFM est actuellement caractérisée par la superposition de mécanismes volontaires reposant sur des ententes de principes, des déclarations ou encore des partenariats, les programmes de travail du FNUF visent l'adoption par les pays d'objectifs généraux relatifs aux forêts. Tels que définis par le FNUF, ces objectifs sont :

- Mettre fin à la réduction du couvert forestier dans le monde en pratiquant une gestion forestière durable, notamment grâce à la protection des forêts, à leur régénération, au boisement et au reboisement, et redoubler d'efforts en vue de prévenir la dégradation des forêts ;
- Renforcer les avantages économiques, sociaux et écologiques dérivés des forêts, y compris en améliorant les moyens de subsistance des populations dépendantes des forêts ;
- Accroître considérablement la superficie des forêts protégées dans le monde et celle des forêts gérées de façon durable et augmenter la proportion des produits forestiers provenant de forêts gérées de façon durable ;
- Inverser la tendance à la baisse de l'aide publique au développement affectée à la gestion durable des forêts et mobiliser des ressources financières nouvelles et additionnelles de toute provenance en vue de la mise en œuvre d'une gestion durable des forêts[18].

Afin d'atteindre ces objectifs et de se conformer aux engagements politiques contenus dans l'Instrument juridique non contraignant concernant

17. Voir notamment les quatre éléments de continuité identifiés à la Section 1.

18. Section 4, Forum des Nations unies sur les forêts (FNUF), *L'instrument juridique non contraignant concernant tous les types de forêts*, New York, 2007 [en ligne] www.un.org/esa/forests/pdf/ERes2007_40F.pdf, consulté le 11 avril 2009.

tous les types de forêts, les États se sont engagés à élaborer des programmes forestiers nationaux (PFN) (FAO 2007). L'appellation « PFN » est une expression générique qui désigne toutes les approches adoptées en ce qui concerne les politiques forestières nationales et infranationales, tant en ce qui concerne leur formulation, leur planification que leur mise en œuvre. Les PFN constituent le premier « cadre internationalement adopté par les États afin de parvenir à une GFD pour tous les types de forêts et applicable à tous les pays. « De ce fait, un programme forestier national sert de cadre pour mettre en pratique les accords internationaux sur la gestion durable des forêts, et il est entendu comme un concept général – le produit d'un consensus – auxquels tous les pays participants adhèrent (FAO 2007 :1 ». En ce sens, les PFN sont le résultat contraignant, parce qu'adoptés par les législatures nationales, des différents engagements « volontaires » adoptés dans le cadre des négociations internationales sur la GFM. Tout comme le concept de GFD, les PFN font référence à une idée dont la définition est suffisamment large pour que des acteurs aux intérêts variés arrivent à s'entendre et l'acceptent comme principe directeur de leurs politiques nationales sur les forêts.

L'aspect éminemment volontaire de la GFM actuelle a conduit certains acteurs non étatiques préoccupés par l'adoption de meilleures pratiques de gestion, à promouvoir d'autres approches que celles inhérentes au droit international. Les mécanismes de marché offrent des occasions prometteuses dont s'inspire un nombre croissant d'initiatives. La certification forestière en est un exemple probant. En adhérant à un programme de certification contrôlé par une agence autonome, les producteurs forestiers s'engagent à se conformer à un ensemble de règles et de principes préétablis et inspirés de la GFD. Selon les certifications, l'importance accordée à l'un ou l'autre des aspects de la GFD est plus ou moins grande (voir infra). Ce processus vise ultimement à améliorer la manière dont les territoires forestiers et les ressources qu'ils contiennent sont utilisés. La prémisse qui sous-tend cette approche est que le consommateur, une fois informé de la possibilité de se procurer un produit issu d'une mode de production inspiré de la GFD, choisira le produit « éthique » ; une situation qui devrait encourager l'ensemble des producteurs à adopter de meilleures pratiques. Bien que l'efficacité des certifications repose sur des choix économiques, ce qui les distingue des outils juridiques, la certification se fonde essentiellement sur les principes promus dans le cadre de la GFD.

CONCLUSION

L'état d'avancement des négociations internationales portant sur la GFM peut se résumer ainsi: sur une base volontaire et en réaffirmant leur adhésion à la notion de souveraineté étatique en matière de gestion et d'utilisation des ressources naturelles[19], les États se sont engagés à appliquer une grande variété de principes avancés dans les différentes ententes et déclarations élaborées au cours des deux dernières décennies[20]. Ces principes sont rassemblés sous le concept de GFD et les PFN constituent le cadre institutionnel adopté pour sa mise en œuvre. Cette façon de résumer la situation est quelque peu simpliste, mais elle n'en demeure pas moins éclairante: elle démontre en particulier l'importance considérable du rôle joué par les instruments de *droit programmatoire* dans ce domaine spécifique des relations internationales. En fonction de leurs réalités spécifiques, les États disposent d'une très grande liberté dans l'interprétation des obligations liées à la GFD ainsi que dans l'élaboration de leur programme forestier national.

Malgré le caractère éminemment timide des progrès réalisés, l'actuelle GFM atteste néanmoins des efforts investis par les pays afin d'améliorer la coordination de leur action. Dans le cadre des négociations du FNUF, les parties sont finalement parvenues à identifier quatre objectifs généraux devant orienter leurs actions, soit la réduction du déboisement, l'accroissement des superficies boisées protégées, l'amélioration de l'aide publique au développement consacrée aux forêts et le renforcement des différents avantages liés aux ressources forestières. La réticence des pays à rompre avec la traditionnelle souveraineté étatique en matière de gestion des ressources naturelles demeure une constante, mais on observe néanmoins un changement de perspective quant aux modes de gouvernance forestière. Les programmes forestiers nationaux sont l'expression concrète de cette nouvelle tendance en ce qu'ils visent l'intégration graduelle d'enjeux sociaux à la foresterie, un secteur d'activités historiquement conditionné presque exclusivement par des impératifs

19. « Réaffirmant leur attachement à la Déclaration de Rio sur l'environnement et le développement, notamment au fait que les États ont, conformément à la Charte des Nations unies et aux principes du droit international, le droit souverain d'utiliser leurs propres ressources conformément à leurs politiques en matière d'environnement et de développement (...) » Préambule, Forum des Nations unies sur les forêts (FNUF), *L'Instrument juridique non contraignant concernant tous les types de forêts*, New York, 2007 [en ligne] www.un.org/esa/forests/pdf/ERes2007_40E.pdf, consulté le 11 avril 2009.

20. Notamment, la *Déclaration de Stockholm, le Rapport Brundtland, la Déclaration de Rio (et la Déclaration de principes sur les Forêts), Action 21 (et son Chapitre 11), IPF/IFF Proposals for Action* et *L'Instrument juridique non contraignant concernant tous les types de forêts.*

économiques. Sans faire abstraction de l'ampleur de la tâche qui reste à accomplir en matière de GFM pour améliorer la durabilité des pratiques de gestion forestière, les progrès réalisés jusqu'à présent dans le cadre des différents mécanismes volontaires ne sauraient être ignorés.

RÉFÉRENCES

Andorno, R. (2009), *The Invaluable Role of Soft Law in the Development of Universal Norms in Bioethics,* document soumis lors de l'atelier conjointement organisé par le Ministère des affaires étrangères allemand et la Commission allemande de l'UNESCO, Berlin, 15 février 2007 [en ligne] www.unesco.de/1507.html, consultée le 14 août 2009.

Conférence des Nations unies sur l'environnement humain (1972), *Déclaration de la Conférence des Nations unies sur l'environnement humain*, Stockholm, Suède, [en ligne] www.unep.org/Documents.Multilingual/Default.asp?DocumentID=97&ArticleID=1503, consulté le 27 avril 2009.

Déclaration de principes, non juridiquement contraignante, mais faisant autorité, pour un consensus mondial sur la gestion, la conservation et l'exploitation écologiquement viable de tous types de forêts, Rio de Janeiro, Brésil, [en ligne] www.un.org/french/events/rio92/rio-fp.htm, consulté le 23 mars 2009.

Forum des Nations unies sur les forêts (FNUF) (2002), *Ministerial declaration and message from the United Nations Forum on Forests to the World Summit on Sustainable Development*, [en ligne] www.un.org/esa/forests/about-history.html, consultée le 7 avril 2009.

Forum des Nations unies sur les forêts (FNUF) (2007), *L'instrument juridique non contraignant concernant tous les types de forêts*, New York, [en ligne] www.un.org/esa/forests/pdf/ERes2007_40F.pdf, consulté le 11 avril 2009.

Forum des Nations unies sur les forêts (FNUF) (2009), *Members and bureau*, [en ligne], www.un.org/esa/forests/gov.html, consulté le 19 septembre 2009.

Forum des Nations unies sur les forêts (FNUF) (2009), *About UNFF*, [en ligne], www.un.org/esa/forests/about.html, consulté le 12 septembre 2009.

Gouvernement du Canada, ministère des Ressources naturelles du Canada (2009), *Les forêts du Canada*, [en ligne], http ://foretscanada.rncan.gc.ca/, consulté le 20 mai 2009.

International Panel on Forest/International Forum on Forest (IPF/IFF) (2009), *Proposals for Action*, [en ligne], www.un.org/esa/forests/ipf_iff.html, consulté le 12 juillet 2009.

Organisation des Nations unies pour l'alimentation et l'agriculture (FAO) (2007), *Comprendre les programmes forestiers nationaux Guide à l'usage des spécialistes*, FAO, Rome.

Organisation des Nations unies pour l'alimentation et l'agriculture (FAO) (2009), *Partenariat de collaboration sur les forêts*, [en ligne], www.fao.org/forestry/cpf/fr, consulté le 12 septembre 2009.

Organisation des Nations unies pour l'alimentation et l'agriculture (FAO) (2009), *SD Dimensions*, [en ligne], www.fao.org/sd/epdirect/EPre0030.htm, consultée le 10 septembre 2009.

Organisation des Nations unies pour l'alimentation et l'agriculture (FAO) (2009), *Situation des forêts du monde*, FAO, Rome.

Paulus, S. (dir.) (2008), *Gouvernance des forêts dans un monde en évolution rapide Renforcement des capacités par la GTZ*, Ministère fédéral de la Coopération économique et du développement–Coopération technique allemande.

Programme for the Endorsement of Forest Certification schèmes (PEFC) (2009), *Promoting Sustainable Forest Management*, [en ligne], www.pefc.org/internet/html/activities/4_1137_527.htm, consulté le 22 septembre 2009.

Rayner, J. et Howlett, M. (2007), 'The National Forest Strategy in comparative perspective', *The Forestry Chronicle*, Vol. 83 (5), pp. 651-657.

CHAPITRE 20

EXEMPLES DE RÉALISATIONS

LA CERTIFICATION FORESTIÈRE

Carl Patenaude-Levasseur

LA CERTIFICATION FORESTIÈRE

Les préoccupations à propos de la dégradation et de la destruction des forêts du monde ont émergé depuis le milieu des années quatre-vingt pour devenir un enjeu majeur des débats environnementaux dans plusieurs sociétés (Pattberg, 2005). L'attention se porte actuellement surtout sur les forêts des pays en développement, la forêt amazonienne devenant particulièrement emblématique. Les pays producteurs et consommateurs de bois ont tenté de se donner des moyens pour réglementer le commerce du bois et en éviter l'exploitation illégale. C'est une des raisons qui expliquent la création de l'Organisation internationale des bois tropicaux (OIBT) qui favorise la conservation et l'exploitation durable des forêts. Cependant, ce nouvel outil, tout comme certaines négociations internationales, n'a pu répondre aux nouvelles attentes de la société. Ainsi, lors du Sommet de Rio, les attentes étaient très élevées face à un accord international sur la gestion et la conservation des forêts (Pattberg, 2005). Suite à un désaccord entre les pays du Nord et du Sud, les négociations se retrouvèrent dans une impasse et aucune entente spécifique sur les forêts ne fut signée, malgré l'adoption d'une convention sur la biodiversité. C'est à ce moment que la certification forestière est apparue comme une solution à cette impasse (Gulbrandsen, 2004).

Au début des années quatre-vingt-dix, un des problèmes clés pour les acheteurs et les revendeurs était d'identifier les sources d'approvisionnement de bois. Un rapport du *Worldwide Fund for Nature* (WWF), publié en 1991, affirme que la majorité des engagements en matière de développement durable des compagnies de bois tropicaux ne sont pas véridiques (WWF, 1991). D'autre part, le boycottage de produits tropicaux organisé par les organisations environnementales peut avoir des effets pervers. En effet, il favorise la conversion des terres forestières en pâturage puisque d'autres secteurs économiques sont plus rentables pour les populations qui vivent en marge des forêts. C'est dans ce contexte, qu'en 1993, la norme du *Forest Stewardship Council* (FSC) a été créée. La certification offre une solution qui engage les compagnies avec l'appui des groupes environnementaux (Pattberg, 2005).

Deux dynamiques principales auraient permis l'émergence de la certification comme nouvel outil de gouvernance des forêts. Premièrement, l'émergence de mouvements sociaux qui remettaient en question les pratiques habituelles d'exploitation, notamment dans les forêts tropicales, ont créé un besoin de transparence pour satisfaire les exigences croissantes des consommateurs. Deuxièmement, l'émergence d'une idéologie néolibérale, alors que le Sommet de Rio ne parvenait pas à adopter un accord contraignant sur les forêts, aurait favorisé les approches privées volontaires par rapport aux initiatives d'un État que l'on veut réduit. À cela peut s'ajouter une troisième raison, soit les avantages concurrentiels que pouvait offrir une telle approche (Pattberg, 2005).

La certification forestière peut se définir comme un processus transparent et volontaire qui a comme objectif principal d'améliorer l'aménagement des forêts grâce à des incitations économiques (Upton et Bass, 1996). Elle peut aussi être considérée comme une incitation à améliorer l'aménagement des ressources, une initiative de conservation basée sur les marchés pour diminuer les impacts dus aux coupes illégales, un instrument pour promouvoir l'aménagement durable des forêts (Ramesteiner et Simula, 2003), et comme un mécanisme de marché non étatique qui incite à se conformer aux normes et processus de certification (Cashore et al, 2005).

Deux constats émergent de ces différentes définitions. La certification fournit, tout d'abord, une incitation à améliorer les pratiques et un mécanisme qui informe les consommateurs sur certaines caractéristiques des produits. Ces deux idées sont loin d'être exclusives. Rappelons également que la certification est un outil de gouvernance volontaire (Overdest, 2005; Visseren-Hamakers et Glasbergen, 2007). Cashore (2002) précise que la certification est un outil de marché non étatique qui permet d'instaurer une nouvelle forme d'autorité dans la gouvernance de la ressource forestière qui cherche à encadrer les pratiques d'exploitation.

Les normes de certification ont toutes été créées afin d'obtenir un équilibre entre les aspects sociaux, environnementaux et économiques de l'aménagement forestier et sont basées sur la performance des entreprises. La norme du FSC a fait son apparition en 1993 (Certification Canada, En ligne). Cette norme a été élaborée principalement par des organismes non gouvernementaux (Cashore *et al.* 2005). Elle a pour mission de promouvoir l'aménagement forestier durable.

La norme FSC internationale comprend dix principes et 56 critères. Elle aborde plusieurs enjeux propres au milieu forestier, tels que l'harmonisation des usages de la forêt, la consultation du public, des parties-prenantes et des Premières Nations. Elle vise également la conservation des forêts, le suivi de l'aménagement et la protection de l'environnement, notamment la protection des sols et des cours d'eau. Des normes nationales appliquent également des objectifs régionaux aux principes et critères du FSC. Par exemple, au Canada, quatre différentes normes FSC sont en vigueur.

L'absence d'appropriation de ces normes et leur coût d'application ont encouragé l'industrie à multiplier les programmes de certification concurrents (Gulbrandsen, 2004), posant ainsi la question de l'harmonisation de toutes ces initiatives. Il existe ainsi plusieurs autres normes de certification forestière. Par exemple, au Québec, trois normes sont utilisées: celle de la FSC, celle de l'Association canadienne de normalisation (CSA-Z809) et la norme de la *Sustainable Forestry Initiative (*SFI). Toutes ces normes visent l'aménagement durable des forêts, mais en traitant d'enjeux sensiblement différents. Elles se différencient surtout par les seuils de performance à atteindre. Les normes SFI et CSA sont reconnues par la norme parapluie internationale du *Program for the Endorsement of Forest Certification schemes* (PEFC). Cette norme reconnaît plusieurs initiatives nationales de certification en les endossant. Ainsi, le bois certifié CSA et SFI peut également avoir le logo PEFC qui est reconnu à l'échelle internationale. Présentement, les normes PEFC et FSC sont les deux normes reconnues à l'échelle du globe. Elles se livrent d'ailleurs une chaude lutte pour obtenir des parts de marché.

L'essor rapide des normes privées, telles que celles du FSC, suscite des incertitudes, des luttes de pouvoir (en raison de l'existence de systèmes concurrents) et de multiples interrogations qui portent sur leurs impacts réels (dans quelle mesure changent-elles les comportements?), les conflits d'intérêt des ONG qui en font la promotion, les fondements scientifiques des critères de gestion édictés, la difficulté d'évaluer le respect des normes en raison de leur caractère vague, leurs effets pervers (tels que l'avantage commercial qui en résulte pour les bois non tropicaux, étant donné la faible superficie de forêts tropicales à même de respecter les normes), l'absence de débat public sur les normes et leur usage ou l'imposition de normes privées (issues d'une alliance entre les ONG et l'industrie) à celles que pourraient adopter les États ou les organisations internationales (Smouts 2001 : 294-309. Quelle place accorder aux coutumes, aux droits et aux besoins des populations locales ? Les travaux disponibles indiquent que cette forme de gouvernance affecte surtout la production des pays du Nord. Le FSC demeure marginal dans l'exploitation forestière de nombreux pays, particulièrement dans les PED où seuls environ 10 pour cent des forêts des pays de l'OIBT sont certifiées, dont une grande partie sont des plantations.

RÉFÉRENCES

Cashore, B. (2002), 'Legitimacy and the Privatization of Environmental Governance : How Non-State Market-Driven (NSMD) Governance Systems Gain Rule-Making Authority' *Governance*, vol. 15 (4), pp. 503-529.

Cashore, B. et al. (2005) 'Private or Self-Regulation ? A Comparative Study of Forest Certification Choices in Canada, the United States and Germany', *Journal of Forest Policy and Economics*, Vol.7 (1), pp. 53-69.

Gulbrandsen, L.H. (2004). 'Overlapping Public and Private Governance : Can Forest Certification Fill the Gaps in the Global Forest Regime ?', *Global Environmental politics*, Vol.4 (2), pp. 75-99.

Overdevest, C. (2005), 'Information Politics, Treadmill Politics, and Public Policy : Toward a Political Economy of Information', *Organization & Environment*, vol. 18, pp. 72-90.

Pattberg, P. (2005), 'The Forest Stewardship Council : Risk and Potential of Forest Private Governance', *Journal of Environment and Development*, Vol.14 (3), pp. 356-374.

Rametsteiner, E., Simula, M. (2003), 'Forest Certification- an instrument to promote sustainable forest management ?', *Journal of Environmental Management*, vol. 67, pp. 87-98.

Upton, C. et S. Bass (1996), '*The Forest Certification Handbook*', St. Lucie Press, Delray Beach, Florida.

Visseren-Hamakers, I. et P. Glasbergen (2007), 'Partnership in Forest Governance', *Global Environmental Change*, vol. 17, pp. 408-419.

LA PROTECTION DES BOIS TROPICAUX PAR LA CITES

LILIANA DIAZ ET CARL PATENAUDE-LEVASSEUR

L'objectif de la Convention de Washington sur le commerce international des espèces de faune et de flore sauvages menacées d'extinction (CITES) est de veiller à ce que le commerce international des spécimens d'animaux et de plantes sauvages ne menace pas la survie des espèces auxquelles ils appartiennent[1]. Avec plus de 175 États Parties, il s'agit d'un des accords sur la conservation qui bénéficie de la plus grande participation des États.

L'inclusion de certaines espèces de bois précieux dans la liste des espèces protégées par la CITES contribue à mettre en place des mécanismes de gestion durable des forêts tropicales. Ainsi, la certification forestière du *Forest Stewardship Council* (FSC) exige le respect des accords de la CITES. Parallèlement, un processus de négociation a été mené pendant plus de dix ans par des pays de l'Amérique Centrale et du Sud, appuyés par plusieurs ONG comme le *WWF* et *TRAFFIC*, pour renforcer le niveau de protection par la CITES de *Swietenia macrophilla* (Acajou à feuille large).

D'autres populations de cette espèce ayant été déjà incluses dans l'Annexe II, le cas des populations néo-tropicales a été soulevé au début des années

---

1. Les espèces couvertes par la CITES sont inscrites dans ses différentes annexes selon leur niveau de protection:

Annexe I: Elle comprend toutes les espèces menacées d'extinction. Le commerce de leurs spécimens est interdit et son importation n'est autorisée qu'à des fins non commerciales (i.e. scientifiques). Il s'agit donc du plus haut de protection de la CITES.

Annexe II: Elle comprend toutes les espèces qui ne sont pas nécessairement menacées d'extinction, mais dont le commerce des spécimens doit être réglementé pour éviter une exploitation incompatible avec leur survie. Leur commerce peut être autorisé à la condition d'être couvert par un permis d'exportation ou un certificat de réexportation, soumis à une condition de garantie de survie de l'espèce. Des permis d'importation ne sont pas exigés.

Annexe III: Elle comprend toutes les espèces qu'un pays demande d'inscrire à l'Annexe dans le but d'obtenir l'assistance des autres Parties afin d'éviter son exploitation illégale et non durable. Le commerce de ces espèces exige un permis ou certificat.

quatre-vingt-dix, lorsque les experts ont constaté que la distribution de cette espèce en meso-amérique avait diminué de 40 millions à 15 millions d'hectares au cours des dernières décennies. La surexploitation, encouragée par le commerce illégal, affecte non seulement la régénération naturelle mais conduit aussi à une détérioration génétique à cause de l'extraction sélective des meilleurs exemplaires (CCAD, 2002).

En 1992, une proposition soumise par le Costa Rica et les États-Unis, qui n'a pas été adoptée, visait l'inclusion de cette espèce à l'Annexe II. À partir de 1995 plusieurs pays de la région ont inscrit cette espèce à l'annexe III. En particulier, les Parties au Traité de Coopération Amazonienne on signifié, en 1998, leur accord avec cette inscription. En 1997, un groupe de travail a été créé pour se pencher sur la conservation de l'Acajou à feuille large.

Suite à de longs efforts de négociation, une proposition du Guatemala et du Nicaragua pour inclure les populations néo-tropicales d'Acajou dans l'Annexe II, couvrant les bûches, le bois de sciage, le vernis et le contreplaqué, a été adoptée par la 12e Conférence des Parties (CP-12) en 2012. Les ONG, qui avaient promu cet objectif, ont considéré cette reconnaissance comme un triomphe historique (WWF 2002). Depuis 2004 le groupe de travail fait partie du Comité pour les plantes. Suite à son inclusion dans cette annexe, les pays sont obligés de fixer un volume d'exploitation qui ne nuit pas à la régénération de l'espèce. La CITES, quant à elle, fait le suivi du respect de cette obligation et peut demander l'examen de la situation du commerce dans certains pays lorsqu'elle reçoit des accusations de non-respect des limites ou des conditions d'exploitation (CITES 2009).

D'autres demandes d'inclusion d'espèces ligneuses dans l'Annexe II ont été présentées depuis 2002, comme dans le cas du cèdre (*Cedrela odorata*). Malgré l'opposition qu'elles rencontrent de la part de certains États où elles sont présentes, le rôle de la CITES en tant que forum international pertinent et efficace pour la promotion de l'exploitation durable des bois précieux grandit peu à peu.

RÉFÉRENCES

CCAD (2002), *Acta XXXIII de Reunión ordinaria de la Comisión Centro Americana de Ambiente y Desarrollo*, Granada, Nicaragua, 4 de julio del 2002, [en ligne], www.ccad.ws/documentos/actas/XXXIII.pdf, consulté le 23 juin 2009.

CITES (2009), *Fifty-eighth meeting of the Standing Committee, Geneva (Switzerland), 6-10 July 2009, Interpretation and implementation of the Convention Species trade and conservation, Bigleaf mahogany,* [en ligne], www.cites.org/eng/com/SC/58/E58-39.pdf, consulté le 23 juin 2009.

CITES (2009), *Eighteenth meeting of the Plants Committee, Buenos Aires (Argentina), 17-21 March 2009, Cedrela odorata, Dalbergia retusa, Dalbergia granadillo and Dalbergia stevensonii,* [en ligne], www.cites.org/common/com/PC/18/wg/E-PC18-WG07.pdf, consulté le 23 juin 2009.

CITES (2009), *Groupe de travail sur l'acajou,* www.cites.org/eng/prog/mwg.shtml, consulté le 23 juin 2009.

WWF (2002), *Centroamérica, CITES : Triunfo histórico para la caoba, 13 Nov, 2002,* [en ligne], www.wwfca.org/about/countries/nicaragua/?4431/CITES-Triunfo-historico-para-la-caoba, consulté le 23 juin 2009.

SECTION VI

GESTION INTERNATIONALE DE L'EAU

CHRONOLOGIE[1]

GESTION INTERNATIONALE DE L'EAU

2010 La 64e Assemblée Générale de l'ONU consacre l'accès à une eau de qualité et à des installations sanitaires comme un droit humain (GA/10967).

2009 5e Forum Mondial de l'eau – Istanbul, Turquie (16 au 22 Mars).

2008 Année internationale de l'assainissement déclarée par l'ONU.

13e Congrès Mondial de l'eau, Association internationale des ressources en eau (IWRA) – Montpellier, France (1 au 4 septembre). Le projet d'articles sur le droit des aquifères transfrontières est annexé à la Résolution 63/124 adoptée par l'Assemblée générale des Nations unies le 11 décembre 2008.

2007 CP-1 du Protocole sur l'eau et la santé de la Convention sur la protection et l'utilisation des cours d'eau transfrontières et des lacs internationaux – Genève, Suisse (17 au 19 janvier). Adoption d'un plan de travail pour la période 2007-2009 et d'une Déclaration qui mentionne que « l'eau est un élément de première nécessité pour l'être humain » et que « l'accès à l'eau et à l'assainissement sont des services sociaux de base ».

2006 CP-4 de la Convention sur la protection et l'utilisation des cours d'eau transfrontières et des lacs internationaux – Bonn, Allemagne (20 au 22 novembre).

5e Congrès Mondial de l'eau, Association Internationale de l'eau (IWA) – Pékin, Chine (10 au 14 septembre).

4e Forum Mondial de l'eau – Mexico, Mexique (16 au 22 mars).

13e Congrès de l'Association africaine de l'eau – Alger, Algérie (13 au 16 février).

---

1. Cette chronologie, préparée par Luzma Fabiola Nava et Jérôme Gandin, ne reprend que les événements à caractère global ou qui ont eu une portée significative pour le développement d'un régime global de l'eau. Elle omet donc les accords relatifs à des ressources en eau particulières (fleuves et rivières, lacs, eaux souterraines, glaciers, etc.), tels que la Charte des eaux du fleuve Sénégal, signée entre le Mali, la Maritanie et le Sénégal en 2002, que l'on retrouve aujourd'hui par centaines.

2005 2005-2015 Décennie internationale d'action « L'eau, source de vie ».

12e Congrès Mondial de l'eau, Association internationale des ressources en eau (IWRA) – New Delhi, Inde (22 au 25 novembre).

2003 Année internationale de l'eau douce déclarée par l'ONU.

3e Forum Mondial de l'eau – Kyoto, Japon (16 au 23 mars). Adoption d'une déclaration ministérielle et d'un portefeuille des actions pour l'eau.

11e Congrès Mondial de l'eau, Association internationale des ressources en eau (IWRA) – Madrid, Espagne (5 au 9 octobre).

2002 Sommet mondial sur le développement durable, (Rio + 10) - Johannesburg, Afrique du Sud (26 aout au 04 septembre).

2001 Conférence des Nations unies sur l'eau douce - Bonn, Allemagne (3 au 7 décembre).

2000 2e Forum Mondial de l'eau – La Haye, Pays-Bas (17 au 22 mars). Adopte un Cadre d'action permettant de réaliser les objectifs de la « Vision pour l'eau, la vie et l'environnement » *(World Water Vision)*, dont la coordination est assurée par le Conseil mondial de l'eau.

10e Congrès Mondial de l'eau, Association internationale des ressources en eau (IWRA) – Melbourne, Australie (7 au 12 avril).

Déclaration du Millénaire des Nations unies. L'objectif de développement lié à l'eau est de réduire de moitié, d'ici à 2015, la proportion des personnes qui n'ont pas accès à l'eau potable ou qui n'ont pas les moyens de s'en procurer.

Directive de l'Union européenne établissant un cadre pour une politique communautaire dans le domaine de l'eau.

1999 1re Semaine mondiale de l'eau – Stockholm, Suède (9 au 13 août), organisée ensuite annuellement par le Stockholm International Water Institute (SIWI).

Création de l'Association internationale de l'eau *(International Water Association)* IWA.

1997 1er Forum Mondial de l'eau - Marrakech, Maroc (20 au 25 mars), organisé par le Conseil mondial de l'eau *(World Water Council)*.

Convention sur le droit relatif aux utilisations des cours d'eau internationaux à des fins autres que la navigation (Adoptée le 14 mai).

1996 Conférence des Nations unies sur les établissements humains (Habitat II) - Istanbul, Turquie (3 au 14 juin).

1994 Conférence ministérielle sur l'eau potable et l'assainissement de l'environnement - Noordwijk, Pays-Bas (22 et 23 mai).

Conférence de l'ONU sur la population et le développement - Le Caire, Egypte (5 au 13 septembre).

1993 1re Journée mondiale de l'eau de l'ONU, instituée par l'ONU chaque année, le 22 mars, conformément aux recommandations de la Conférence des Nations unies sur l'environnement et le développement (CNUED) de Rio.

1992 Convention d'Helsinki sur la protection et l'utilisation des cours d'eau transfrontières et des lacs internationaux- Helsinki, Finlande. Elle a été signée le 17 mars 1992 puis est entrée en vigueur le 6 octobre 1996.

Conférence des Nations unies sur l'environnement et le développement, CNUCED - Rio de Janeiro, Brésil (3 au 14 juin).

Création de la Commission du Développement Durable (CDD).

Conférence internationale sur l'eau et l'environnement (Dublin, 26 au 31 janvier), organisée par l'Organisation météorologique mondiale (OMM).

1991 Symposium International sur l'eau - Stockholm, Suède (12 au 15 août), réunissant des scientifiques et techniciens du secteur de l'eau. L'intérêt croissant d'autres organisations pour l'événement a mené à la création de la semaine mondiale de l'eau de Stockholm *(World Water Week in Stockholm)* en 1999.

1990 Consultation mondiale sur l'approvisionnement en eau et l'assainissement pour les années 90 (New Dehli, 10 au 14 septembre), organisée par le PNUD. La « Déclaration de New Delhi » lance un appel à définir une stratégie concertée et commune visant à intégrer l'approvisionnement en eau potable et l'assainissement de l'environnement à la gestion des ressources en eau.

1981-1990 Décennie internationale de l'approvisionnement en eau potable et de l'assainissement.

1977 Conférence des Nations unies sur l'eau - Mar del Plata, Argentine (14 au 25 mars). Première conférence internationale ayant un impact sur le dialogue au niveau mondial et sur l'élaboration des programmes des Nations unies. Dans la déclaration finale l'eau est définie comme un bien commun.

1973 1er Congrès mondial de l'eau organisé à l'initiative de l'IWRA (Chicago, 24 au 28 septembre).

1972 Fondation de l'Association internationale des ressources en eau *(International Water Resources Association)* IWRA. L'IWRA est à l'origine de la création du Conseil Mondial de l'Eau (CME), en 1994.

1971 Convention relative aux zones humides d'importance internationale – Ramsar, Iran (2 février), entrée en vigueur le 21 décembre 1975.

1960 Résolution relative à l'utilisation des eaux internationales non maritimes de l'Institut de droit international.

Règles d'Helsinki, relatives aux usages des eaux des cours d'eau internationaux de l'Association de droit international.

1923 Convention relative à l'aménagement des forces hydrauliques intéressant plusieurs États (Genève, 9 décembre 1923 ; entrée en vigueur le 20 juin 1925).

1921 Statut de Barcelone sur le régime des voies navigables d'intérêt international.

Tableau 6.1 : Objectifs contenus dans Action 21, dans le Plan d'action de Johannesburg et dans la Déclaration du Millénaire relatifs aux thèmes du premier cycle de la CDD

Eau

- Réduire de moitié, d'ici à 2015, la proportion des personnes qui n'ont pas accès à l'eau potable ;
- Élaborer, d'ici à 2005, des plans intégrés de gestion et d'utilisation efficace des ressources en eau et fournir un appui aux pays en développement en la matière ;
- Mettre fin à l'exploitation irrationnelle des ressources en eau, en formulant des stratégies de gestion de l'eau aux niveaux régional, national et local permettant d'assurer aussi bien un accès équitable qu'un approvisionnement adéquat ;
- Promouvoir une coordination efficace entre les différents organes et mécanismes internationaux et intergouvernementaux s'occupant de questions liées à l'eau, tant au sein du système des Nations unies qu'entre l'ONU et les institutions financières internationales.

Assainissement

- Réduire de moitié, d'ici à 2015, la proportion de personnes qui n'ont pas accès à des services d'assainissement de base ;

Assurer, d'ici à 2025, la couverture de toutes les zones rurales en services d'assainissement ;

- Améliorer les services d'assainissement dans les établissements publics, en particulier les écoles ;
- Encourager l'émergence de meilleures pratiques d'hygiène ;
- Encourager l'emploi de technologies et de pratiques peu coûteuses et socialement et culturellement acceptables ;
- Intégrer les services d'assainissement dans les stratégies de gestion des ressources en eau ;
- Développer des modes de financement et des partenariats novateurs ;
- Renforcer les réseaux d'information existants.

CHAPITRE 21

DOCUMENT SYNTHÈSE

LES INSTITUTIONS INTERNATIONALES DE L'EAU[1]

LES ORGANISATIONS INTERNATIONALES ET L'EAU

Il existe de nombreuses organisations qui regroupent une multiplicité d'acteurs et abordent différentes facettes de la problématique de l'eau. Cette liste présente les principaux organismes et réseaux internationaux actifs dans le domaine de l'eau. Les banques et agences de développement ont, pour la plupart, identifié la gestion et l'assaisinissement des eaux parmi leurs priorités; ces organismes ne seront donc pas repris ici. Pour les ceux liés à la famille des Nations unies, nous présentons les principaux programmes concernés. Les autres regroupements sont des organisations non gouvernementales ou des regroupements scientifiques.

ORGANISMES ET PROGRAMMES LIÉES AUX NATIONS UNIES

En raison des enjeux qu'elle recouvre et parce qu'elle est portée par une multitude d'acteurs, la question de l'eau a considérablement progressé dans la hiérarchie des priorités internationales. Les acteurs de l'eau sont très divers: organisations internationales, institutions financières, gouvernements, ONG, centres de recherches et universités participent régulièrement aux grandes conférences et événements internationaux sur l'eau. Plus d'une vingtaine d'agences des Nations unies touchent de près ou de loin les questions concernant les ressources en eau et plusieurs d'entres elles ont développé des programmes spécifiques. Le PNUE, le PNUD, l'UNICEF, l'OMS et la FAO

1. Préparé par Luzma Fabiola Nava et Jérôme Gandin; une liste initiale a paru dans *Objectif Terre*, 5 (2), juin 2003.

sont associés à la réalisation des Objectifs du Millénaire liés à l'approvisionnement en eau potable et à l'assainissement. Voici quelques-uns des programmes et projets sur l'eau gérés par les Nations unies.

Partenariat mondial de l'eau/Global Water Partnership (GWP), www.gwpforum.org/servlet/PSP

Le Partenariat mondial de l'eau, lancé en 1993 et inauguré en 1996, est une initiative de la Banque mondiale, du PNUD et de l'Agence suédoise de développement international qui rassemble des agences gouvernementales, des institutions publiques, des compagnies privées, des organisations professionnelles et des agences multilatérales de développement engagées dans la gestion de l'eau. Sa mission est d'appuyer les pays dans la gestion durable de leurs ressources en eau.

Conseil de concertation pour l'approvisionnement en eau et l'assainissement / *Water Supply and Sanitation Collaborative Council* (WSSCC) www.wsscc.org

Ni association professionnelle ni organisation non gouvernementale internationale, le Conseil a été établi en 1990, à la fin de la décennie sur l'eau potable et l'assainissement, avec un mandat de l'Assemblée générale des Nations unies. Il se définit comme une organisation chapeau qui favorise la collaboration dans les secteurs de l'approvisionnement en eau potable et de l'assainissement. Sa mission est d'accélérer la mise en place d'une gestion durable des services d'approvisionnement et d'assainissement pour tous, particulièrement pour les populations les plus pauvres, par des programmes d'action concertés entre les pays en développement et les agences d'appui. Les membres du Conseil proviennent des gouvernements, des ONG, des organisations communautaires, des universités et centres de recherche, ainsi que d'organisations internationales.

Programme des Nations Unies pour l'environnement (PNUE) www.unep.org/french

La mission du Programme des Nations Unies pour l'environnement est d'identifier des priorités et d'encourager la coopération en faveur de l'environnement. Elle se doit aussi d'être une source d'inspiration et d'information pour les États et les populations et un instrument de facilitation qui leur permet d'améliorer leur qualité de vie, sans toutefois compromettre les options des générations à venir. Plusieurs programmes sur l'eau sont sous sa responsabilité.

Programme international global de l'évaluation de l'eau (Global International Water Assessment) GIWA, www.unep.org/dewa/giwa/

Cette initiative a pour objectif de produire une évaluation internationale détaillée et intégrée des ressources en eau, du statut écologique et des causes des problèmes environnementaux dans 66 endroits dans le monde. Le programme s'attarde particulièrement aux problématiques clés et aux eaux transfrontalières.

Programme global de surveillance environnementale sur l'eau GEMS/ EAU, www.gemswater.org/index-f.html

Programme multidisciplinaire des sciences de l'eau qui se concentre sur la qualité de l'eau douce dans le monde. Ses principales activités sont la surveillance, l'évaluation et le renforcement des capacités. Il est mis en œuvre par plusieurs organismes des Nations unies actifs dans le secteur de l'eau ainsi que par un certain nombre d'organisations réparties à travers le monde.

Projet barrages et développement (Dams and Development project), www.unep.org/dams/

Le but est de promouvoir un dialogue sur l'amélioration des processus de décisions, la planification et la gestion des barrages. Le projet est basé sur les valeurs centrales et les priorités stratégiques de la Commission mondiale des barrages (WCD).

Organisation mondiale de la santé (OMS) www.who.int/topics/water/fr/index.html

Si l'eau est essentielle à la vie, elle représente également un important véhicule de maladies (parasites, agents infectieux, produits chimiques toxiques, risques radiologiques). L'OMS intervient notamment dans les domaines de la surveillance, de l'approvisionnement, de l'assainissement et de l'hygiène, principalement en ce qui concerne la prévention de maladies infectieuses transmises par l'eau. Pour ce faire, l'OMS s'est dotée d'un Programme général de travail qui a pour fonctions principales la définition d'une politique d'action fondée sur des données probantes, le soutien à la recherche, la négociation de partenariats nationaux et mondiaux, la mise en place et le suivi de normes et de critères et la mise en œuvre de techniques innovantes pour lutter contre les maladies et réduire les risques liés à l'eau.[2]

Organisation des Nations unies pour l'éducation, la science et la culture (UNESCO)

Programme hydrologique international (PHI), www.unesco.org/water/ihp/index_fr.shtml

Programme intergouvernemental de coopération scientifique concernant les ressources en eau. Il permet aux États d'améliorer leur connaissance du cycle de l'eau et de mieux gérer et mettre en valeur leurs ressources en eau. Le but étant d'améliorer les bases scientifiques et technologiques sur lesquelles peuvent se fonder des méthodes de gestion rationnelle des ressources en eau respectueuses de l'environnement.

Le Programme mondial pour l'évaluation des ressources en eau (WWAP), www.unesco.org/water/wwap/

Fondé en 2000, ce programme est une initiative de l'ensemble du système des Nations unies. Le WWAP s'intéresse aux questions liées à l'eau douce en vue de fournir des recommandations, de développer des études de cas, d'améliorer la capacité d'évaluation à l'échelon national et d'infléchir les processus décisionnels. L'objectif est de développer les outils et les compétences nécessaires à une meilleure compréhension des processus fondamentaux, des pratiques de gestion et des politiques qui contribueront à améliorer l'approvisionnement de la planète en eau douce et la qualité de cette dernière.

Fonds des Nations unies pour l'enfance (UNICEF)

Programme sur l'eau, l'environnement et l'assainissement (Water, Environment and Sanitation programme (WES), www.unicef.org/wash/

L'UNICEF mène des actions dans les domaines de l'eau, de l'environnement et de l'assainissement depuis les années 1960 dans plus de 90 pays d'Asie, d'Afrique et d'Amériques. Le programme couvre plusieurs problématiques

2. OMS (2010), *Eau, assainissement et santé*, [en ligne], www.who.int/water_sanitation_health/fr/index.html, consulté le 9 octobre 2010.

dont celles des droits des enfants, du rôle des femmes, de la pauvreté urbaine et de l'hygiène en milieu scolaire.

ORGANISMES RÉGIONAUX

Association des sciences et technologies de l'eau *(Water Science and Technology Association, WSTA),* www.wsta.org.bh/

La création de l'Association des sciences et technologies de l'eau, formellement fondée au Bahreïn en septembre 1987, reflète le souci des pays du Conseil de coopération du Golfe (GCC) de jeter les bases de politiques et de stratégies de gestion intégrée des ressources en eau. Elle constitue la première association scientifique dans le domaine de la science et de la technologie de l'eau dans la région arabe du Golfe.

REGROUPEMENTS SCIENTIFIQUES ET ORGANISMES ACADÉMIQUES

Conseil central de l'irrigation et de l'énergie, www.cbip.org:8080/index.jsp

Le Conseil central de l'irrigation et de l'énergie (CBIP) est une organisation autonome et non gouvernementale de génie et de scientifiques. Elle intègre aussi diverses autres organisations gouvernementales (fédérales et provinciales), organismes publics et privés, centres de recherche et établissements éducatifs.

L'institut international sur l'eau de Stockholm, *(Stockholm International Water Institute, SIWI)* http ://www.siwi.org/fr

L'institut international sur l'eau de Stockholm entend soutenir les efforts internationaux dans la lutte contre la crise mondiale que connaît actuellement le secteur de l'eau. SIWI élabore et met en œuvre divers projets et publie de nombreuses études et rapports sur les problèmes actuels et futurs liés à la gestion de l'eau, au développement et à la protection de l'environnement.

ORGANISATIONS NON GOUVERNEMENTALES

Association pour le contrat mondial de l'eau, www.acme-eau.com/

Créée en 1997, cette association est le résultat d'une mobilisation d'ONG et de plusieurs personnalités (Mario Soares, Riccardo Petrella, Danielle Mitterrand, Susan George, Vandana Shiva, le Prince Laurent de Belgique,...) visant à promouvoir le Contrat mondial de l'eau. Formellement établie en décembre 2001, ses deux principaux objectifs sont de faire reconnaître l'eau comme un bien commun patrimonial de l'humanité et à promouvoir l'accès à l'eau en quantité et en qualité suffisantes pour assurer les besoins vitaux de tous comme un droit inaliénable, individuel et collectif. L'association s'oppose à la privatisation des services d'approvisionnement en eau potable et d'assainissement de l'eau. Pour l'ACME, l'eau est une affaire de citoyenneté et de démocratie, de même qu'un vecteur de solidarité entre les peuples.

Conseil mondial de l'eau (*World Water Council)*, www.worldwatercouncil.org/

Le Conseil mondial de l'eau, créé en 1996 à Marseille (France), est une organisation non gouvernementale qui se veut une réponse institutionnelle aux multiples enjeux soulevés par la gestion de l'eau. Il compte plus de trois cents membres provenant des secteurs privé et public, des ONG et des agences de l'ONU. Sa mission est de sensibiliser les décideurs à tous les niveaux de responsabilité et de travailler en faveur de la conservation, du développement, de la planification, de la gestion et de l'usage de l'eau sous toutes ses dimensions, d'une manière durable et au bénéfice de toutes les formes de vie sur Terre. Afin de remplir sa mission, le Conseil a créé le Forum mondial de l'eau qui se tient tous les trois ans depuis 1997, afin de définir les priorités en matière de gestion de l'eau. Il publie également le Water Policy Journal.

Secrétariat international de l'eau *(International Secretariat for water)*, www.i-s-w.org/

Le Secrétariat international de l'eau est une organisation internationale non gouvernementale basée à Montréal. L'idée de créer le secrétariat a été lancée à la réunion du Conseil de concertation pour l'approvisionnement en eau et l'assainissement *(Water Supply and Sanitation Collaborative Council, WSSCC)* qui s'est tenue à la fin de 1989. Il a été formellement constitué en 1991 afin de faciliter la mise en oeuvre des principes de la Charte de Montréal sur l'eau potable et l'assainissement. Les principes de cette Charte sont que (1) l'accès à l'eau et à l'assainissement est d'abord une question politique; (2) toute action dans le domaine de l'eau doit être conçue en appui aux populations concernées; (3) l'eau doit être intégrée dans une approche globale du développement; (4) tout programme lié à l'eau doit miser sur l'éducation et la formation des populations. Sa mission consiste à aider les populations, particulièrement les plus démunies, afin qu'elles aient accès à l'eau potable et à l'assainissement.

Association internationale de ressources en eau *(International Water Resources Association)* http://196.36.166.88/iwra/

L'IWRA est une organisation internationale non gouvernementale d'éducation et de développement. Depuis sa création en 1972, elle est reconnue comme l'un des principaux promoteurs d'une meilleure compréhension des questions hydriques et de la gestion de cette ressource. Les membres de l'IWRA proviennent du monde entier et représentent toutes les professions et disciplines concernées par une gestion durable des ressources mondiales en eau. L'IWRA vise à établir et à renforcer des partenariats et des mécanismes visant à traiter les problèmes des ressources en eau. Son rôle est de faciliter la transmission d'informations et la mise en réseau des personnes et des organisations entre régions géographiques, entre disciplines, entre secteurs et entre professions.

Association internationale de l'eau *(International Water Association)* www.iwahq.org/Home/

L'Association internationale de l'eau est issue de la fusion de deux organisations: l'International Water Supply Association (IWSA, créé en 1947), et l'International Water Quality Association (IWQA, créée en 1965). Elle est aussi membre du Conseil Mondial de l'Eau. L'IWA est un organisme de référence mondiale pour les professionnels de l'eau qui lie la recherche et la pratique et couvre tous les aspects du cycle de l'eau. Grâce à son réseau de membres et d'experts, l'IWA collabore avec des professionnels dans la création des solutions innovantes, pragmatiques et durables vis-à-vis les besoins mondiaux en eau

CHAPITRE 22

GESTION INTERNATIONALE DE L'EAU ET DÉVELOPPEMENTS DU DROIT INTERNATIONAL

Laurence Boisson de Chazournes et Mara Tignino

INTRODUCTION

L'eau est vitale à la fois pour les êtres humains et l'environnement. La réalisation d'une gestion durable et intégrée de l'eau est un des principaux défis des décennies à venir. Cet objectif doit être tenu si l'on veut éviter une dégradation irréversible de la ressource et les risques de conflits liés à son accès. Les prévisions sont en effet alarmantes. Selon le Troisième rapport mondial sur les ressources en eau des Nations unies, en 2030, 47 pour cent de la population mondiale vivra dans des régions exposées à des pénuries et il est prévu que la croissance de la population mondiale, de 80 millions de personnes par an, augmentera les besoins en eau de 64 milliards de mètres cubes par an[1]. De plus, cette croissance sera concentrée dans les villes et l'approvisionnement en eau des pôles urbains comptera parmi les grandes difficultés à surmonter.

En outre, les écosystèmes se dégradent. Les rejets industriels et agricoles dans les fleuves, la baisse du niveau des nappes phréatiques et l'assèchement de zones humides n'ont pas seulement des conséquences graves pour la protection de ces écosystèmes; ils hypothèquent aussi la possibilité de fournir une eau salubre aux générations futures[2]. Dans le domaine de la gestion de l'eau, la

---

1. *World Water Report 3, Water in a Changing World*, 2009, [en ligne], http://webworld.unesco.org/water/wwap/wwdr/index.shtml, consulté le 9 octobre 2010.

2. Voir: WWF, «World's top 10 rivers at risk,» 2007, [en ligne], http://assets.panda.org/downloads/worldtop10riversatriskfinalmarch13.pdf, consulté le 9 octobre 2010.

protection de l'environnement a peu retenu l'attention, jusqu'à récemment. Les besoins en ce domaine sont pourtant importants. L'utilisation durable des ressources en eau, la prévention de la pollution et la protection des écosystèmes sont des exigences de plus en plus marquées. Dans ce contexte, les ministres réunis au Forum mondial de l'eau de 2009 ont affirmé leur volonté d'affronter les défis mondiaux liés à l'eau, dans un contexte du développement durable, et souligné les dimensions socio-économiques et environnementales de la gestion de l'eau[3].

Le droit international marque sa présence avant tout dans le domaine des ressources en eau partagées par plusieurs États. Avec plus de 260 cours d'eau internationaux, une centaine de lacs et un grand nombre d'eaux souterraines partagées par deux ou plusieurs États, l'importance d'une réglementation de leurs usages est sans cesse plus sensible. Au cours des deux dernières décennies, le droit international a connu des développements majeurs en ce domaine avec l'adoption par l'Assemblée générale des Nations unies en 1997 de la Convention sur le droit relatif aux utilisations des cours d'eau internationaux à des fins autres que la navigation (Convention de 1997)[4] et en 2008, du Projet d'articles sur le droit des aquifères transfrontières[5]. Des accords ont été conclus à l'échelon régional et au niveau des bassins fluviaux (Boisson de Chazournes 2009).

Pour appréhender l'évolution de la régulation en ce domaine, on mettra en lumière le dynamisme particulier des relations entre normes universelles, normes régionales et de bassin (I). Le droit international de l'eau est marqué par une imprégnation des exigences de l'environnement en même temps que d'une attention de plus en plus soutenue aux besoins humains. La réglementation internationale s'ouvre à d'autres corps normatifs qui ne relèvent pas du droit international de l'eau. Le droit international de l'environnement, les droits de l'homme et le droit international économique sont porteurs de nouveaux éléments de gestion de cette ressource naturelle (II). La nécessité de coopération requiert le renforcement des mécanismes institutionnels de

3. Voir la déclaration finale du 5e Forum Mondial de l'eau, Istanbul, 22 mars 2009; [en ligne], www.worldwatercouncil.org/fileadmin/wwc/World_Water_Forum/WWF5/Ministerial_Statement_22_3_09.pdf, consulté le 9 octobre 2010.

4. Le texte de la Convention est reproduit in Boisson de Chazournes *et al.*, 2005: 297-312.

5. Le Projet d'articles sur le droit des aquifères transfrontières est annexé à la Résolution 63/124 adoptée par l'Assemblée générale des Nations unies le 11 décembre 2008, [en ligne],
http://daccessdds.un.org/doc/UNDOC/GEN/N08/478/24/PDF/N0847824.pdf?OpenElement, consulté le 9 octobre 2010.

coopération entre États riverains. Ces derniers peuvent également jouer un rôle important dans la prévention de différends entre les États qui partagent des ressources en eau. C'est un domaine dans lequel le droit international doit encore se développer. Un autre enjeu des années à venir a trait à la gestion globale des ressources en eau (III).

L'ÉVOLUTION DU DROIT INTERNATIONAL DE L'EAU

Dès le début du XXe siècle, le droit international a été appelé à appréhender les diverses utilisations des cours d'eau internationaux et à les réglementer; mais c'est surtout dans la deuxième partie du XXe siècle qu'il jouera un rôle important. Les États ne privilégieront pas le recours à des traités multilatéraux et favoriseront la conclusion de traités bilatéraux. Le Statut de Barcelone sur le régime des voies navigables d'intérêt international de 1921[6] et la Convention relative à l'aménagement des forces hydrauliques intéressant plusieurs États de 1923, adoptés sous les auspices de la Société des Nations[7], restent, de ce fait, des cas isolés.

Avec la croissance de la population et l'augmentation de la demande et des besoins en eau, l'œuvre de codification universelle reprendra au cours des années 1960 par l'entremise des travaux d'associations scientifiques juridiques. La Résolution relative à l'utilisation des eaux internationales non maritimes (en dehors de la navigation) de l'Institut de droit international[8] et les règles dites « Règles d'Helsinki » relatives aux usages des eaux des cours d'eau internationaux de l'Association de droit international apportent leur éclairage au droit applicable en la matière[9].

Au sein des Nations unies, en 1970, à la suite d'une demande faite à la Commission du droit international (CDI) par l'Assemblée générale des Nations unies, un effort de codification a été initié. Les travaux de cet organe, réunissant des experts élus par les États membres de l'ONU, se sont déroulés pendant plus de vingt ans, et ont permis l'adoption, en 1997, de la Convention sur le droit relatif aux utilisations des cours d'eau internationaux à des fins

6. Statut sur le régime des voies navigables d'intérêt international, Barcelone, 20 avril 1921, Société des Nations, Recueil des Traités, vol. 7, p. 50.

7. Convention relative à l'aménagement des forces hydrauliques intéressant plusieurs Etats, Genève, 9 décembre 1923, Société des Nations, Recueil des Traités, vol. 36, p. 75.

8. IDI, Annuaire de l'Institut de droit international, 1961, vol.49-2, p. 381.

9. ILA, Report of the Fifty-Second Conference, (Helsinki, 1966), p. 506.

autres que la navigation[10]. Tant la durée des travaux de la CDI que les négociations relatives à la Convention des Nations Unies de 1997 indiquent la difficulté d'identifier et préciser des principes et normes reconnus et applicables à l'échelon universel.

La Convention de 1997 est une convention-cadre[11] qui a pour vocation de poser les fondations de l'architecture globale d'un régime juridique pour les eaux douces. Elle fait place à la négociation d'accords plus spécifiques à l'échelon des bassins et des régions qui prennent appui sur les concepts et principes énoncés dans la Convention de 1997.

Le droit international ne contient que très peu de règles relatives aux eaux souterraines. En 2000, la CDI a inclus le sujet « Ressources naturelles partagées des États » comme l'un des nouveaux sujets à traiter et, en 2003, décidé de se pencher spécifiquement sur les aquifères transfrontières. Le Projet d'articles sur le droit des aquifères transfrontières, adopté par l'Assemblée générale des Nations Unies en décembre 2008, est le fruit des travaux de la CDI. Il prévoit des règles générales en matière de gestion de ces ressources et souligne le besoin de leur protection. L'un des objectifs du Projet d'articles est de favoriser l'adoption d'accords portant sur des aquifères transfrontières. Ainsi, la résolution adoptée par l'Assemblée générale « encourage les États concernés à conclure des accords bilatéraux ou régionaux appropriés pour gérer convenablement leurs aquifères transfrontières en tenant compte des dispositions du projet d'articles »[12]. Grâce à l'étroite coopération qu'ils favorisent, certains accords sur les aquifères transfrontières doivent être soulignés. Un exemple en ce domaine est la Convention relative à la protection, à l'utilisation, à la réalimentation et au suivi de la nappe souterraine franco-suisse du Genevois de 2007 qui a remplacé l'accord de 1978[13]. D'autres instruments

10. En mai 2009, la Convention avait fait l'objet de 16 ratifications : Allemagne, Afrique du Sud, Finlande, Jordanie, Hongrie, Iraq, Liban, Libye, Namibie, Norvège, Pays Bas, Portugal, Qatar, Syrie, Suède et Ouzbékistan. Voir : http ://treaties.un.org/Pages/ViewDetails.aspx?src=TREATY&mtdsg_no=XXVII-12&chapter=27&lang=en

11. Voir le paragraphe 6 du Préambule de la Convention qui affirme : « Convaincues qu'une Convention-cadre permettra d'utiliser, de mettre en valeur, de conserver, de gérer et de protéger les cours d'eau internationaux, ainsi que d'en promouvoir l'utilisation optimale et durable au bénéfice des générations actuelles et futures ».

12. Résolution 63/124, 11 décembre 2008, par. 5.

13. Convention relative à la protection, à l'utilisation, à la réalimentation et au suivi de la nappe souterraine franco-suisse du Genevois, 18 décembre 2007, [en ligne], www.internationalwaterlaw.org/documents/regionaldocs/2008Franko-Swiss-Aquifer.pdf, consulté le 9 octobre 2010.

moins exigeants prévoient l'instauration de mécanismes d'échange d'informations entre les États riverains d'un aquifère[14].

La Convention des Nations unies de 1997 facilite l'harmonisation des pratiques en matière de gestion des cours d'eau internationaux, en laissant place aux particularismes de chaque bassin. Tant les travaux de la CDI ayant précédé l'adoption de la Convention de 1997[15], que la Convention elle-même, ont exercé une influence sur l'adoption d'autres instruments, aussi bien à l'échelon régional qu'à l'échelon de bassin. Ainsi en est-il de la Convention sur la protection et l'utilisation des cours transfrontières et des lacs internationaux de 1992[16], de l'Accord sur la coopération pour le développement durable du bassin du Mékong de 1995[17] et du Protocole révisé sur les cours d'eau partagés dans la Communauté de développement de l'Afrique australe (SADC), conclu le 7 août 2000[18]. D'autres accords, tels le Protocole relatif au développement durable du bassin du lac Victoria conclu en 2003 entre le Kenya, la Tanzanie et l'Ouganda[19], et la Charte des eaux du fleuve Sénégal adoptée en 2002[20], développent plus avant les principes et règles de la Convention de 1997 au regard des préoccupations des États signataires, de même qu'ils les complètent en ajoutant d'autres principes et règles de comportement, tels que le principe de précaution et le droit à l'eau.

14. Tel est le cas des instruments portant sur l'aquifère gréseux nubien partagé entre la Lybie, l'Egypte, le Soudan et le Tchad et sur les eaux souterraines situées le long de la frontière entre les Etats-Unis et le Mexique. Voir le Deuxième rapport du rapporteur spécial, M. C. Yamada, sur les ressources naturelles partagées: les eaux souterraines transfrontières, Documents de la cinquante-sixième session, 2004, A/CN.4/539/Add.1.

15. Projet d'articles sur le droit relatif aux utilisations des cours d'eau internationaux à des fins autres que la navigation, Annuaire de la Commission du droit international, 1994, vol. II, part 1.

16. Convention sur la protection et l'utilisation des cours d'eau transfrontières et des lacs internationaux, Helsinki, 17 mars 1992, Nations Unies, doc. ENWA/R.53 et Add.1. Ce texte est reproduit notamment dans Boisson de Chazournes *et al.* 2005, p. 275-279.

17. Agreement on the Cooperation for the Sustainable Development of the Mekong River Basin, Chiang Rai, 5 avril 1995, ILM, vol. 34, 1995, p. 865.

18. Revised Protocol on Shared Watercourses in the Southern African Development Community (SADC), Windhoek, 7 août 2000, [en ligne] www.internationalwaterlaw.org/documents/regionaldocs/Revised-SADC-SharedWatercourse-Protocol-2000.pdf, consulté le 9 octobre 2010.

19. Protocole relatif au développement durable du bassin du Lac Victoria, Arusha, 29 novembre 2003, [en ligne],
www.unhabitat.org/downloads/docs/Protocol%20for%20Development%20Lake%20Victoria%20Basin%20EAC%202003.pdf, consulté le 9 octobre 2010.

20. Le texte de la Charte est reproduit in Boisson de Chazournes *et al.*, 2005, p. 297-312.

Les accords régionaux sur les fleuves internationaux peuvent servir de cadre de référence pour la conclusion d'accords à l'échelon de bassin. La Convention d'Helsinki de 1992 a joué ce rôle pour la Convention sur la coopération pour la protection et l'utilisation durable du Danube de 1994[21], la Convention pour la protection du Rhin de 1999[22]ainsi que l'Accord de 1998 sur les fleuves partagés entre l'Espagne et le Portugal[23]. La Directive de l'Union européenne établissant un cadre pour une politique communautaire dans le domaine de l'eau adoptée en 2000, renforce la protection environnementale au niveau communautaire par la mise en place des districts hydrographiques[24]. Les accords sur les fleuves Meuse et Scheldt, conclus en 1994 et revus en 2002, ont pris en compte les préoccupations de la Directive, en renforçant les principes touchant l'environnement[25].

En Afrique, le Protocole révisé sur les cours d'eau partagés de la SADC de 2000 a encouragé la conclusion d'accords à l'échelon de bassin, tel l'Accord intérimaire tripartite relatif à la coopération sur la protection et l'utilisation durable des ressources en eau des fleuves Incomati et Maputo[26]. Cet accord énonce les principes de l'étude d'impact et du développement durable qui jouent un rôle important dans la gestion de ces bassins. Ces deux fleuves, assez courts, traversent le Mozambique, le Swaziland et l'Afrique du Sud, et ont une importance stratégique dans la région à cause de la forte augmentation de la population. L'utilisation durable et la prévention des dommages sont essentielles à leur protection.

---

21. Convention sur la coopération pour la protection et l'utilisation durable du Danube, Sofia, 29 juin 1994, [en ligne], http://europa.eu.int/eur-lex/fr/lif/reg/fr_register_151040.html, consulté le 9 octobre 2010.

22. Convention pour la protection du Rhin, Berne, 12 avril 1999, [en ligne], www.admin.ch/ch/f/rs/c0_814_284.html, consulté le 9 octobre 2010.

23. Treaty between Portugal and Spain on the Cooperation for the Protection and Sustainable Use of the Waters of the Luso-Spanish River Basin, Albufeira, 30 novembre 1998, [en ligne], http://faolex.fao.org/watertreaties/index.htm. Voir aussi le 'Protocol revising the Cooperation Convention on the Protection and Sustainable Use of Waters in the Portuguese-Spanish River Basins', 11 novembre 2008.

24. Voir article 3 de la Directive 2000/60/CE du Parlement européen et du Conseil, du 23 octobre 2000, établissant un cadre pour une politique communautaire dans le domaine de l'eau, Journal officiel L 327 du 22.12.2000, p. 1.

25. Agreement on the Meuse River, Ghent, 3 décembre 2002, [en ligne], www.meuse-maas.be/files/files/FR1.pdf; consulté le 9 octobre 2010. Agreement on the Scheldt River, Ghent, 3 décembre 2002, [en ligne], http://www.isc-cie.com/members/docs/documents/4653.pdf, consulté le 9 octobre 2010.

26. Tripartite Interim Agreement for Co-Operation on the Protection and Sustainable Utilisation of the Water Resources of the Incomati and Maputo Watercourses, Johannesburg 29 août 2002, [en ligne], http://faolex.fao.org/watertreaties/, consulté le 9 octobre 2010.

Lorsqu'ils négocient un accord, les États riverains ont pour souci qu'il fasse place aux caractéristiques et spécificités du cours d'eau en question. L'application des principes généraux formulés au niveau universel et régional est alors adaptée aux exigences et aux besoins des États riverains. Les rapports politiques entre les États riverains, les données physiques et géographiques favorisent cette attitude[27].

Toutefois, un grand nombre de cours d'eau internationaux et de nappes phréatiques ne font pas encore l'objet d'un accord réglementant leur gestion et leur protection. De plus, une large partie des accords existants adoptent une approche partielle et, pour une raison ou pour une autre, excluent certains pays riverains. Ces divers éléments sont porteurs de tensions et peuvent être source de conflits. Ils exigent que l'on porte une attention soutenue à une régulation des cours d'eau basée sur les grands principes du droit international de l'eau.

LE PRINCIPE DE LA GESTION INTÉGRÉE DE L'EAU

Le développement durable requiert une approche intégrée de la gestion de l'eau. Le programme d'action Agenda 21, adopté à Rio en 1992, précise à cet effet que:

> La gestion intégrée des ressources en eau est fondée sur l'idée que l'eau fait partie intégrante de l'écosystème et constitue une ressource naturelle et un bien social et économique dont la quantité et la qualité déterminent l'affectation. À cette fin, les ressources en eau doivent faire l'objet de mesures de protection tenant compte du fonctionnement des écosystèmes aquatiques et de la pérennité de la ressource et visant à satisfaire ou à concilier les besoins en eau aux fins des activités humaines. Dans la mise en valeur et l'utilisation des ressources en eau, il faut donner la priorité à la satisfaction des besoins fondamentaux et à la protection des écosystèmes. [...][28].

La gestion intégrée des ressources en eau implique d'harmoniser les multiples utilisations économiques, sociales et environnementales de l'eau, afin d'assurer la protection de cette ressource. À cette fin, aux côtés des instruments et normes portant spécifiquement sur les ressources en eau transfrontières, d'autres corps de règles ont un rôle à jouer.

---

27. Voir: L. Boisson de Chazournes, « Sur les rives du droit international de l'eau: entre universalité et particularismes », in M. Kohen (éd.), La promotion de la justice, des droits de l'homme et du règlement des conflits par le droit international, Liber Amicorum Lucius Caflisch, Leiden, Koninklijke Brill NV, 2007, p. 685-700.

28. Agenda 21, par.18.16.

GESTION DE L'EAU ET PROTECTION DE L'ENVIRONNEMENT

La Convention relative aux zones humides d'importance internationale, particulièrement comme habitats des oiseaux d'eau, adoptée à Ramsar en 1971, (ci-après la Convention Ramsar)[29] souligne l'importance de sauvegarder les écosystèmes des zones humides, telles celles entourant un fleuve, afin de garantir la conservation et l'utilisation durable des ressources en eau partagées[30]. L'inscription d'un site sur la Liste Ramsar oblige un gouvernement à prendre toutes les mesures nécessaires pour garantir le maintien des caractéristiques écologiques spécifiques du site. Plusieurs de ces sites concernent des zones fluviales, tel le delta du Danube en Roumanie ou celui de la Volga en Russie. La Convention Ramsar attache également une importance particulière aux liens entre la protection des zones humides et celle des cours d'eau et des ressources aquatiques[31].

La Convention sur la diversité biologique de 1992 apporte sa contribution en matière d'utilisation durable d'une ressource naturelle[32]. Selon la Convention, la notion d'« utilisation durable » est « L'utilisation des éléments constitutifs de la diversité biologique d'une manière et à un rythme qui n'entraînent pas leur appauvrissement à long terme, et sauvegardent ainsi leur potentiel pour satisfaire les besoins et les aspirations des générations présentes et futures »[33].

La Convention sur la biodiversité envisage une protection des ressources du milieu aquatique fondée sur la prévention des dommages à l'environnement. Les Parties ont ainsi adopté, en 2002 les Lignes directrices pour l'intégration des questions relatives à la diversité biologique dans la législation

---

29. Convention relative aux zones humides d'importance internationale, particulièrement comme habitats des oiseaux d'eau, Ramsar, 2 février 1971 in : L. Boisson de Chazournes et al., 1998, p. 147-154.

30. Voir les Lignes directrices pour l'intégration de la conservation et de l'utilisation rationnelle des zones humides dans la gestion des bassins hydrographiques adoptées par la Conférence des Parties de la Convention de Ramsar, Annexe à la Résolution VII.18, 7e Conférence des Parties, San José, 1999.

31. Voir, la Résolution VI.23 intitulée Ramsar et l'eau, adoptée par la 6e Conférence des Parties, Brisbane, 1996.

32. Convention sur la diversité biologique, Rio de Janeiro, 5 juin 1992 in Boisson de Chazournes *et al.*, 2005, p. 118-160.

33. Article 2 de la Convention.

et les processus concernant les études d'impact sur l'environnement et dans l'évaluation environnementale stratégique[34].

En outre, d'autres instruments normatifs favorisent la participation du public dans la gestion des ressources en eau ou encore demandent que les États d'un cours d'eau exigent la réalisation d'études d'impact afin de prévenir les atteintes à l'environnement[35]. L'application de ces principes de même que leur «spécification» au travers de décisions des Parties Contractantes à des décisions et de lignes directrices participent à une meilleure protection des eaux douces.

Les instruments de protection de l'environnement et ceux relatifs aux cours d'eau internationaux cohabitent et s'entrecroisent dans leur application. L'objectif est celui d'une protection renforcée des ressources en eau faisant place à l'exigence du développement durable.

GESTION DE L'EAU ET PROTECTION DES DROITS DE L'HOMME

L'eau occupe une place de plus en plus importante dans le domaine des droits de l'Homme. Plusieurs instruments appellent à la reconnaissance d'un droit à l'eau pour tout être humain[36]. Les mécanismes de protection des droits de l'Homme ont abordé certains problèmes de gestion de l'eau. Ainsi, la Commission africaine des droits de l'Homme, dans une décision de 2001 relative à un différend portant sur la violation de droits économiques, sociaux et culturels du peuple Ogoni par le Nigéria[37], a souligné qu'en matière d'ex-

34. Décision VI/7, Conférence des Parties de la Convention sur la diversité biologique, UNEP/CBD/COP/6/20, La Haye, 7-19 avril 2002, [en ligne], www.cbd.int/decisions/cop-06.shtml?m=COP-06&id=7181&lg=0, consulté le 10 octobre 2010.

35. Convention sur l'accès à l'information, la participation du public au processus décisionnel et à l'accès à la justice en matière d'environnement, Aarhus, 25 juin 1998 et Convention sur l'évaluation d'impact sur l'environnement dans un contexte transfrontière, Espoo, 25 février 1991 adoptées sous l'égide la Commission économique des Nations Unies pour l'Europe in: L. Boisson de Chazournes, R. Desgagné, M.M. Mbengue, C. Romano, *op. cit.*, p. 38-61.

36. Voir: article 14.2 (h) de la Convention sur l'élimination de toutes les formes de discrimination à l'égard des femmes, Résolution 34/180 du 18 décembre 1979; article 24.2 (c) de la Convention relative aux droits de l'enfant, Résolution 44/5 du 20 novembre 1989; article 28.2 (a) de la Convention sur les droits des personnes handicapées, Résolution 61/106 du 13 décembre 2006. Observation générale n°15 sur le droit à l'eau (arts.11 et 12 du Pacte international relatif aux droits économiques, sociaux et culturels), UN Doc. E/C.12/2002/11.

37. Social and Economic Rights Action Center, Center for Economic and Social Rights c. Nigeria, Commission Africaine des Droits de l'Homme et des Peuples, Commu-

ploitation pétrolière, la santé et l'environnement des communautés locales et, notamment, la lutte contre la pollution de l'eau, doivent être garantis[38]. La pollution du fleuve Tisza causée par l'activité minière de Baia Mare et ses effets sur la santé humaine ont été au centre d'un différend porté contre la Roumanie devant la Cour européenne des droits de l'homme[39]. La Cour interaméricaine des droits de l'homme s'est référée à l'Observation générale n°15 adoptée en 2002 par le Comité sur les droits économiques, sociaux et culturels afin d'affirmer le droit à l'eau des populations autochtones au Paraguay[40]. Les mécanismes de droits de l'homme apportent leur contribution à la lutte contre la pollution des ressources en eau et à l'accès des couches les plus vulnérables de la population à cette ressource.

L'émergence de la reconnaissance du droit à l'eau ne relève pas exclusivement des instruments des droits de l'homme. Des Conventions relatives au droit des cours d'eau internationaux, tels le Protocole sur l'eau et la santé de 1999 à la Convention d'Helsinki de 1992 et la Charte des eaux du fleuve Sénégal de 2002, énoncent la réalisation de ce droit en tant qu'objectif de gestion des cours d'eau en question[41].

---

nication 155/96, 30e Session Ordinaire, Banjul, Gambie, 13 octobre 2001.

38. Ainsi, la Commission: « Exhorte le gouvernement de la République fédérale du Nigeria à assurer la protection de l'environnement, de la santé et des moyens d'existence du peuple Ogoni: - En arrêtant toutes les attaques contre les communautés ogonis et leurs dirigeants par les forces de sécurité de l'Etat du River State et en permettant aux citoyens et enquêteurs indépendants d'accéder librement au territoire; - En menant des enquêtes sur les violations des droits de l'homme susvisées et en poursuivant en justice les autorités des forces de sécurité, le NNPC et les autres agences impliquées dans les violations des droits de l'homme; - En s'assurant qu'une compensation adéquate soit versée aux victimes des violations des droits de l'homme, de même qu'une assistance pour la réinstallation des victimes de raids menés sur ordre du gouvernement, et en procédant à un nettoyage total des terres et rivières polluées/endommagées par les opérations liées à l'exploitation pétrolière; - En s'assurant qu'une évaluation adéquate de l'impact social et écologique des opérations pétrolières soit menée pour tout futur projet d'exploitation pétrolière et que la sécurité de tout projet du genre soit garantie au moyen d'organes de contrôle indépendants de l'industrie pétrolière; et - en fournissant des informations sur les risques pour la santé et l'environnement, de même qu'un accès effectif aux organes de régulation et de décision par les communautés susceptibles d'être affectées par les opérations pétrolières ».

39. Affaire Tatar c. Roumanie, arrêt du 27 janvier 2009, par. 97, [en ligne], http://cmiskp.echr.coe.int/tkp197/view.asp?action=html&documentId=846165&portal=hbkm&source=externalbydocnumber&table=F69A27FD8FB86142BF01C1166DEA398649, consulté le 10 octobre 2010.

40. Comunidad indigena Yakye Axa c. Paraguay, arrêt du 17 juin 2005, Série C n°125, par. 167. Voir aussi Comunidad indigena Sawhoyamaxa c. Paraguay, arrêt du 29 mars 2006, Série C n°146, par. 164.

41. La Charte des eaux du fleuve Sénégal de 2002 dispose que: « Les principes directeurs de toute répartition des eaux du Fleuve visent à assurer aux populations des États

Le droit à l'eau inclut des dimensions de participation publique et d'accès à l'information[42]. Les particuliers doivent pouvoir être partie prenante au processus de prise de décision et avoir accès, en toute égalité, aux informations dont les autorités publiques ou les tiers disposent concernant l'eau, les services d'approvisionnement en eau et l'environnement. L'Accord sur la qualité des eaux entre le Canada et les États-Unis prévoit que les mesures nationales antipollution soient mises à la disposition du public[43]. En outre, un rôle a été reconnu au public dans le processus d'examen et d'évaluation de cet Accord[44].

GESTION DE L'EAU ET DÉVELOPPEMENT ÉCONOMIQUE

La gestion de l'eau entretient des liens étroits avec le développement économique. Ainsi, la navigation revêt un intérêt économique pour les États, en particulier pour les pays enclavés. L'affaire relative à la Juridiction Territoriale de la Commission internationale de l'Oder témoigne des contours économiques de la liberté de navigation dans les fleuves[45]. L'affaire relative au Projet Gabčíkovo-Nagymaros a porté sur la construction et le fonctionnement d'un système de barrages sur le Danube afin de produire de l'électricité[46]. La

riverains, la pleine jouissance de la ressource, dans le respect de la sécurité des personnes et des ouvrages, ainsi que du droit fondamental de l'Homme à une eau salubre [...] » (art.4).

42. Voir : Observation générale n°15, par.12, c), iv).

43. Article VI, 1 (c) de l'Accord de 1978 entre le Canada et les Etats-Unis relatif à la qualité de l'eau des Grands Lacs, tel que modifié par le Protocole de 1987 et remanié par la Commission Mixte Internationale en 1989, [en ligne], www.ijc.org/rel/agree/fquality.html#agrm, consulté le 10 octobre 2010. Voir aussi article 14.1 de la Convention sur le Danube de 1994 et l'article 16 de la Convention d'Helsinki de 1992.

44. L'article X de l'Accord entre le Canada et les Etats-Unis énonce que : « Les Parties doivent procéder à l'examen détaillé de l'application et de l'efficacité du présent Accord après le dépôt de chaque troisième rapport bisannuel [de la Commission] exigé à l'article VII du présent Accord ». L'examen obligatoire de l'Accord a été déclenché par la publication du Douzième rapport biennal de la Commission mixte internationale le 13 septembre 2004, mais officiellement entamé par les deux gouvernements en 2006. Voir : Rapport au Comité exécutif binational des Grands Lacs, 2007, [en ligne], http ://binational.net/glwqa/v1_glwqareview_fr.pdf, consulté le 10 octobre 2010.

45. Juridiction Territoriale de la Commission internationale de l'Oder, (Allemagne, Danemark, France, Royaume-Uni, Suède et Tchécoslovaquie/Pologne), arrêt du 10 septembre 1929, C.P.J.I. Recueil, série A No.23.

46. Projet Gabčíkovo-Nagymaros (Hongrie/Slovaquie), arrêt du 25 septembre 1997, Recueil CIJ 1997.

détermination d'expert de 2007, relative au différend entre l'Inde et le Pakistan sur le barrage Baglihar, avait également des contours économiques[47].

La question des échanges internationaux d'eau en vrac et sa relation avec les règles du commerce international est aussi objet d'attention (Brown Weiss, 2005, pp.61-92). Au sein de l'Organisation mondiale du Commerce, une telle situation n'a pas encore été testée dans la pratique. On connaît toutefois la position prise par les États membres de l'Accord de Libre-échange de l'Amérique du Nord (ALENA). La déclaration tripartite de 1993 du Canada, des États-Unis et du Mexique indique : « À moins d'être vendue dans le commerce et de devenir ainsi une marchandise ou un produit, l'eau sous toutes ses formes échappe entièrement aux dispositions de tout accord commercial, y compris l'ALÉNA »[48].

L'eau est ainsi exclue du champ d'application des règles portant sur le commerce de biens de l'ALENA mais non du chapitre 11 relatif aux investissements. Des différends concernant l'eau ont été en effet portés devant des Tribunaux arbitraux au titre de ce chapitre[49].

Le droit international relatif aux investissements éclaire d'autres aspects de la dimension économique de l'eau. Il en est ainsi de la conclusion de contrats de concession par lesquels un gouvernement charge des compagnies privées d'assurer la gestion de services publics, tels ceux relatifs à l'approvisionnement en eau. Plusieurs affaires portées devant des tribunaux arbitraux établis au sein du Centre international pour le règlement des différends relatifs aux investissements (CIRDI) ont traité de cet aspect[50]. Ainsi, les décisions Azurix c.

---

47. Un résumé de la détermination d'expert du 12 février 2007 est disponible [en ligne], http://siteresources.worldbank.org/SOUTHASIAEXT/Resources/2235461171996340255/BagliharSummary.pdf, consulté le 10 ocobtre 2010.

48. Communiqué de presse, 2 Décembre 1993.

49. Voir : Affaire Sun Belt Inc. c. Canada, Notice of claim and demand for arbitration, 12 octobre 1999, [en ligne], http://naftaclaims.com/Disputes/Canada/Sunbelt/SunbeltNoticeIntentSubmitClaimArbitration.pdf, consulté le 10 octobre 2010. Cette affaire est encore pendante. Voir aussi : Affaire Bayview Irrigation District c. Mexico (Texas Water Claims), Décision du 12 juin 2007, [en ligne], www.naftaclaims.com/Disputes/Mexico/Texas/Bayview_Jursdictional_Award_19-05-07.pdf, consulté le 10 octobre 2010. En septembre 2007, les plaignants ont déposé une demande d'annulation de la décision : Notice of Application for Annulment, 17 septembre 2007, [en ligne], www.naftaclaims.com/Disputes/Mexico/Texas/Bayview-Mexico-Annulment-Notice.pdf, consulté le 10 octobre 2010.

50. Voir : Azurix Corp. c. Argentine (Affaire No. ARB/01/12), décision du 14 juillet 2006 ; Suez, Sociedad General de Aguas de Barcelona S.A. et Vivendi Universal S.A. c. Argentine (Affaire No. ARB/03/19), décision sur la compétence du 3 août 2006 ; Aguas

Argentine de 2006 et Biwater Gauff c. Tanzanie de 2008, rendues par deux Tribunaux arbitraux, ont mis en relief l'importance de la problématique de la privatisation des services de l'eau et les enjeux de l'expropriation en ce domaine[51].

Les utilisations économiques de l'eau ne peuvent pas rester isolées des dimensions environnementales et sociales. La pratique récente de mécanismes internationaux comme le Panel d'Inspection de la Banque Mondiale, le Mécanisme indépendant d'enquête de la Banque interaméricaine de développement et le Mécanisme indépendant de la Banque africaine de développement appréhende l'eau dans une perspective intégrée, en incluant les dimensions sociales, environnementales et économiques. Par exemple dans son rapport concernant un projet hydroélectrique Yacyretá (Argentina/Paraguay: Yacyretá Hydroelectric Project), le Mécanisme de la Banque interaméricaine de développement a évalué les impacts sociaux du projet sur la population locale, en particulier la question du déplacement de la population provoqué par la construction du barrage et a conclu à la violation des politiques de la Banque[52]. Les défaillances de la Banque en matière de consultation du public ont également été soulignées[53]. Le Panel d'inspection de la Banque Mondiale évalue également les impacts environnementaux de tels projets. Par exemple, dans l'affaire Colombia: Cartagena Water Supply, Sewerage and Environmental Management Project, le Panel a souligné que les études d'impact sur l'environnement n'avaient pas suffisamment pris en compte les risques provoqués par le vent pour la pollution en mer[54]. Il a également souligné que la Banque doit assurer la capacité du public d'examiner toutes les informations pertinentes sur un projet, de manière à garantir une participation éclairée[55].

Provinciales de Santa Fe S.A., Suez, Sociedad General de Aguas de Barcelona S.A. et InterAguas Servicios Integrales del Agua S.A. c. Argentine (Affaire No. ARB/03/17), décision sur la compétence du 16 mai 2006; Biwater Gauff (Tanzania) LTD. c. Tanzanie (Affaire No. ARB/05/22), décision du 24 juillet 2008.

51. Voir Décision Azurix, par. 311-312 et Décision Biwater Gauff, par. 462-465 et par. 798.

52. Argentina/Paraguay: Yacyretá Hydroelectric Project 760/OC-RG, 27 février 2004, p. 5, [en ligne], www.iadb.org/iim/pr191713eng.pdf, consulté le 10 octobre 2010.

53. *Ibid.* p. 32-33.

54. Colombia: Cartagena Water Supply, Sewerage and Environmental management Project (Loan No. 4507-CO), 24 juin 2005, p. 28, [en ligne], http://siteresources.worldbank.org/EXTINSPECTIONPANEL/Resources/PanelInvestig ationReportFinal.pdf, consulté le 10 octobre 2010.

55. *Ibid.*, p. 75.

LES PERSPECTIVES EN MATIÈRE DE GESTION DE L'EAU

La mise en œuvre effective des règles de droit international de l'eau est l'un des défis visant une meilleure protection de cette ressource naturelle et la prévention et solution des différends. À cette fin, la coopération internationale doit être renforcée. Un autre défi pour le droit international a trait à l'exigence d'une protection globale de l'eau incluant les ressources nationales en eau.

La coopération institutionnelle

Les États qui partagent des ressources en eau constituent une « communauté d'intérêts et de droits »[56]. Ce principe trouve une application idoine dans le cadre de mécanismes institutionnels communs aux États riverains. L'intérêt des États riverains à la mise en valeur des ressources en eau requiert des cadres juridiques et institutionnels adéquats.

La Convention de 1997 établit des obligations générales de coopération à la charge des États et encourage l'établissement de commissions entre les États riverains[57]. Ses normes sont toutefois en retrait par rapport à d'autres instruments internationaux, comme la Convention d'Helsinki de 1992 qui prévoit la mise en place d'institutions communes[58]. Dans le sillage de cette dernière, plusieurs accords ont été conclus au niveau européen, tels que la Convention pour la protection du Rhin de 1999 et la Convention sur la coopération pour la protection et l'utilisation durable du Danube de 1994[59]. Ces instruments prévoient la création de mécanismes institutionnels destinés à régir l'utilisation et la protection de ces deux cours d'eau internationaux. La Directive cadre de l'eau de l'Union européenne de 2000 suit la même approche en prévoyant la création de districts hydrographiques[60]. La mise en place de mécanismes institutionnels communs contribue à une meilleure utilisation et à une protection renforcée des ressources en eau. Ces mécanismes permettent de donner une assise institutionnelle aux règles concernant l'échange d'informations et aux obligations relatives à la notification et la consultation, qui sont

56. Projet Gabcíkovo-Nagymaros (Hongrie/Slovaquie), arrêt du 25 septembre 1997, Recueil CIJ 1997, par. 85.

57. Voir les articles 8 et 24 de la Convention des Nations Unies de 1997.

58. Article 9 de la Convention d'Helsinki de 1992.

59. Art. 8 de la Convention sur le Rhin; article 18 et Annexe IV de la Convention sur le Danube.

60. Voir article 3 de la Directive 2000/60/CE.

essentielles au développement d'une coopération efficace et constituent un élément clé de la prévention des différends entre États riverains.

Les mécanismes institutionnels contribuent également à la prévention et au règlement des différends entre États riverains. Certaines institutions communes ont même été dotées du pouvoir d'adopter des décisions à portée obligatoire. C'est le cas de la Commission mixte internationale établie entre les États-Unis et le Canada par le Traité de 1909 relatif aux eaux limitrophes qui peut décider de questions relatives à l'utilisation des eaux partagées[61]. Le Traité du Rio de la Plata et sa frontière maritime y afférente de 1973 et le Statut du fleuve Uruguay de 1975 ont, quant à eux, doté leurs Commissions de pouvoirs de conciliation[62]. L'Accord sur le Mékong de 1995 prévoit l'intervention de la Commission, avant que les États ne puissent décider d'une médiation par une tierce partie[63]. Les mécanismes institutionnels sur des cours d'eau particuliers sont ainsi perçus comme des assises de prévention et de solution des différends interétatiques. Cela étant, les États manifestent encore beaucoup de réticence à reconnaître des compétences étendues en ce domaine aux mécanismes institutionnels existants.

Le développement des régimes de gestion des ressources en eau partagées doit encore être renforcé. Nombre d'accords en Europe, en Afrique, en Asie et en Amérique Latine demeurent incomplets. Un nombre considérable de fleuves internationaux ne disposent pas encore d'institutions communes. C'est le cas du Jourdain, du Nil ou encore de l'Amou Daria. Dans d'autres cas, la gestion commune d'un fleuve peut être affaiblie du fait de l'absence de certains pays riverains. Par exemple, la Chine et le Myanmar, pays riverains d'amont du fleuve Mékong, ne sont pas membres de la Commission sur le Mékong. Dans ce contexte, la Convention des Nations Unies de 1997 a évoqué les efforts qui doivent être poursuivis afin de favoriser l'ouverture des mécanismes institutionnels de coopération à tous les États riverains[64]. Le droit international doit se faire le promoteur de la coopération sur les ressources en eau partagées entre États riverains.

---

61. Voir les articles III, IV et VIII du Traité entre les États-Unis et la Grande-Bretagne relatif aux eaux limitrophes et aux questions originant le long de la frontière entre les États-Unis et le Canada, Washington 11 janvier 1909, http://www.ijc.org/rel/agree/water.html#text.

62. Article 68 du Traité du Rio de la Plata et sa frontière maritime y afférente de 1973 et article 58 du Statut du fleuve Uruguay de 1975, ONU Recueil des Traités, vol. 1295, p. 318-330 et p. 347-355.

63. Article 34 de l'Accord sur le Mékong de 1995.

64. Article 4 de la Convention de 1997.

Les enjeux de la protection des ressources nationales en eau

Le droit international s'est surtout préoccupé des ressources en eau partagées entre plusieurs États. Ces ressources constituent l'un des domaines les plus importants de l'analyse de la relation qui prévaut entre eau et droit international. Le fait de mettre l'accent sur la protection des ressources en eau transfrontières ne signifie pas que les ressources en eau situées entièrement en territoire national ne soient pas menacées de risques de pollution. Des fleuves comme la Seine, la Tamise et le Tibre présentent une pollution généralisée à cause de rejets industriels et urbains[65]. La contamination de ces bassins, fortement urbanisés et industrialisés, pose des risques pour la santé publique des populations riveraines et constitue également un véhicule de pollution vers la mer. De nombreuses espèces de poissons sont menacées par la contamination de substances polluantes comme les polychlorobiphényles (PCB). En France, les risques de pollution des ressources en eau ont conduit à la création, en février 2008, d'un comité de pilotage national pour les PCB et à présenter un plan national d'action pour apporter une réponse sur le plan sanitaire, économique et écologique[66].

La réglementation internationale peut apporter sa contribution à la protection des eaux nationales en limitant l'emploi de certaines substances dangereuses. Par exemple, les PCB ont été classés par la Convention de Stockholm de 2001 parmi les polluants organiques persistants[67]. En outre, la Convention sur la diversité biologique formule l'obligation pour les États parties de ne pas causer l'« appauvrissement à long-terme » des écosystèmes terrestres, maritimes, aquatiques et de la diversité spécifique[68]. L'étude d'impact sur l'environnement (EIE) est également un instrument de protection des ressources nationales en eau. De nombreux instruments internationaux y ont

---

65. Sur les risques de pollution de fleuves français voir le rapport de Mme Kosciuko-Morizet d'octobre 2007 « Les PCB ou PolyChloroBiphényles : état des lieux et plan national d'actions », 10 octobre 2007, [en ligne], www.ecologie.gouv.fr/PCB.html?var recherche=PCB, consulté le 10 octobre 2010.

66. Rapport sur la pollution du Rhône et le PCB : une pollution de longue cours, Rapport présenté à l'Assemblée Nationale, 25 juin 2008, [en ligne], www.assemblee-nationale.fr/13/pdf/rap-info/i0998.pdf, consulté le 10 octobre 2010.

67. Convention sur les polluants organiques persistants, Stockholm 22 mai 2001, [en ligne], www.pops.int/documents/convtext/convtext fr.pdf, consulté le 10 ocobtre 2010. Voir l'annexe C qui dans sa partie I énonce les « Polluants organiques persistants soumis aux obligations énoncées à l'article 5 », www.pops.int/documents/convtext/convtext fr.pdf.

68. Voir article 2 de la Convention sur la diversité biologique. Elle a également adopté un programme de travail sur les eaux intérieures.

recours, car il permet de prendre en compte les impacts tant écologiques, économiques que sociaux d'un projet sur les eaux nationales[69].

CONCLUSION

Ressource essentielle pour satisfaire les besoins de l'être humain, l'eau douce est au cœur de la protection de l'environnement. Sa gestion ne peut pas être appréhendée comme celle d'autres ressources naturelles. L'approche intégrée commande que les considérations économiques, environnementales et sociales soient prises en compte pour satisfaire aux besoins des générations présentes et futures. C'est l'approche préconisée par le Millenium Ecosystem Assessment et par les Lignes directrices sur la gestion intégrée des ressources hydriques (*Integrated Water Resources Management Guidelines*)[70].

Le cri d'alarme lancé par le WWF en mars 2007 sur l'état des écosystèmes de dix grands fleuves met en garde contre les graves risques de pollution et de surexploitation des rivières internationales[71]. Les ressources en eau subissent des dégradations multiples liées à leur surexploitation. Le défi des années à venir est de gérer et de protéger ces ressources de manière efficace et intégrée.

Le renforcement des relations entre les États doit inclure un développement de régimes de coopération relatifs à la gestion et à la protection des ressources en eau transfrontières. Ils permettront de prévenir la survenance de dommages irréversibles aux ressources en eau et la prévention des différends

---

69. Voir l'article 12 de la Convention des Nations Unies de 1997, l'article 14 de la Convention sur la biodiversité, et la Convention sur l'évaluation d'impact sur l'environnement dans un contexte transfrontière d'Espoo de 1991.

70. Le Millenium Ecosystem Assessment affirme que la protection de l'eau doit être réalisée : "by balancing the objectives of economic development, ecosystem needs, and human well-being", Millennium Ecosystem Assessment, Ecosystems and Human Well-Being, vol. I, 2005, p. 199. Les Lignes directrices sur la gestion intégrée des ressources hydriques à l'échelle du bassin ont été présentées au 5e Forum mondial de l'eau par l'UNESCO. L'objectif de ces Lignes directrices est de fournir un guide pratique en matière de gestion de l'eau, en tenant compte des différentes utilisations, notamment sociales, économiques et environnementales, et de promouvoir une gestion holistique de cette ressource (UNESCO, IWRM, Guidelines at River Basin Level, 2009).

71. Le rapport du WWF note que la pollution et la dégradation de ressources en eau appellent de nouvelles approches en matière de gestion de l'eau. Le déversement de contaminants par les industries dans les eaux des fleuves, les sites urbains et certaines pratiques agricoles, comme l'utilisation d'herbicides et d'engrais, participent à la dégradation de la qualité des écosystèmes des ressources en eau. Voir : WWF, World's top 10 rivers at risk, 2007, [en ligne], http ://assets.panda.org/downloads/worldstop10riversatriskfinalmarch13.pdf, consulté le 12 octobre 2010.

qui pourraient en découler. En même temps, une gestion durable de l'eau requiert une approche trans-sectorielle. Les instruments relatifs à la protection de l'environnement, aux droits de l'homme, ou au droit du commerce international et des investissements contribuent tous à la gestion des eaux. Les interactions nécessaires entre corps de normes soulignent la relation vitale entre eau, environnement et êtres humains.

RÉFÉRENCES

Boisson de Chazournes, L., R. Desgagné et Romano, C. (1998), *Protection internationale de l'environnement*. Pedone, Paris.

Boisson de Chazournes, L., R. et al. (2005), *Protection internationale de l'environnement*. Pedone, Paris.

Boisson de Chazournes, L. (2009), *Freshwater and International Law: Universal and Regional Perspectives*, UNESCO, Paris.

Brown Weiss, E. (2005), 'Water Transfer and International Trade Law', dans E. Brown Weiss, Boisson de Chazournes, L. et Bernasconi-Osterwalder, N. (dir.) *Fresh Water and International Economic Law*. Oxford University Press, Oxford.

[redacted]

EXEMPLES DE RÉALISATION[1]

TROIS ACTIONS POUR L'EAU DANS LE MONDE

Tableau 6.2 : Organisation pour la mise en valeur du fleuve Sénégal (OMVS) - Senegal River Basin Development www.omvs.org

Organisation tripartite créée en 1972 par le Mali, la Mauritanie et le Sénégal, l'OMVS concentre sept actions majeures répertoriées dans le rapport des actions pour l'eau dans le monde. Parmi celles-ci figurent les efforts pour partager les bénéfices liés à l'eau entre les pays riverains dans le cas du barrage de Manantali (action 1889) et la Charte de l'Eau du Fleuve Sénégal, qui vise à optimiser les usages concurrents de l'eau entre les pays riverains, tout en préservant les écosystèmes (action 2353). La mission de l'OMVS est d'atteindre l'autosuffisance en alimentation, d'améliorer les revenus des populations locales, de réduire la vulnérabilité des économies des États-Membres face aux aléas naturels et aux facteurs externes et de préserver les écosystèmes naturels, tout en exploitant les ressources de manière rationnelle.

Long de 1790 km, le fleuve Sénégal est le plus grand d'Afrique de l'Ouest après le fleuve Niger. Son bassin versant couvre une superficie d'environ 337 000 km^2 qui abrite d'importantes ressources et potentialités, tant sur le plan humain (13,6 % de la population totale des trois pays y vivait en 1998) qu'économique. Malgré sa situation géographique et son climat semi aride, le bassin du fleuve Sénégal permet la production de riz, de mil, de sorgho, de maïs, de niébé, de blé et d'orge. Les terres cultivables dans la vallée et le delta du fleuve Sénégal représentent plus de 800 000 ha. De même, on y retrouve 1/4 du cheptel bovin et environ 1/5 du cheptel ovin-caprin des trois pays. Il offre également des potentiels sylvicole, piscicole, minier, industriel, touristique et énergétique. Le fleuve est navigable sur 175 km, tout au long de l'année, et sur près de 975 km pendant la période de crue entre juillet et novembre. L'OMVS estime sa capacité de trafic à dix millions de tonnes par an.

Les premières réalisations de l'OMVS ont été la construction des barrages de Diama (1986) et de Manantali (1988) qui ont permis d'étendre la surface de l'agriculture irriguée sur environ 120 000 ha et d'alimenter les populations locales en eau potable. Le barrage de Manantali s'est doté, en 2011, d'une centrale hydroélectrique qui a contribué au développement de tous les secteurs d'activités du bassin. Outre les infrastructures et la planification régionale, l'OMVS mène des actions sanitaires et sociales, contribue à l'électrification rurale et soutient des microprojets générateurs de revenus.

1. Préparé par Luzma Fabiola Nava et Jérôme Gandin.

Tableau 6.3 : Programme du Mékong www.mrcmekong.org/

Le Mékong, qui a sa source au Tibet, traverse la Chine, le Myanmar, la RDP du Laos, la Thaïlande, le Cambodge et le Vietnam. Les principales activités riveraines sont la pêche et la production d'énergie hydroélectrique. Le bassin fournit une grande variété d'espèces de poissons, ce qui place la pêche régionale parmi les plus productives du monde. Par exemple, certaines évaluations indiquent que les habitants consomment plus d'un million et demi de tonnes de poissons par an. La production d'énergie, quant à elle, est estimée à 30 000 mégawatts, ce qui excède de beaucoup la consommation locale.

La Commission du Fleuve Mékong (CFM, action 903 du Rapport ***Les Actions pour l'eau dans le monde*** du Forum mondial de l'eau 2003) est une initiative conjointe de quatre pays qui se partagent le fleuve (Cambodge, Laos, Thaïlande et Vietnam). Elle coordonne sa stratégie avec d'autres activités internationales, telles que le Programme Utilisation de l'Eau, le Programme Environnement, le Programme Pêcheries, le Programme Forêt, Agriculture et Irrigation et le Programme Navigation.

Les objectifs de la Commission 2006 – 2010 sont de favoriser et soutenir le développement durable et la coopération régionale, de renforcer l'évaluation et le contrôle des impacts environnementaux sur le bassin et, enfin, de promouvoir la gestion intégrée de l'eau par l'établissement de Comités nationaux du Mékong, d'Agences de l'eau et d'autres institutions publiques.

La CFM a mis en place le programme Mékong pour promouvoir la coopération régionale entre les États-membres pour le développement durable du fleuve et d'autres ressources du bassin du Mékong. Le commerce de l'énergie et le développement hydroélectrique dans la sous-région du haut Mékong sont aussi à l'ordre du jour.

En ce qui concerne les principes de la Gestion intégrée des ressources en eau, la CFM favorise le développement et les investissements dans les secteurs suivants : irrigation et sécheresse, navigation, hydro-énergie, gestion des crues, pêcheries, gestion par bassin versant et environnement et tourisme.

Le programme Mékong vise au développement de l'eau et d'autres ressources. Il se concentre sur la gestion des connaissances, la planification et la protection de l'environnement. La promotion des investissements dans les pays riverains est incontournable pour une meilleure gestion économique du fleuve. La Banque de développement asiatique (BAD) est ainsi l'institution responsable de l'administration des sources de financement destinées aux projets reliés au fleuve. Ce programme est également renforcé par d'autres initiatives régionales, telles que l'Association des nations de l'Asie du Sud-Est (ANASE) et la Commission économique et sociale des Nations unies pour l'Asie et le Pacifique (UNESCAP).

Tableau 6.4 : L'alliance Genre et Eau *(Gender and water alliance)*
www.genderandwater.org

Dans le cadre de l'Alliance Genre et Eau (action 335 du Rapport ***Les Actions pour l'eau dans le monde*** du Forum mondial de l'eau 2003), un grand nombre de programmes de recherche ont été conçus pour mieux comprendre le rôle des femmes dans la gestion de l'eau.

Cette alliance reconnaît que l'eau est un droit fondamental pour tous et que l'accès équitable des femmes et des hommes à l'eau et à la prise de décision relative à l'eau sont des facteurs importants de réduction durable de la pauvreté. Elle a pour objectif de renforcer, tant au niveau local que national, la perception relative au genre et à la pratique des professionnels du secteur de l'eau et des instances de prise de décision dans des régions et pays ciblés. En Amérique latine, plusieurs pays membres de l'Alliance ont participé à la Conférence latino-américaine sur l'assainissement (LATINOSAN) en 2007 à Cali (Colombie), organisée par l'Alliance. Les objectifs de cette conférence étaient de promouvoir la santé, le bien-être et la dignité des populations d'Amérique latine par le biais de la protection et de la conservation des ressources naturelles et hydriques.

Le résultat le plus important de la conférence LATINOSAN a été la signature du rapport de Cali par seize pays latino-américains[2] qui met l'accent sur les problèmes d'hygiène[3]. Les membres de GWA se sont assurés d'y intégrer des aspects de genre. On reconnaît que l'assainissement et le traitement des eaux usées contribuent de façon significative à la protection de la santé, au bien-être social, à la conservation de l'environnement et à la réduction de la pauvreté.

Les délégués ont ainsi affirmé leur volonté politique d'atteindre les Objectifs du Millénaire liés à l'assainissement et au rôle des femmes dans la gestion de l'eau. À cette fin, ils se sont engagés à faire de l'assainissement un axe des politiques nationales de développement et à promouvoir la coopération intergouvernementale régionale. Dans ce cadre, un groupe de travail international LATINOSAN, composé de représentants des pays membres, se réunit annuellement afin de partager leurs expériences et leurs progrès dans ce domaine. La deuxième conférence LATINOSAN doit se tenir en 2010.

À l'agenda de l'Alliance internationale figurent l'incorporation des questions de genre dans la formulation et la mise en œuvre des politiques nationales de l'eau, le renforcement de l'égalité des genres dans les conférences et événements internationaux sur l'eau, et un fonctionnement efficace du réseau de la GWA et de la communication d'informations sur les politiques d'intégration de la dimension du genre.

---

2. Des représentants des délégations de l'Argentine, la Bolivie, le Chili, la Colombie, le Costa Rica, l'Équateur, le Salvador, le Guatemala, Haïti, Honduras, le Nicaragua, leP-anama, le Paraguay, le Pérou, le Suriname et l'Uruguay ont participé à cette conférence.

3. Voir Le Rapport de Cali à l'adresse suivante (en espagnol) http ://www.iproga.org.pe/boletin/bol %2036/Declaracion.pdf

RECYCLÉ
Papier fait à partir de matériaux recyclés
FSC® C103567
FSC
www.fsc.org

MARQUIS
Marquis imprimeur inc.

Québec, Canada
2011

Imprimé sur du papier Silva Enviro 100% postconsommation traité sans chlore, accrédité Éco-Logo et fait à partir de biogaz.

100%
PERMANENT
BIO GAZ ÉNERGIE